中文版 Photoshop 2022
从入门到实战视频教程
（全彩版）

创艺云图 ◎ 编著

电子工业出版社
Publishing House of Electronics Industry
北京·BEIJING

内 容 简 介

本书共 15 章，其中第 1~9 章为基础章节，分别为 Photoshop 快速入门、选区的创建与编辑、填色与绘画、创建与编辑文字、矢量绘图、图像的简单美化、常用调色技法、高效抠图技法、滤镜与图像特效，系统讲解了 Photoshop 的基础功能和实用核心模块的应用，功能部分也多以步骤方式进行讲解，实操性更强；第 10~15 章为综合实战章节，以标志设计、电商美工、海报设计、UI 设计、包装设计、VI 设计六大热门行业领域的应用案例，帮助读者从入门新手一步步成为行业大咖。

未经许可，不得以任何方式复制或抄袭本书之部分或全部内容。
版权所有，侵权必究。

图书要版编目（CIP）数据

中文版 Photoshop 2022 从入门到实战视频教程：全彩版 / 创艺云图编著 . —北京：电子工业出版社，2022.7
ISBN 978-7-121-43553-9

Ⅰ . ①中… Ⅱ . ①创… Ⅲ . ①图像处理软件－教材 Ⅳ . ① TP391.413

中国版本图书馆 CIP 数据核字 (2022) 第 090077 号

责任编辑：雷洪勤　　　文字编辑：曹旭
印　　刷：天津画中画印刷有限公司
装　　订：天津画中画印刷有限公司
出版发行：电子工业出版社
　　　　　北京市海淀区万寿路 173 信箱　邮编 100036
开　　本：787×980　1/16　印张：22　字数：570 千字
版　　次：2022 年 7 月第 1 版
印　　次：2022 年 7 月第 1 次印刷
定　　价：99.00 元

凡所购买电子工业出版社图书有缺损问题，请向购买书店调换。若书店售缺，请与本社发行部联系，联系及邮购电话：(010) 88254888，88258888。

质量投诉请发邮件至 zlts@phei.com.cn，盗版侵权举报请发邮件至 dbqq@phei.com.cn。
本书咨询联系方式：(010) 88254443，leihq@phei.com.cn。

前 言

为什么要写这本书？

Photoshop，不学不行！

Photoshop 是设计行业应用最多的软件之一，是绝大多数艺术设计从业人员的必备工具。

Photoshop在手，职场加分！

即使不在设计行业，Photoshop 也是职场的"加分项"。多项技能，更多上升空间。

学Photoshop，避免"踩雷"是关键！

很多朋友苦于学习 Photoshop 难度大、上手慢，急需轻松、好学、快速掌握的 Photoshop 教材，让学习之路不再坎坷！

这本书适合谁读？

完全零基础用户。

想要或即将从事平面设计、电商美工、UI 设计、图像设计等工作的朋友。

Photoshop设计制图爱好者。

学习 Photoshop 的学生。

学了这本书，我能做什么？

广告设计、视觉形象设计、包装设计、书籍装帧、网页设计、电商美工、UI 设计、摄影后期处理、图像设计、数字插画绘制……

为什么选择这本书？

快速入门：基础功能讲解+简单案例练习+综合项目实战

8 大核心模块由浅入深，从理论到实践，帮助零基础读者更快学会核心功能。

轻松学会：精选核心技能+经典实用案例

轻量化学习，告别烦琐无用的知识。随时随地扫码观看教学视频，学习不枯燥。

满满干货：设计思路+配色方案+版面构图+操作步骤

6 大类商业项目全流程设计实战操作，不仅学操作，更要懂思路。

赠送资源大礼包（电子版）

配套案例素材、配套教学视频、常用快捷键计算机壁纸、常用设计素材合集。

注意：本书文件由 Photoshop 2022 编写和制作，需使用同样版本或更高版本 Photoshop 打开。

✏️ 读书笔记

目 录

第 1 章　Photoshop 快速入门 001

1.1　Photoshop 基础操作 002
- 1.1.1　熟悉 Photoshop 的工作界面................003
- 1.1.2　在 Photoshop 中打开图片................005
- 1.1.3　从无到有创建新文档................007
- 1.1.4　图层操作................012
- 1.1.5　图层变形................018
- 1.1.6　操作失误不要怕................021

1.2　基础操作案例应用 022
- 1.2.1　案例：复制图层并整齐排列制作游戏界面................022
- 1.2.2　案例：使用重复变换制作放射状背景................024
- 1.2.3　案例：为平板电脑添加屏幕内容................026
- 1.2.4　案例：调整照片透视为人物"增高"......027

1.3　基础操作项目实战：将多张图像组合成画册 028
- 1.3.1　设计思路................028
- 1.3.2　配色方案................028
- 1.3.3　版面构图................029
- 1.3.4　制作流程................029
- 1.3.5　操作步骤................029

第 2 章　选区的创建与编辑 035

2.1　选区基础操作 036
- 2.1.1　创建简单选区................036
- 2.1.2　选区的基本操作................040
- 2.1.3　图像局部的剪切/复制/粘贴/清除................041
- 2.1.4　辅助工具................042

2.2　选区案例应用 044
- 2.2.1　案例：复制局部制作拍立得照片................044
- 2.2.2　案例：专辑展示头像................046
- 2.2.3　案例：删除选区中的内容................047
- 2.2.4　案例：将图像切分为多个部分................048

2.3　选区项目实战 破碎感电影海报 049
- 2.3.1　设计思路................050
- 2.3.2　配色方案................050
- 2.3.3　版面构图................050
- 2.3.4　制作流程................050
- 2.3.5　操作步骤................051

第 3 章　填色与绘画 055

3.1　填色与绘画基础操作 056
- 3.1.1　填充单色................056
- 3.1.2　填充渐变................058
- 3.1.3　填充图案................060
- 3.1.4　使用画笔绘画................061
- 3.1.5　使用铅笔绘制像素画................065
- 3.1.6　使用橡皮擦抹除局部................066
- 3.1.7　调整图层不透明度与混合模式................067

3.2　填色与绘画案例应用 070
- 3.2.1　案例：填充前景色制作手机界面................070
- 3.2.2　案例：制作简约风格名片................072
- 3.2.3　案例：使用渐变填充制作优惠券................075
- 3.2.4　案例：使用橡皮擦制作海市蜃楼................077
- 3.2.5　案例：设置透明度制作简洁服饰广告................078
- 3.2.6　案例：使用混合模式改变汽车颜色................080
- 3.2.7　案例：使用混合模式改变画面颜色................081

3.3 填色与绘画项目实战：通过填充合适
　　的颜色制作简约画册.................083
　　3.3.1 设计思路.................083
　　3.3.2 配色方案.................083
　　3.3.3 版面构图.................083
　　3.3.4 制作流程.................084
　　3.3.5 操作步骤.................084

第4章　创建与编辑文字.................089

4.1 文字基础操作.................090
　　4.1.1 创建文字.................090
　　4.1.2 字符面板.................093
　　4.1.3 段落面板.................095
　　4.1.4 编辑文字.................097
　　4.1.5 使用图层样式丰富文字效果.................099
4.2 文字案例应用.................102
　　4.2.1 案例：使用文字工具制作楼盘标志.................102
　　4.2.2 案例：创建文字制作化妆品广告.................104
　　4.2.3 案例：制作带有路径文字的海报.................105
　　4.2.4 案例：制作卡通感文字.................107
　　4.2.5 案例：使用图层样式制作金属质感
　　　　　标志.................108
4.3 文字项目实战：画册版式设计.................113
　　4.3.1 设计思路.................113
　　4.3.2 配色方案.................113
　　4.3.3 版面构图.................113
　　4.3.4 制作流程.................114
　　4.3.5 操作步骤.................114

第5章　矢量绘图.................119

5.1 矢量绘图基础操作.................120
　　5.1.1 认识矢量绘图.................120
　　5.1.2 绘制常见图形.................123
　　5.1.3 钢笔绘图.................126
　　5.1.4 路径基础操作.................128
5.2 矢量绘图案例应用.................132
　　5.2.1 案例：绘制不同形状制作图标.................132
　　5.2.2 案例：制作简单折线图标.................133
　　5.2.3 案例：绘制树叶图形制作自然感
　　　　　标志.................135
　　5.2.4 案例：设定合适的描边样式制作宠
　　　　　物画报.................136
　　5.2.5 案例：使用矢量工具制作产品
　　　　　展示页.................139
5.3 矢量绘图项目实战：儿童服装品牌标
　　志及卡通形象设计.................142
　　5.3.1 设计思路.................142
　　5.3.2 配色方案.................142
　　5.3.3 版面构图.................142
　　5.3.4 制作流程.................142
　　5.3.5 操作步骤.................143

第6章　图像的简单美化.................147

6.1 图像美化基础操作.................148
　　6.1.1 调整图像大小.................148
　　6.1.2 裁剪工具.................149
　　6.1.3 旋转画布.................150
　　6.1.4 污点修复画笔去除小瑕疵.................151
　　6.1.5 仿制图章去除瑕疵.................151
　　6.1.6 修补工具去除瑕疵.................152
　　6.1.7 内容识别填充.................153
　　6.1.8 轻松去除"红眼".................154
　　6.1.9 图像局部修饰基础操作.................155
　　6.1.10 液化：轻松瘦身美形.................157
6.2 图像美化案例应用.................159
　　6.2.1 案例：制作一寸证件照.................159
　　6.2.2 案例：裁剪动物照片并突出主体物.................160
　　6.2.3 案例：扩充画面并调整构图.................162
　　6.2.4 案例：去除痘印与皱纹.................163
　　6.2.5 案例：美化水面色彩.................164
　　6.2.6 案例：使书籍上的文字更清晰.................165
　　6.2.7 案例：美食照片修饰.................166
　　6.2.8 案例：使图像中的小蜜蜂更清晰.................167
　　6.2.9 案例：恢复小狗的毛色.................167

6.3 图像美化项目实战：写真照片快速美化 ...168
    6.3.1 设计思路 ...168
    6.3.2 配色方案 ...168
    6.3.3 版面构图 ...169
    6.3.4 制作流程 ...169
    6.3.5 操作步骤 ...169

第 7 章　常用调色技法 ...173

7.1 调色基础操作 ...174
    7.1.1 使用调色命令 ...174
    7.1.2 使用调整图层 ...175
    7.1.3 亮度 / 对比度 ...177
    7.1.4 色阶 ...177
    7.1.5 曲线 ...179
    7.1.6 曝光度 ...179
    7.1.7 自然饱和度 ...180
    7.1.8 色相 / 饱和度 ...181
    7.1.9 色彩平衡 ...181
    7.1.10 黑白 ...182
    7.1.11 照片滤镜 ...183
    7.1.12 通道混合器 ...184
    7.1.13 颜色查找 ...184
    7.1.14 反相 ...185
    7.1.15 色调分离 ...185
    7.1.16 阈值 ...186
    7.1.17 渐变映射 ...186
    7.1.18 可选颜色 ...187
    7.1.19 阴影 / 高光 ...187
    7.1.20 HDR 色调 ...188
    7.1.21 去色 ...189
    7.1.22 匹配颜色 ...189
    7.1.23 替换颜色 ...190
    7.1.24 色调均化 ...191
    7.1.25 利用图层功能调色 ...191

7.2 调色案例应用 ...192
    7.2.1 案例：改变照片背景颜色 ...192
    7.2.2 案例：提亮偏暗的照片 ...193
    7.2.3 案例：制作柔美典雅紫色调照片 ...194
    7.2.4 案例：双色风光照片排版 ...196
    7.2.5 案例：电影感色调照片 ...199
    7.2.6 案例：打造梦幻海景照片 ...201

7.3 调色项目实战 改善灰蒙蒙的风景照 ...203
    7.3.1 设计思路 ...204
    7.3.2 配色方案 ...204
    7.3.3 版面构图 ...204
    7.3.4 制作流程 ...204
    7.3.5 操作步骤 ...204

第 8 章　高效抠图技法 ...211

8.1 抠图基础操作 ...212
    8.1.1 快速得到对象选区 ...212
    8.1.2 快速选择工具抠图 ...213
    8.1.3 魔棒工具抠图 ...213
    8.1.4 磁性套索工具抠图 ...214
    8.1.5 色彩范围抠图 ...215
    8.1.6 快速制作天空选区 ...216
    8.1.7 智能换天 ...216
    8.1.8 细化选区抠出毛发 ...217
    8.1.9 选区边缘的调整 ...219
    8.1.10 精确抠图 ...221
    8.1.11 使用通道抠图提取半透明对象 ...222
    8.1.12 蒙版与合成 ...224

8.2 抠图案例应用 ...227
    8.2.1 案例：使用魔棒工具抠图制作产品海报 ...227
    8.2.2 案例：使用快速选择工具制作大象创意海报 ...228
    8.2.3 案例：精确抠出游戏手柄 ...230
    8.2.4 案例：为长发女性照片更换背景 ...232

8.3 抠图项目实战：音乐专辑封面 ...234
    8.3.1 设计思路 ...235
    8.3.2 配色方案 ...235
    8.3.3 版面构图 ...235
    8.3.4 制作流程 ...235

8.3.5　操作步骤 235

第 9 章　滤镜与图像特效 241

9.1　滤镜基础操作 242
9.1.1　使用滤镜库快速为图像添加特效 242
9.1.2　滤镜组的使用方法 243
9.1.3　认识常用的滤镜 244
9.1.4　使用智能滤镜 247
9.1.5　图像的模糊特效 249
9.1.6　图像的锐化处理 252

9.2　滤镜案例应用 253
9.2.1　案例：照片快速变绘画 253
9.2.2　案例：照片转换为矢量画 ... 255
9.2.3　案例：制作线条画效果 256
9.2.4　案例：油画效果杂志内页 ... 257
9.2.5　案例："使用"高斯模糊制作海报背景 258
9.2.6　案例：锐化使产品照片更精致 260
9.2.7　案例：色块背景海报 261

9.3　滤镜项目实战 化妆品促销网页广告 262
9.3.1　设计思路 262
9.3.2　配色方案 262
9.3.3　版面构图 262
9.3.4　制作流程 262
9.3.5　操作步骤 263

第 10 章　标志设计：咖啡店标志 267
10.1　设计思路 268
10.2　配色方案 268
10.3　版面构图 268
10.4　制作流程 268
10.5　操作步骤 268
10.5.1　制作环绕文字 268
10.5.2　绘制图形元素 270

第 11 章　电商美工：美食电商通栏广告 ..275
11.1　设计思路 276
11.2　配色方案 276
11.3　版面构图 276
11.4　制作流程 276
11.5　操作步骤 277
11.5.1　制作广告背景 277
11.5.2　制作广告文字 278
11.5.3　添加图片与图形元素 281

第 12 章　海报设计：购物狂欢节海报 ... 285
12.1　设计思路 286
12.2　配色方案 286
12.3　版面构图 286
12.4　制作流程 286
12.5　操作步骤 287
12.5.1　制作海报背景 287
12.5.2　制作主体图形 289
12.5.3　在海报中添加文字 294

第 13 章　UI 设计：App 登录界面 299
13.1　设计思路 300
13.2　配色方案 300
13.3　版面构图 300
13.4　制作流程 300
13.5　操作步骤 301
13.5.1　制作 App 首页界面 301
13.5.2　制作 App 登录界面 305
13.5.3　制作 UI 展示效果 307

第 14 章　包装设计：休闲食品包装袋 311
14.1　设计思路 312
14.2　配色方案 312
14.3　版面构图 312

14.4	制作流程 312	
14.5	操作步骤 313	
	14.5.1 制作背景 313	
	14.5.2 制作产品标志 316	
	14.5.3 添加素材与文字 318	
	14.5.4 制作同系列产品的平面图 ... 320	
	14.5.5 制作展示效果图 322	

第15章　VI 设计：艺术馆视觉形象 325

15.1　设计思路 326

15.2　配色方案 326
15.3　版面构图 326
15.4　制作流程 327
15.5　操作步骤 327
　　15.5.1　制作标志 327
　　15.5.2　制作名片 329
　　15.5.3　制作信封 332
　　15.5.4　制作信纸 335
　　15.5.5　制作画册 337
　　15.5.6　制作笔记本 339
　　15.5.7　制作便签 340

Photoshop 快速入门

扫一扫，看视频

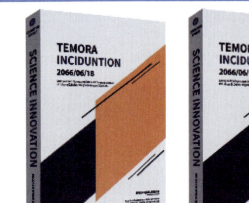
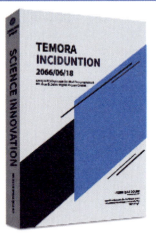

Chapter

1

第1章

　　Photoshop 是一款活跃在众多艺术设计领域中的必备软件，因其具有强大的图像处理和设计制图功能，深受众多设计师及制图人员的喜爱。作为学习 Photoshop 的入门章节，本章首先带领大家认识 Photoshop 的工作界面，在此基础上学习打开图像、新建文档、保存文档、图层操作、常用的变形功能及错误操作的还原等基础操作。

核心技能

- 熟悉工作界面
- 打开图片
- 新建文档
- 保存文件
- 图层
- 缩放、旋转、透视、变形
- 撤销与重做

1.1 Photoshop 基础操作

Photoshop 是一款强大的图像处理、设计制图软件，常用于摄影后期（图 1-1）、广告设计（图 1-2）、视觉形象设计（图 1-3）、包装设计（图 1-4）、书籍装帧（图 1-5）、网页设计（图 1-6）、电商美工（图 1-7）、UI 设计（图 1-8）、数字插画（图 1-9）等领域。

图 1-1

图 1-2

图 1-3

图 1-4

图 1-5

图 1-6

图 1-7

图 1-8

图 1-9

Photoshop 在室内设计、景观设计、游戏设计、影视动画制作及日常办公等领域也是必不可少的实用工具。

同时，Photoshop 也是一款深受先锋艺术家喜爱的制图软件，可以帮助艺术家创造摄影、绘画或雕塑等传统手段无法实现的奇妙效果。

1.1.1 熟悉 Photoshop 的工作界面

正确安装 Photoshop 后，在计算机桌面或系统"开始">"程序"菜单中可以看到 Photoshop 的图标或菜单选项，如图 1-10 和图 1-11 所示。

扫一扫，看视频

图 1-10　　　　图 1-11

双击图标或单击相应菜单选项后，会显示软件的启动界面，在此界面稍作等待，如图 1-12 所示。

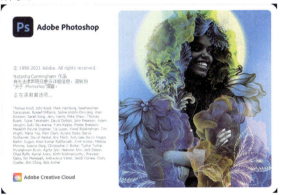

图 1-12

随后可以看到软件的欢迎界面，在这里并未显示 Photoshop 的完整操作功能，如图 1-13 所示。

图 1-13

为了方便认识 Photoshop 界面，此处需要打开一张图片才能看到软件的全貌。随意找到一张图片，按住鼠标左键向界面内拖动，如图 1-14 所示。

图 1-14

释放鼠标按键后，图片将在 Photoshop 中打开，此时就可以看到工作状态下的软件界面全貌了，如图 1-15 所示。下面就来认识一下软件的各个部分。

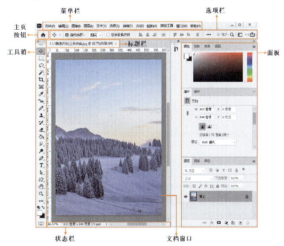

图 1-15

小技巧

Photoshop 默认的工作界面颜色为深色，为了使本书印刷效果更清晰，特将软件界面颜色设置为浅色。执行"编辑">"首选项">"界面"命令，可以切换界面的颜色，如图 1-16 所示。

图 1-16

1. 菜单栏

菜单栏中有多个菜单按钮，单击按钮可以打开菜单，在一些菜单名称后有▶图标，代表还有子菜单。下面以执行"等高线"命令为例，讲解如何使用菜单命令。

❶ 单击"滤镜"菜单按钮，随后显示菜单列表；
❷ 将光标移动至"风格化"命令处，会显示子菜单；
❸ 将光标移动至"等高线"命令处，单击即可完成命令的执行操作，如图1-17所示。

图 1-17

> **小技巧**
>
> 在本书中执行菜单命令的操作会写成：执行"滤镜">"风格化">"等高线"命令。

在一些命令后方有一串字母，这是该命令的快捷键。例如，执行"文件">"打开"命令，可以看到快捷键Ctrl+O，同时按下Ctrl键和O键，即可快速执行该命令，如图1-18所示。

图 1-18

2. 标题栏

当Photoshop操作界面中已有打开的文档时，在文档窗口的顶部会显示当前文档名称、文档格式、缩放比例及颜色模式等信息，如图1-19所示。

图 1-19

当在Photoshop中同时打开了多个图像文档时，标题栏处会显示多个文档的选项卡，单击即可切换到相应文档，如图1-20所示。

图 1-20

3. 工具箱与工具选项栏

工具箱位于界面的左侧，集合了多种工具。不同的工具图标是不同的，单击工具图标按钮即可选中工具。

部分工具的右下角带有◢图标，表示这是一个工具组。❶ 右击按钮即可显示隐藏的工具，❷ 将光标移动至工具上方单击，即可选择该工具，如图1-21所示。

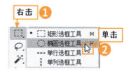

图 1-21

工具选项栏用来显示当前选择工具的参数选项，需要配合所选工具一同使用，如图1-22所示。

图 1-22

> **小技巧**
>
> 工具箱默认单列显示，单击工具箱左上角的▶▶按钮，可以将其切换为双列显示，如图1-23所示。

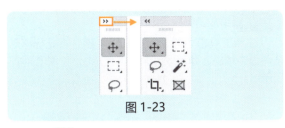

图 1-23

4. 面板

默认情况下，面板位于窗口的右侧，主要配合图像的编辑、对操作进行控制及设置参数等。由于面板数量众多，所以经常堆叠在一起，单击面板名称即可切换到该面板，如图 1-24 所示。

"窗口"菜单中的命令能够控制面板的开启与关闭。执行相应的命令即可打开相对应的面板。在命令前带有 ✓ 图标的代表该面板已经开启，再次执行该命令将关闭该面板，如图 1-25 所示。

图 1-24

图 1-25

小技巧

整个软件界面看似复杂，但使用起来是有规律可循的，稍加用心就能轻松学会。工具箱、面板、文档窗口都可以"脱离"界面独立显示，在操作过程中可以大胆地尝试，就算失误把一些面板"弄丢了"也没有关系，只要执行"窗口">"工作区">"基本功能"命令，即可将凌乱的界面恢复到默认状态。

1.1.2 在 Photoshop 中打开图片

功能概述：

"打开"操作是将已有的图像文档或图片在 Photoshop 中打开。在软件中打开图片后，难免需要观察画面的局部细节，这时需要使用"缩放工具"。"缩放工具"可以放大或缩小画面的显示比例；"抓手工具"

扫一扫，看视频

可以进行画布的平移。

在本节的最后，需要学习如何更改文件的颜色模式，颜色模式决定了作品的用途，在新建文档之初可以进行设置，也可以在新建文档之后进行更改。

快捷操作：

打开：快捷键 Ctrl+O。

缩放工具：Z 键。

抓手工具：H 键。

在选择其他工具状态下，按住空格键可以切换到"抓手工具"。

放大画面显示比例：同时按下 Ctrl 键与 + 键。

缩小画面显示比例：同时按下 Ctrl 键与 − 键（键盘上数字 0 后方的减号键）。

使用方法：

第 1 步　打开图片

❶ 执行"文件">"打开"命令，❷ 打开"打开"对话框，在对话框中单击选择需要打开的图片，❸ 单击"打开"按钮，如图 1-26 所示。

图 1-26

随后即可将选中的图片在 Photoshop 中打开，如图 1-27 所示。

图 1-27

如果想要同时打开多张图片,那么,❶在"打开"对话框中选中多张图片,❷单击"打开"按钮,如图1-28所示。

图 1-28

即使同时打开了多张图片,但是在 Photoshop 界面中,也会只显示其中一张图片,单击顶部标题栏中的选项卡,即可切换到相应的图片,如图 1-29 所示。

图 1-29

小技巧

在打开多个文档时,执行"窗口">"排列"命令,在子菜单中可以看到多种文档的排列方式,如图 1-30 所示。

图 1-30

第2步 缩放画面显示比例

选择工具箱中的"缩放工具",将光标移动至画面中单击,即可放大画面的显示比例,如图 1-31 所示。

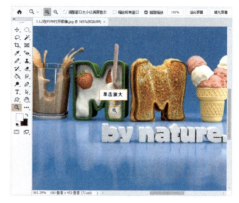

图 1-31

小技巧

注意此处放大或缩小的是画面的显示比例,而并非图像的真正尺寸。可以在图像文档的左下角看到当前图像的显示比例,也可以在此处进行精确显示比例的设置,如图 1-32 所示。

图 1-32

按住 Alt 键,光标会变为带有减号的放大镜,此时单击即可缩小画面的显示比例,如图 1-33 所示。

图 1-33

双击工具箱中的"缩放工具"按钮 ，图像显示比例会自动切换到 100%。

> **小技巧**
>
> 按住 Alt 键并滚动鼠标中轮，也可以放大或缩小画面的显示比例。

第 3 步　平移画面显示区域

当画面的显示比例过大时，需要借助"抓手工具"查看窗口以外的部分。选择工具箱中的"抓手工具" ，然后按住鼠标左键拖动，即可移动画布在窗口中的显示位置，如图 1-34 所示。

图 1-34

> **小技巧**
>
> 在制图的过程中，在使用其他工具的状态下，按住空格键即可切换到"抓手工具"，释放空格键可以切换回原本使用的工具。

第 4 步　更改图像的颜色模式

颜色模式是指构成图像的颜色组合方式。不同用途的图像，需要使用对应的颜色模式。最常用的颜色模式有 RGB 与 CMYK 两种。

RGB 颜色模式主要是由 R（红）、G（绿）、B（蓝）3 种基本色相加进行配色的。该颜色模式主要应用在数字图像的制作与处理中，如网页广告、手机 App 等。

CMYK 颜色模式主要是由 C（青）、M（洋红）、Y（黄）、K（黑）4 种颜色相减进行配色的。该颜色模式主要应用在印刷方面。

如果要更改文档的颜色模式，可以执行"图像">"模式"命令，在子菜单中选择相应的颜色模式，如图 1-35 所示。

图 1-35

1.1.3　从无到有创建新文档

功能概述：

本节将要学习如何创建一个新的文档。新的文档就像一张全新的画布，在创建之初需要确定要拿这张画布创作什么样的作品，不同的作品所创建的尺寸、颜色模式、所用的单位均有不同。

扫一扫，看视频

执行"文件">"新建"命令，打开"新建文档"对话框，如图 1-36 所示。在对话框顶部可以选择不同类别的文档进行预设，左侧区域为相应类别下的文档预设方式，单击即可选中相应的方式。

图 1-36

如果需要特殊尺寸，可以在对话框右侧进行详细的参数设置，如图 1-37 所示。

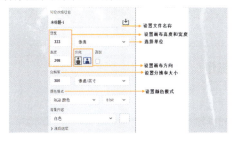

图 1-37

完成新建操作后，就可以进行设计制图了。制图的过程中经常需要使用图像素材，执行"置入"命令，可以将外部素材添加到文档中，如图 1-38 所示。

图 1-38

作品制作完成后需要进行保存，通常会保存一份 .psd 格式的源文件，还会保存一份 .jpg 格式的文件作为预览文件，如图 1-39 所示。

图 1-39

文件保存完成后，可以关闭文档。一些作品需要打印输出，可以执行"文件">"打印"命令，在打开的对话框中进行打印设置并打印，打印效果如图 1-40 所示。

图 1-40

快捷操作：

新建：快捷键 Ctrl+N。
存储：快捷键 Ctrl+S。
另存为：快捷键 Shift+Ctrl+S。
关闭：快捷键 Ctrl+W。
打印：快捷键 Ctrl+P。

使用方法：

第 1 步 选择预设尺寸创建文档

执行"文件">"新建"命令，打开"新建文档"对话框。例如，如果要创建一个用于打印的 A3 尺寸文档，那么需要 ❶ 在顶部选择预设类别为"打印"，❷ 在左侧的预设列表中选择 A3，对话框的右侧会显示具体尺寸，❸ 单击"创建"按钮，如图 1-41 所示。

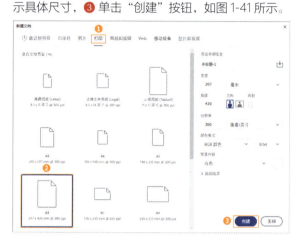

图 1-41

随后软件界面中会出现相应的文档，如图 1-42 所示。

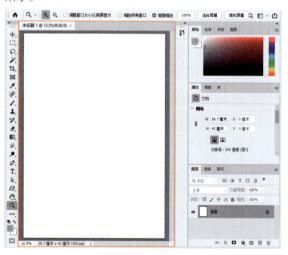

图 1-42

第 2 步 创建自定义尺寸的文档

预设的尺寸并不能完全满足设计所需，在窗口的右侧可以直接设置文档的参数属性。

❶ 将单位设置为"像素",❷ 将"宽度"设置为 2378 像素,将"高度"设置为 1585 像素,❸ 设置"分辨率"为 72 像素/英寸,❹ 设置"颜色模式"为"RGB 颜色",❺ 设置完成后,单击"创建"按钮,如图 1-43 所示。

完成新建操作,得到相应尺寸的文档,效果如图 1-44 所示。

图 1-43　　　　　　图 1-44

常用参数解读：

- 方向：用于更改画布的方向。单击 按钮,可以将画布设置为纵向；单击 按钮,可以将画布设置为横向,如图 1-45 所示。

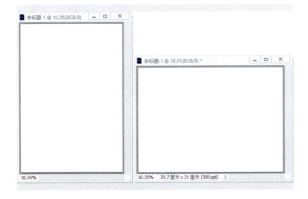

图 1-45

- 分辨率：指在单位面积内包含的像素块个数,其单位有"像素/英寸"和"像素/厘米"两种。例如,300 像素/英寸是指在 1 平方英寸的面积内有 300 个像素块,而 72 像素/英寸是指在 1 平方英寸的面积内有 72 个像素块。单位面积内像素块的数量越多,画面的细节就越多,画面看起来就越精细、越清晰,如图 1-46 所示。

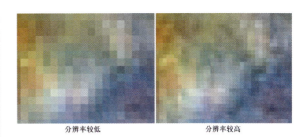

分辨率较低　　　　　分辨率较高

图 1-46

> **小技巧**
>
> 用于打印的文档分辨率通常需要为 300 像素/英寸,大尺寸的喷绘广告分辨率可酌情降低,用于在电子屏幕显示的文档分辨率为 72 像素/英寸即可。

- 颜色模式：设置文档的颜色模式及相应的颜色深度。用于打印的文档颜色模式需要设置为 CMYK,用于在电子屏幕显示的文档颜色模式需要设置为 RGB,如图 1-47 所示。

图 1-47

第 3 步　置入素材图片

执行"文件">"置入嵌入对象"命令,❶ 在打开的"置入嵌入的对象"对话框中选择素材图片 1,❷ 单击"置入"按钮,如图 1-48 所示。

图 1-48

随即背景图片被置入文档内,此时置入的图片会带有定界框，如图 1-49 所示。

图 1-49

按 Enter 键，定界框会消失，这样就完成了置入操作，如图 1-50 所示。

图 1-50

还可以通过拖动的方式将素材图片置入文档中。在素材文件夹中找到素材图片 2，然后按住鼠标左键向画面中拖动，如图 1-51 所示。

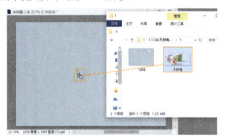

图 1-51

素材图片出现在画面中，接下来可以对素材图片的位置进行调整。将光标放在定界框内，此时光标显示为可以移动对象的状态，按住鼠标左键并拖动，即可移动素材图片的位置，如图 1-52 所示。

图 1-52

❶ 将光标放在定界框一角处，按住鼠标左键拖动，可以调整素材的大小。如果需要等比例缩放对象，则可以 ❷ 在选项中按下 🔗 按钮后再进行缩放，如图 1-53 所示。

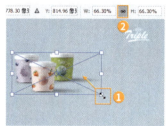

图 1-53

如果需要旋转对象，则可以将光标移动到定界框外部。❶ 在光标变为 ↻ 时，按住鼠标左键拖动即可旋转。如果需要旋转特定角度，则可以在选项中 ❷ 设置角度数值，如图 1-54 所示。

图 1-54

调整完成后按 Enter 键，完成置入操作，效果如图 1-55 所示。

图 1-55

小技巧

置入对象为智能图层，智能图层是一种特殊的图层，它的优点是可以进行缩放、定位、斜切、旋转或变形操作，且不会降低图像的质量。但无法直接进行编辑，如删除局部、使用画笔工具进行绘制等。

如果对图层进行删除、擦除、绘制等操作，就需要进行栅格化。选中智能图层，右击，在弹出的快捷菜单中执行"栅格化图层"命令，即可将智能图层转换为普通图层，如图1-56所示。

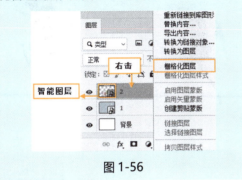

图 1-56

第4步 存储文件

作品制作完成后需要进行保存。执行"文件">"存储"命令，第一次保存会打开"存储为"对话框。在该对话框中找到存储位置，❶ 在"文件名"文本框中输入合适的名称，❷ "保存类型"是指文本的存储格式，单击"保存类型"下拉按钮，在下拉列表中选择PSD格式，❸ 设置完成后单击"保存"按钮，如图1-57所示。

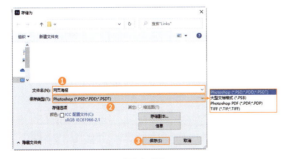

图 1-57

在打开的"Photoshop 格式选项"对话框中勾选"最大兼容"复选框，然后单击"确定"按钮，完成保存操作，如图1-58所示。

图 1-58

通常情况下，Photoshop 会保存一份 JPEG 格式副本作为预览。如果要存储为其他格式的文件，需要使用"存储为"命令。执行"文件">"存储副本"命令，在打开的"存储副本"对话框中设置"保存类型"为 JPEG 格式，然后单击"保存"按钮，如图1-59所示。

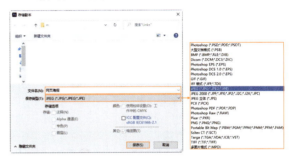

图 1-59

此时会打开"JPEG 选项"对话框，在该对话框中可以设置图像选项、格式选项，单击"确定"按钮，完成保存操作，如图1-60所示。

找到保存的位置，可以看到刚刚存储的文件，如图1-61所示。

图 1-60　　　　图 1-61

保存文件后，若再次对文件进行编辑操作，则执行"文件">"存储"命令会保留所做的更改，并且会替换上一次保存的文件（因为之前保存过，所以没有打开"另存为"对话框）。

第 5 步　关闭文件

保存完成后,可以将文件关闭。执行"文件">"关闭"命令,关闭当前所选的文件。也可以通过单击文档窗口右上角的"关闭"按钮 ✖,关闭所选文件,如图 1-62 所示。

图 1-62

第 6 步　打印文件

很多设计作品制作完成后需要打印,执行"文件">"打印"命令,在"Photoshop 打印设置"对话框中进行打印参数的设置。

❶ 在打印机列表中选择合适的打印机,❷ 设置打印份数,❸ 选择版面为竖版或横版。❹ 单击"打印设置..."按钮,❺ 在弹出的对话框中设置"纸张尺寸",❻ 单击"确定"按钮,回到"Photoshop 打印设置"对话框中,❼ 在"位置和大小"选项组中勾选"缩放以适合介质"复选框。设置完毕后,❽ 单击"打印"按钮,如图 1-63 所示。

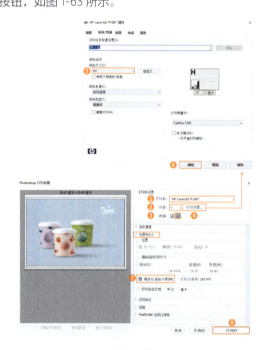

图 1-63

1.1.4　图层操作

功能概述:

图层是 Photoshop 中非常重要的功能,所有的操作都是基于图层进行的。图层可以承载图像、图形、文字、3D 元素等对象。而在进行操作之前,需要选定一个用于操作的图层。

在 Photoshop 中,制图的过程相当于将一层又一层的图像按照一定的上下顺序,堆叠在一起组成画面的过程,如图 1-64 所示。

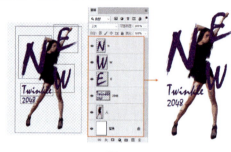

图 1-64

小技巧

图层有如下特点。

(1)每个图层的内容都可以单独编辑而互不影响。

(2)每个图层都可以保留透明的区域。

(3)上层的对象会遮挡下层的对象。

(4)调整图层上下顺序会影响画面显示效果。

在"图层"面板中,可以进行一系列关于图层的操作,如选中图层、新建图层、编组、调整图层顺序、链接、导出等。默认情况下,"图层"面板位于界面的右下方,执行"窗口">"图层"命令,可以打开或关闭"图层"面板,如图 1-65 所示。

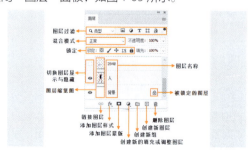

图 1-65

快捷操作：

打开或关闭"图层"面板：F7 键。
加选多个图层：按住 Ctrl 键单击需要加选的图层。
合并图层：快捷键 Ctrl+E。
复制选中图层：快捷键 Ctrl+J。
将选中图层编组：快捷键 Ctrl+G。

使用方法：

第1步 选择图层

如果想要对画面中某个对象进行编辑操作，就需要在"图层"面板中选中其所在的图层。将光标移动至"图层"面板中单击，即可选中图层，如图 1-66 所示。

图 1-66

在"图层"面板中，按住 Ctrl 键单击图层可以进行加选，如图 1-67 所示。

如果想要取消选中的图层，按住 Ctrl 键在已经选中的图层上单击即可进行减选，如图 1-68 所示。

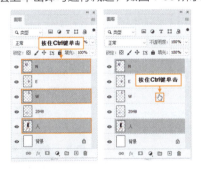

图 1-67　　　　图 1-68

还可以进行图层的快速选择。❶ 选择工具箱中的"移动工具"，❷ 勾选选项栏中的"自动选择"复选框，❸ 设置选中对象为"图层"，❹ 将光标移动至需要选中的图层上方单击，如图 1-69 所示。即可在"图层"面板中选中单击对象所在的图层，如图 1-70 所示。

图 1-69　　　　图 1-70

小技巧

在使用"移动工具"的状态下，在画面中右击，在弹出的快捷菜单中即可看到图层名称，单击图层名称即可选中图层，如图 1-71 所示。

图 1-71

第2步 移动图层

❶ 单击选中图层，❷ 选择工具箱中的"移动工具"，❸ 在画面中按住鼠标左键拖动，即可移动选中对象的位置，如图 1-72 所示。

图 1-72

第3步 新建图层

❶ 单击"图层"面板底部的"创建新图层"按钮，❷ 即可在所选图层的上层新建一个图层，如图 1-73 所示。

图 1-73

第 4 步 删除图层

❶ 选中需要删除的图层，❷ 单击"图层"面板底部的"删除图层"按钮，如图1-74所示。在弹出的提示框中单击"是"按钮，即可删除选中图层，如图1-75所示。

图 1-74　　　　图 1-75

选中图层，按 Delete 键也可以删除选中图层。

小技巧

在弹出的提示框中勾选"不再显示"复选框，在以后的删除操作中将不会弹出此提示框，如图1-76所示。

图 1-76

第 5 步 复制图层

选中需要复制的图层，按住鼠标左键向"创建新图层"按钮上方拖动，如图1-77所示。释放鼠标按键后完成图层的复制操作，如图1-78所示。

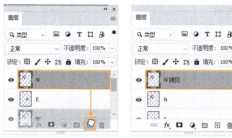

图 1-77　　　　图 1-78

选中图层，按下快捷键 Ctrl+J，可以快速将选中图层复制一份。

还可选中需要复制的图层，然后在选中"移动工具"的状态下，按住 Alt 键，光标变为形状后按住鼠标左键拖动，如图1-79所示，释放鼠标按键后，完成移动并复制的操作，效果如图1-80所示。

图 1-79　　　　图 1-80

第 6 步 调整图层顺序

将字母 N 移动到人物的下方。在"图层"面板中选中 N 图层，按住鼠标左键向"人"图层下方拖动，当出现蓝色的高亮显示后，释放鼠标按键即可完成图层顺序的调整，如图1-81所示。调整图层顺序会影响画面的结果，调整后画面如图1-82所示。

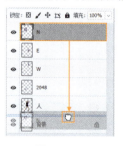 

图 1-81　　　　图 1-82

第 7 步 锁定图层

"锁定"选项位于"图层"面板顶部位置，有 5

种锁定方式，如图1-83所示。

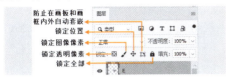

图 1-83

❶ 选择图层，单击"锁定"选项中的任意一个按钮，❷ 即可看到该图层出现一个锁头图标，这代表图层被锁定，如图1-84所示。

若要取消锁定，则可以 ❶ 单击图层上的锁头图标，或者 ❷ 单击相应锁定按钮，如图1-85所示。

图 1-84　　　　　图 1-85

常用参数解读：
- 锁定透明像素：无法在该图层原本透明的区域添加像素。
- 锁定图像像素：无法对图层进行擦除、调色、滤镜等内容上的编辑操作，但可以移动、变换。
- 锁定位置：锁定位置后，图层将不能移动。
- 防止在画板和画框内外自动套嵌：激活该选项后，无法将画册在不同画板或画框之间相互移动。
- 锁定全部：激活该选项后，图层将不能进行任何操作。

第8步 合并图层

在"图层"面板中按住Ctrl键单击加选图层，如图1-86所示。执行"图层">"合并图层"命令，即可将选中的图层合并为一个图层，如图1-87所示。

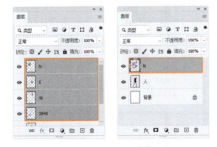

图 1-86　　　　　图 1-87

第9步 栅格化图层

对于一些特殊的图层，需要将其转换为普通图层后，才可以进行某些操作，这个过程叫作"栅格化"。

❶ 选中需要栅格化的图层，右击，❷ 在弹出的快捷菜单中执行"栅格化图层"命令，即可将智能图层栅格化为普通图层，如图1-88所示。

图 1-88

第10步 重命名图层

将光标移动至图层名称的位置双击，输入新的名称，如图1-89所示，按Enter键确定重命名操作，如图1-90所示。

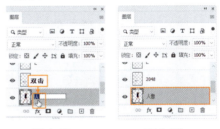

图 1-89　　　　　图 1-90

第11步 编组图层

单击"图层"面板底部的"创建新组"按钮，即可创建新的图层组，如图1-91所示。

图 1-91

选中图层，按住鼠标左键向图层组中拖动，如图1-92所示。释放鼠标按键即可将图层移动至组内，如

图 1-93 所示。

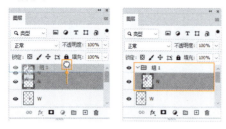

图 1-92　　　　图 1-93

还可选中图层，按住鼠标左键向"创建新组"按钮处拖动，如图 1-94 所示。释放鼠标按键即可将选中的图层编组，如图 1-95 所示。

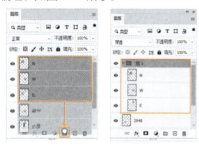

图 1-94　　　　图 1-95

小技巧

选中图层，按下快捷键 Ctrl+G，可以将选中的图层编组。

❶ 选中图层组并右击，❷ 在弹出的快捷菜单中执行"取消图层编组"命令，即可取消编组，如图 1-96 所示。

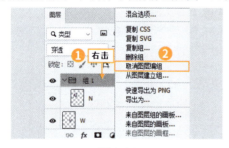

图 1-96

第12步　链接图层

如图 1-97 所示，❶ 在"图层"面板中加选图层，❷ 单击"图层"面板底部的"链接图层"按钮 ，可将选中的图层进行链接。选中链接后的一个图层进行移动或自由变换，那么链接在一起的图层会产生相应的变化，如图 1-98 所示。

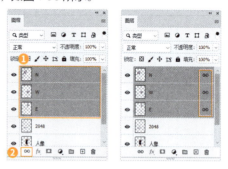

图 1-97　　　　图 1-98

如图 1-99 所示，如果想要取消链接，则可以 ❶ 选中图层，❷ 再次单击"链接图层"按钮。效果如图 1-100 所示。

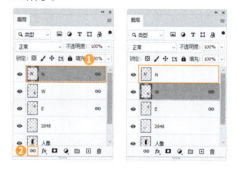

图 1-99　　　　图 1-100

第13步　设置图层的对齐与分布

❶ 选择工具箱中的"移动工具"，❷ 在"图层"面板中加选需要对齐的图层，❸ 此时在选项栏中会显示常用的对齐、分布按钮，如图 1-101 所示。

图 1-101

例如，单击"左对齐"按钮，选中的图层将会向所选图层的最左侧对齐，如图 1-102 所示。

图 1-102

常用参数解读：

左对齐、水平居中对齐、右对齐效果如图 1-103 所示。

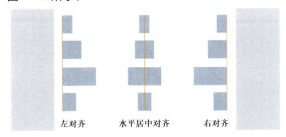

图 1-103

顶对齐、垂直居中对齐、底对齐效果如图 1-104 所示。

垂直分布、水平分布效果如图 1-105 所示。

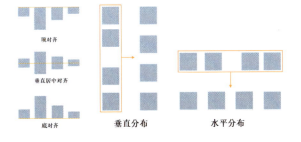

图 1-104　　　　　图 1-105

第 14 步　导出图层

在"图层"面板中选中需要导出的图层，右击，在弹出的快捷菜单中执行"导出为..."命令，如图 1-106 所示。

图 1-106

在打开的"导出为"对话框中，❶ 单击"格式"下拉按钮，在下拉列表中选择相应的格式，❷ 单击对话框底部的"导出"按钮，如图 1-107 所示。

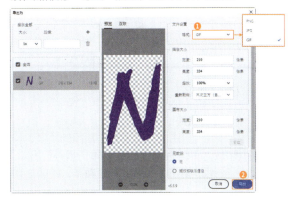

图 1-107

在打开的"另存为"对话框中设置合适的存储位置，设置文件名后单击"保存"按钮，完成保存操作，如图 1-108 所示。

图 1-108

小技巧

选中图层并右击，在弹出的快捷菜单中执行"快速导出为 PNG"命令，即可在打开的"导出"对话框中将其导出为 PNG 格式，如图 1-109 所示。

如果想要设置快速导出图层的格式，可以使用快捷键 Ctrl+K 调出"首选项"对话框，单击对话框左侧的"导出"选项，然后在导出格式列表中选择导出格式，如图 1-110 所示。

图 1-109　　　　图 1-110

1.1.5 图层变形

功能概述：

"自由变换"是非常常用的功能，可以对图层进行缩放、旋转、倾斜、扭曲、透视、变形、垂直翻转等操作，如图 1-111 所示。

图 1-111

除这些常规的变换操作外，使用"操控变形"命令还可以更加随意地对图层进行变形，如图 1-112 所示。

图 1-112

快捷操作：

自由变换：快捷键 Ctrl+T。
提交变换：Enter 键。
复制并重复上次变换：快捷键 Shift+Ctrl+Alt+T。

使用方法：

> **第1步** 使用"自由变换"命令

选择需要变换的图层，执行"编辑">"自由变换"命令或使用快捷键 Ctrl+T，对象周围出现带有控制点的定界框。默认情况下，❶ 选项栏中"保持长宽比"按钮为激活状态，将光标移动至控制点上，❷ 按住鼠标左键拖动可以等比调整对象的大小，如图 1-113 所示。如果要完成变换操作，则可以按 Enter 键提交变形操作。

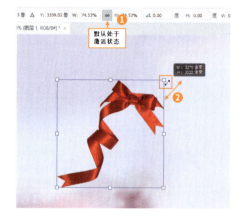

图 1-113

若要进行不等比的缩放，则可以 ❶ 单击选项栏中的"保持长宽比"按钮，取消选中状态，然后 ❷ 拖动控制点进行不等比缩放，如图 1-114 所示。

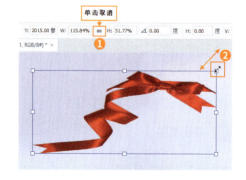

图 1-114

在锁定长宽比的状态下，按住 Shift 键的同时按住鼠标左键拖动，也可以进行不等比缩放，如图 1-115 所示。

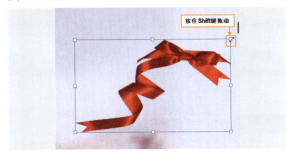

图 1-115

🔔 小技巧

按住 Shift 键进行缩放，会切换当前的长宽比锁定状态。如果当前为未锁定长宽比的状态，那么按住 Shift 键可以切换为锁定长宽比的状态。因此，在进行缩放之前，首先要在选项栏中确定当前的长宽比是否锁定。

第 2 步 旋转

将光标移动至角点位置的控制点上，在光标变为 ↻ 形状后，按住鼠标左键拖动即可进行旋转，如图 1-116 所示。

默认情况下，旋转的中心点为定界框中央位置。❶ 勾选"切换参考点"复选框 ☑ ⁝⁝⁝，❷ 就会显示参考点（也常被称为图形的"中心点"），如图 1-117 所示。

 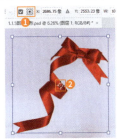

图 1-116　　　　图 1-117

将光标移动到中心点位置按住鼠标左键拖动，即可调整中心点的位置，如图 1-118 所示。接着旋转，可以看到图层会围绕新的中心点旋转，如图 1-119 所示。

图 1-118　　　　图 1-119

🔔 小技巧

在旋转的过程中，按住 Shift 键可以以 15 倍数的角度（单位为度）进行旋转。

第 3 步 斜切

在自由变换状态下右击，在弹出的快捷菜单中执行"斜切"命令，如图 1-120 所示。

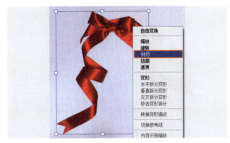

图 1-120

拖动控制点可以产生水平或垂直方向的倾斜，如图 1-121 和图 1-122 所示。

 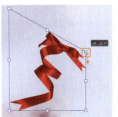

图 1-121　　　　图 1-122

第 4 步 扭曲

在自由变换状态下右击，在弹出的快捷菜单中执行"扭曲"命令，或者执行"编辑">"变换">"扭曲"命令，如图 1-123 所示。

拖动控制点，图层会产生扭曲变形的效果，如

图 1-124 所示。

图 1-123　　　　　图 1-124

第 5 步　透视

在自由变换状态下右击，在弹出的快捷菜单中执行"透视"命令，如图 1-125 所示。

图 1-125

拖动控制点，可以在水平或垂直方向进行透视，如图 1-126 和图 1-127 所示。

图 1-126　　　　　图 1-127

第 6 步　变形

在自由变换状态下右击，在弹出的快捷菜单中执行"变形"命令，如图 1-128 所示。

拖动控制点或控制柄，即可进行变形操作，如图 1-129 所示。

图 1-128　　　　　图 1-129

第 7 步　复制并重复上一步变换

如图 1-130 所示的图层已经进行过一次自由变换。

图 1-130

使用快捷键 Shift+Ctrl+Alt+T 后会按照上一次变换的规律，复制一个图层并进行重复变换，如图 1-131 所示。

多次重复使用该快捷键，可以得到一系列规律变换的图层，如图 1-132 所示。

图 1-131　　　　　图 1-132

第 8 步　内容识别缩放

如果使用"自由变换"命令进行不等比缩放，那么画面中主体图形将会发生严重的变形，如图 1-133 所示。对于这种背景颜色较为简单的图片，可以使用"内容识别缩放"命令进行变形。

选择图层，执行"编辑">"内容识别缩放"命令，或者使用快捷键 Shift+Ctrl+Alt+C，然后拖动控制点进行横向缩放。可以看到画面中背景的部分被缩短,而画面中的主体物没有产生变形的问题,如图1-134所示。

图1-133　　　　图1-134

第9步 操控变形

执行"编辑">"操控变形"命令,此时所选图层上出现网格,在网格上单击添加"图钉",如图1-135所示。拖动图钉,可以进行对象的变形操作,变形完成后按Enter键提交变换操作,如图1-136所示。

图1-135　　　　图1-136

小技巧

将光标定位到图钉附近,按住Alt键,光标变为↻形状,按住鼠标左键并拖动,可以旋转图钉。

如果需要删掉图钉,则可以按住Alt键,将光标移动到图钉上方,光标变为✂形状,单击即可删除图钉。

1.1.6 操作失误不要怕

功能概述:

在制图的过程中难免会有失误的操作,通过快捷键Ctrl+Z可以撤销错误操作,还原到上一步的效果。多次按下该快捷键可以进行连续的还原。除了使用快捷键,还可以通过"历史记录"面板进行撤销。

快捷操作:

还原:快捷键Ctrl+Z。
重做:快捷键Shift+Ctrl+Z。

使用方法:

第1步 还原错误操作

执行"编辑">"还原"命令或使用快捷键Ctrl+Z,还原到上一步的效果。多次按下快捷键Ctrl+Z,进行连续的还原操作。

使用"重做"快捷键Shift+Ctrl+Z,重新恢复刚刚还原的操作。

第2步 通过历史记录面板撤销操作

执行"窗口">"历史记录"命令,打开"历史记录"面板。在该面板中可以看到刚刚操作的步骤都被记录下来了,而且带有名称,非常直观,如图1-137所示。

单击"历史记录"面板中的操作名称,画面即可恢复到相应操作步骤的状态下,如图1-138所示。

图1-137　　　　图1-138

小提示

使用快捷键Ctrl+K打开"首选项"对话框,❶单击对话框左侧的"性能"选项,❷在"性能"选项卡中可以设置"历史记录状态"的步数,如图1-139所示。需要注意的是,记录的步数越多,所占用的内存越大。

图1-139

1.2 基础操作案例应用

下面通过多个案例来练习 Photoshop 的基础操作。

1.2.1 案例：复制图层并整齐排列制作游戏界面

扫一扫，看视频

核心技术：打开、置入、移动复制、对齐与分布。

案例解析：本案例首先将背景素材打开，接着置入按钮素材，然后将按钮素材复制多份，通过对齐与分布功能制作出排列整齐的按钮，案例效果如图 1-140 所示。

图 1-140

操作步骤：

第1步 打开背景素材图片

执行"文件">"打开"命令，❶ 在"打开"对话框中选择素材图片 1，❷ 单击"打开"按钮，如图 1-141 所示。

图 1-141

素材图片 1 在软件中打开，如图 1-142 所示。

图 1-142

第2步 置入按钮素材图片

执行"文件">"置入嵌入对象"命令，❶ 在打开的"置入嵌入的对象"对话框中选择素材图片 2，❷ 单击"置入"按钮，如图 1-143 所示。

图 1-143

此时素材图片被置入文档中，将其摆放在背景左上角位置，然后按 Enter 键确认置入操作，如图 1-144 所示。

图 1-144

将按钮素材图层选中并右击，在弹出的快捷菜单中执行"栅格化图层"命令，将该图层进行栅格化处理，如图 1-145 所示。

图 1-145

第 3 步　复制按钮

选择工具箱中的"移动工具"，将按钮素材图层选中，按住 Alt 键的同时按住鼠标左键，将图形向右侧拖动，拖至右侧合适位置时释放鼠标按键，即可将按钮素材快速复制一份，如图 1-146 所示。

图 1-146

使用同样的方式将按钮素材再次复制两份，放在已有素材右侧位置，如图 1-147 所示。

图 1-147

第 4 步　对齐与分布按钮

由于复制得到的按钮排列比较混乱，需要对其进行对齐与分布操作。按住 Ctrl 键依次加选 4 个按钮素材图层，如图 1-148 所示。

在 4 个图层选中的状态下，在选项栏中单击"顶对齐"按钮，将按钮顶部对齐，如图 1-149 所示。

图 1-148　　　　　图 1-149

单击"水平分布"按钮，让按钮在水平方向上等距排列，如图 1-150 所示。

在 4 个按钮素材图层加选状态下，使用快捷键 Ctrl+G 进行编组，如图 1-151 所示。

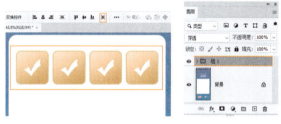

图 1-150　　　　　图 1-151

第 5 步　复制图层组

将图层组 1 选中，使用快捷键 Ctrl+J 进行复制，如图 1-152 所示。

将复制得到的图层组选中，适当向下移动，如图 1-153 所示。

图 1-152　　　　　图 1-153

使用同样的方式，将图层组另外复制两份，然后将组中的按钮素材图层向下移动，并对其进行对齐与分布操作，如图 1-154 所示。

图 1-154

第 6 步 置入新的按钮素材图片

执行"文件">"置入嵌入对象"命令,将素材图片 3 置入,覆盖在倒数第二个按钮上,如图 1-155 所示。

按 Enter 键完成置入。至此,本案例制作完成,效果如图 1-156 所示。

图 1-155　　　　图 1-156

1.2.2　案例:使用重复变换制作放射状背景

扫一扫,看视频

核心技术:自由变换、图层编组、合并图层。

案例解析:本案例首先将三角形素材置入;接着使用"自由变换"命令制定变换规则;然后多次使用"复制并重复上一步变换操作"命令,制作出旋转一周的放射状图形;最后置入文字素材,丰富整体视觉效果,案例效果如图 1-157 所示。

图 1-157

操作步骤:

第 1 步 打开背景素材图片

执行"文件">"打开"命令,将素材图片 1 打开,如图 1-158 所示。

图 1-158

第 2 步 置入三角形素材图片

执行"文件">"置入嵌入对象"命令,将素材图片 2 置入,调整到背景中间位置,并将该图层进行栅格化处理,如图 1-159 所示。

图 1-159

第3步 制作放射状图形

将素材图片 2 所在图层选中，使用快捷键 Ctrl+J 将该图层复制一份，如图 1-160 所示。

在复制得到的图层选中状态下，执行"编辑">"自由变换"命令，调出定界框。接着在选项栏中勾选"切换参考点"复选框，将参考点显示出来，如图 1-161 所示。

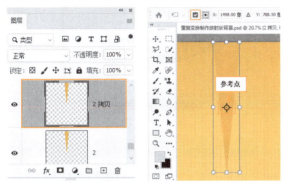

图 1-160　　　　图 1-161

如图 1-162 所示，❶ 拖动参考点，将其定位到定界框底部中间的控制点上。❷ 在选项栏中设置"旋转角度"为 30 度。此时复制得到的图形以参考点为中心进行 30 度角的旋转。操作完成后，按 Enter 键确认操作。

使用"复制并重复上一步变换操作"命令或快捷键 Shift+Ctrl+Alt+T，此时图形就会以之前设定的变换规律自动产生一个相同的图层，并旋转相同的角度，如图 1-163 所示。

图 1-162　　　　图 1-163

多次使用快捷键 Shift+Ctrl+Alt+T 将图形多次进行复制并变换操作，使之形成旋转一周的效果，如图 1-164 所示。

将构成放射状图形的所有图层选中，使用快捷键 Ctrl+G 进行编组，如图 1-165 所示。

图 1-164　　　　图 1-165

小技巧

想要选中连续的图层，可以先在"图层"面板中选中第一个图层，然后按住 Shift 键单击最后一个图层，这样首尾之间的所有图层都会被选中。

将编组图形选中，使用快捷键 Ctrl+E 合并为一个图层，如图 1-166 所示。

图 1-166

第4步 置入文字素材图片

执行"文件">"置入嵌入对象"命令，将文字素材图片置入，放在放射图形中间部位。至此，本案例制作完成，效果如图 1-167 所示。

图 1-167

1.2.3 案例：为平板电脑添加屏幕内容

扫一扫，看视频

核心技术：置入、自由变换。

案例解析：本案例首先将屏幕素材图片置入画面中，然后使用"自由变换""扭曲"命令，使屏幕素材图片与背景中平板电脑的屏幕边缘相吻合。案例效果如图 1-168 所示。

图 1-168

操作步骤：

第1步 打开素材图片

执行"文件">"打开"命令，将素材图片 1 打开，如图 1-169 所示。

图 1-169

第2步 置入屏幕素材图片

执行"文件">"置入嵌入对象"命令，将素材图片 2 置入，置于平板电脑上，同时将该图层进行栅格化处理，如图 1-170 所示。

图 1-170

第3步 扭曲屏幕内容

将素材图片 2 所在图层选中，执行"编辑">"自由变换"命令或使用快捷键 Ctrl+T，接着右击，在弹出的快捷菜单中执行"扭曲"命令，此时进入扭曲操作状态，如图 1-171 所示。

图 1-171

在扭曲状态下，将光标定位到右上角控制点上，按住鼠标左键，向平板电脑屏幕的一角处拖动，如图 1-172 所示。

图 1-172

使用同样的方式，继续拖动剩下的 3 个控制点，使其与平板电脑边缘相吻合，如图 1-173 所示。

图 1-173

扭曲操作完成后，按 Enter 键。至此，本案例制作完成，效果如图 1-174 所示。

图 1-174

1.2.4 案例：调整照片透视为人物"增高"

核心技术：将背景图层转换为普通图层、自由变换、裁剪。

案例解析：本案例首先使用"自由变换""透视"功能将人物适当"增高"，接着使用"裁剪工具"删除图像边缘多余区域。案例效果如图 1-175 所示。

扫一扫，看视频

图 1-175

操作步骤：

第1步 打开素材图片

执行"文件">"打开"命令，将素材图片打开，如图 1-176 所示。

图 1-176

第2步 将背景图层转换为普通图层

双击背景图层，在打开的"新建图层"对话框中单击"确定"按钮（如果图层较多，可以设置合适的名称，便于识别），如图 1-177 所示。

图 1-177

这时，背景图层就转换为普通图层了，如图 1-178 所示。

图 1-178

第3步 透视

将人物图像图层选中，使用"自由变换"命令或快捷键 Ctrl+T。接着右击，在弹出的快捷菜单中执行"透视"命令，如图 1-179 所示。

图 1-179

在透视状态下，将光标移动到右上角控制点的位置，按住鼠标左键向左拖动。随着拖动，可以看到人物照片的透视关系发生了变化，产生了人物增高的效果，如图 1-180 所示。

拖至合适位置时释放鼠标按键，然后按 Enter 键确认操作，如图 1-181 所示。

图 1-180　　　　图 1-181

第 4 步　裁剪画面

在将人物"增高"的同时，照片两侧出现了空隙，需要对不需要的区域裁剪。❶ 选择工具箱中的"裁剪工具"，按住鼠标左键自 ❷ 左上向 ❸ 右下拖动，绘制出需要保留的区域，如图 1-182 所示。

释放鼠标按键，即可得到相应的裁剪框（此时还可以将光标放在裁剪框上，按住鼠标左键拖动进行调整），如图 1-183 所示。

图 1-182　　　　图 1-183

按 Enter 键确认裁剪操作。至此，本案例制作完成，效果如图 1-184 所示。

图 1-184

1.3 基础操作项目实战：将多张图像组合成画册

核心技术：
- 打开素材图像。
- 将素材图像置入，并调到合适位置。
- 加选相关图层，进行对齐与分布操作。

扫一扫，看视频

案例效果如图 1-185 所示。

图 1-185

1.3.1　设计思路

风景画册重在图像展示，希望通过相应图像来吸引受众注意力。根据这一特点，本案例将强调画面整体的简洁、素雅、清爽的艺术风格。

色彩以素材图像色调为主，尽显大自然风景的独特魅力，如图 1-186 所示。

图 1-186

1.3.2　配色方案

白色具有很强的包容性，因此将其作为背景主色调，为其他图像呈现提供了足够的空间。

白色背景不免过于单调，但素材图像的添加可利用其本身颜色，营造出静谧、淡雅的视觉氛围，并利用留白让整个版面具有一定的视觉通透感，如图 1-187 所示。

图 1-187

1.3.3 版面构图

在当前的版面中需要展现 4 幅风景照片，其中 1 幅作为重点展示的图像占据画面绝大多数的空间，剩余 3 幅画面以较小的尺寸，整齐地排列在右侧。画面底部适度留白，放置少量文字信息，给画面以通透感，如图 1-188 所示。

图 1-188

1.3.4 制作流程

首先打开背景素材图片；接着置入重点风景照片，置于左上角位置；然后置入其他风景照片，置于右侧，并调整它们的对齐与分布状态，使其整齐排列，如图 1-189 所示。

图 1-189

1.3.5 操作步骤

第1步 打开背景素材图片

执行"文件">"打开"命令，❶ 在"打开"对话框中选择背景素材图片，❷ 单击"打开"按钮，如图 1-190 所示。

图 1-190

这时，背景素材图片打开，如图 1-191 所示。

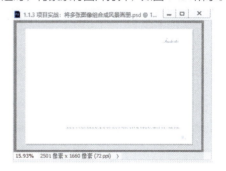

图 1-191

第2步 置入风景照片

执行"文件">"置入嵌入对象"命令，❶ 在打开的"置入嵌入的对象"对话框中选择重点风景照片，❷ 单击"置入"按钮，如图 1-192 所示。

图 1-192

此时重点风景照片被置入文档中，接着按住鼠标左键并向左上方拖动，将其调整到背景左上角位置，如图 1-193 所示。

图 1-193

按 Enter 键完成操作，如图 1-194 所示。

图 1-194

在该图层上右击，在弹出的快捷菜单中执行"栅格化图层"命令，如图 1-195 所示。将该图层转换为普通图层。

使用同样的方式将其他风景照片同时置入，并调至画面右侧空白处，如图 1-196 所示。

图 1-195　　　　图 1-196

第 3 步　对齐图层

右侧的 3 张风景照片排列比较凌乱，需要对其进行对齐操作。由于左侧的大图位置已经确定，因此在操作时，可以将其作为参照。按住 Ctrl 键，以单击的方式加选右侧 3 张风景照片所在的图层，如图 1-197 所示。

图 1-197

在两个图层被选中的状态下，在选项栏中单击"底对齐"按钮，将其底部对齐，如图 1-198 所示。

图 1-198

对右侧 3 张风景照片进行对齐操作，按住 Shift 键单击第一个图层和第三个图层，即可快速选择首尾之间的全部图层，如图 1-199 所示。

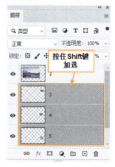

图 1-199

在 3 个图层都被选中的状态下，在选项栏中单击"左对齐"按钮，将其左侧对齐，如图 1-200 所示。

图 1-200

第 4 步　均匀分布图层

在 3 个图层都被选中的状态下，在选项栏中单击"垂直分布"按钮，使 3 张照片在垂直方向上等距分布，如图 1-201 所示。

图 1-201

至此，本案例制作完成，效果如图 1-202 所示。

图 1-202

第 5 步　存储文件

下面需要对文件进行存储，执行"文件">"存储"命令，❶ 在打开的"存储为"对话框中选择合适的保存路径，❷ 设置合适的文件名，❸ 将保存类型设置为 PSD，❹ 单击"保存"按钮，如图 1-203 所示。

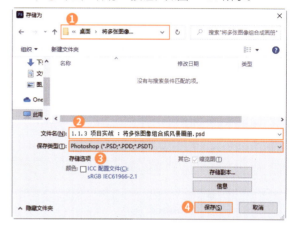

图 1-203

此时会得到 .psd 格式的工程文件，如果之后需要对画面效果进行进一步编辑，可以再次打开该文件，如图 1-204 所示。

图 1-204

执行"文件">"存储为"命令，❶ 将存储的格式更改为 JPEG，❷ 单击"保存"按钮，如图 1-205 所示。

如图 1-206 所示，❶ 在打开的"JPEG 选项"对话框中设置合适的"品质"数值，数值越大，画面清晰度越高，但相应的文件也会更大。❷ 可以根据右侧的文件大小数值进行设置。设置完成后，❸ 单击"确定"按钮。

随后会得到方便预览及传输的 JPEG 格式图像文件，如图 1-207 所示。

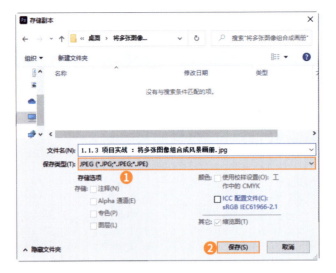

图 1-205

图 1-206

图 1-207

✏️ 读书笔记

选区的创建与编辑

Chapter

2

第 2 章

选区是 Photoshop 中一项非常重要的功能，可以把选区理解为"选定的区域"。创建选区后，所有的操作就只能在选区内进行。选区功能常用于画面局部的填充、调色、抠图等编辑操作。例如，要绘制一个矩形，就需要先绘制一个矩形选区，然后填充颜色；如果要进行抠图，就需要先得到抠取对象的选区，然后将背景去除。在本章中主要学习简单且常见选区的创建方法，以及选区的基础操作。

核心技能

- 创建选区
- 矩形选区、圆形选区、不规则选区
- 复制、剪切与粘贴
- 删除局部
- 标尺、参考线

2.1 选区基础操作

选区可以理解为"选定的区域",是用于划定操作范围的功能。有了选区后,可以对选区中的部分进行复制、剪切、粘贴、删除等操作,也可以在选区中填充特定的颜色、渐变色、图案,还可以对选区内的图像单独调色或使用滤镜,如图2-1所示。

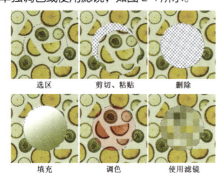

图2-1

在Photoshop中可以创建多种多样的选区,如常见的矩形选区、圆形选区,也可以创建不规则选区和极其复杂精确的选区,如图2-2所示。

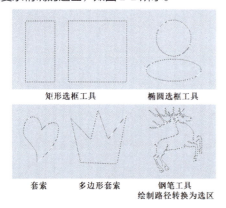

图2-2

创建选区后,选区的边缘会闪烁黑白相间的虚线框。选区可以分为规则选区和不规则选区,使用选框工具组中的工具能够绘制规则选区,该工具组中有"矩形选框工具""椭圆选框工具""单行选框工具""单列选框工具"。使用"套索工具""多边形套索工具"和"快速蒙版"功能可以绘制不规则的选区。本节主要学习如何使用不同的工具创建不同的选区,如图2-3所示。

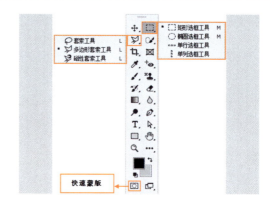

图2-3

2.1.1 创建简单选区

1. 矩形选区与圆形选区

扫一扫,看视频

功能概述:

"矩形选框工具"和"椭圆选框工具"分别用来绘制矩形选区和圆形选区,其使用方法基本相同。

快捷操作:

多次使用快捷键Shift+M,可以在"矩形选框工具"和"椭圆选框工具"之间切换。

绘制正方形/正圆选区:按住Shift键的同时进行绘制。

使用方法:

第1步 绘制长方形选区

"矩形选框工具"位于工具箱的顶部,选择该工具,将光标移动到画面中,按住鼠标左键拖动进行选区的绘制,释放鼠标按键即可完成选区的绘制,如图2-4所示。

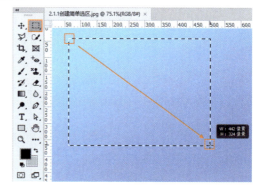

图2-4

★ 小技巧

如果需要取消上一步绘制的选区，则可以使用快捷键 Ctrl+D。

第2步 绘制正方形选区

在某些特定情况下需要绘制正方形选区，这就需要配合快捷键进行绘制。在选择"矩形选框工具"的状态下，按住 Shift 键的同时按住鼠标左键并拖动，即可绘制正方形选区，如图 2-5 所示。

第3步 切换到"椭圆选框工具"

"椭圆选框工具"位于矩形选框工具组中。❶ 右击该工具组按钮，可以显示隐藏的工具，❷ 将光标移动至某个工具选项上，单击即可选中工具，如图 2-6 所示。

图 2-5

图 2-6

第4步 使用"椭圆选框工具"

"椭圆选框工具"的使用方法与"矩形选框工具"的使用方法相同。❶ 按住鼠标左键拖动可以绘制椭圆形，❷ 若配合 Shift 键，则可以绘制正圆，如图 2-7 所示。

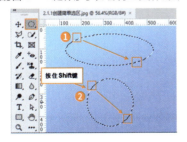

图 2-7

★ 小技巧

使用快捷键 Shift+Alt 可以中心等比绘制正圆或正方形。

第5步 绘制特定尺寸/比例的选区

无论是矩形选区还是圆形选区，都可以通过设置参数创建特定比例或特定尺寸的选区。在选项栏中设置"样式"为"固定比例"，然后设置"宽度"和"高度"的数值，在绘制过程中就可以得到相应比例的选区了。单击 ⇄ 按钮可以互换宽度和高度的数值，如图 2-8 所示。

图 2-8

将"样式"设置为"固定大小"，设置"宽度"和"高度"的数值，随后在画面中单击，即可得到相应大小的选区，如图 2-9 所示。

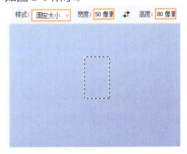

图 2-9

★ 小技巧

若想要绘制任意大小或比例的选区，则可以将样式切换为"正常"。

常用参数解读：

- 选区的运算 ▫▫▫▫▫：通过"加""减""交"进行选区的修改。选择"新选区"选项 ▫ 时，每次绘制新选区后，之前的选区会自动删除。选择"添加到选区"选项 ▫ 时，后绘制的选区会与之前绘制的选区相加。选择"从选区中减去"选项 ▫ 时，后绘制的选区与原有选区交叉部分会被删除，新的选区也会被删除。选择"与选区交叉"选项 ▫ 时，只会保留新选区与旧选区交叉的区域，如图 2-10 所示。

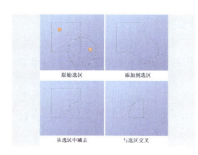

图 2-10

- 羽化：该选项用于设置选区边缘的柔和程度，数值越大，边缘越柔和，虚化程度越高。该选项需要在绘制选区前进行设置。如图 2-11 所示为不同羽化数值选区的填充效果。

图 2-11

2. 创建不规则选区

功能概述：

"套索工具"与"多边形套索工具"都可以用于随意创建选区，区别在于"套索工具"可以创建带有弧度的选区，而"多边形套索工具"能够创建转角较为尖锐的选区。

快捷操作：

多次使用快捷键 Shift+L 可以切换到"套索工具"或"多边形套索工具"。

使用方法：

选择工具箱中的"套索工具"，在画面中按住鼠标左键拖动，可以得到与光标移动路径相同的线条，如图 2-12 所示。

图 2-12

继续移动光标，最后回到起点处，如图 2-13 所示。释放鼠标按键得到选区，此处得到的选区与绘制的线条相同，如图 2-14 所示。

图 2-13　　　　　图 2-14

❶ 右击套索工具组，❷ 在弹出的面板中选择"多边形套索工具"，❸ 在画面中单击，❹ 将光标移动到下一个位置单击，如图 2-15 所示。

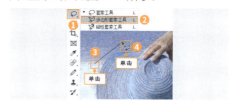

图 2-15

继续以单击的方式进行绘制，当光标移动至起始位置时，光标变为 形状，如图 2-16 所示。

单击即可得到带有尖锐转角的选区，如图 2-17 所示。

图 2-16　　　　　图 2-17

> **小技巧**
>
> 在绘制的过程中，按下 Delete 键，可以删除就近位置的直线。按 Esc 键，则可以取消绘制。

3. 绘制细长选区

功能概述：

"单行选框工具"与"单列选框工具"可以快速创建高度或宽度为 1 像素的细长选区。

使用方法：

❶ 选择工具箱中的"单行选框工具"，❷ 在画面中单击，即可得到 1 像素高的横向选区，其宽度与画面等宽，如图 2-18 所示。

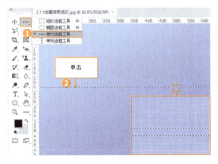

图 2-18

"单列选框工具"的使用方法相同，选择该工具后在画面中单击，即可得到 1 像素宽的纵向选区，高度与画面等高，如图 2-19 所示。

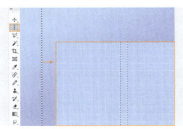

图 2-19

4. 快速蒙版

功能概述：

使用快速蒙版可以在快速蒙版编辑模式下，利用"画笔工具""橡皮擦工具""渐变工具"进行快速蒙版的绘制编辑，退出快速蒙版编辑状态后，得到相应的选区。

快捷操作：

进入 / 退出快速蒙版：Q 键。

使用方法：

第 1 步 进入快速蒙版

❶ 单击工具箱底部的"以快速蒙版进行编辑"按钮 ◻，随后画面进入快速蒙版编辑状态。❷ 设置前景色为黑色，❸ 选择"画笔工具"，❹ 设置合适的笔尖大小，❺ 在画面中按住鼠标左键拖动进行绘制。绘制的区域会变为半透明的红色，这个红色区域是选区以外的范围，如图 2-20 所示。

图 2-20

在快速蒙版状态下，使用白色的画笔绘制，相当于擦除快速蒙版，如图 2-21 所示。

图 2-21

也可以使用黑白渐变色进行快速蒙版的填充，白色部分为选区之内，黑色部分为蒙版区域，也就是选区之外，如图 2-22 所示。

图 2-22

第 2 步 退出快速蒙版

单击"以标准模式编辑"按钮 ◻，退出快速蒙版编辑状态，此时可以得到红色蒙版以外的选区，如图 2-23 所示。

图 2-23

第3步 对已有选区进行编辑

当画面中包含选区时，如图 2-24 所示，进入快速蒙版编辑状态，选区以外的部分被覆盖红色蒙版，如图 2-25 所示。

图 2-24　　　　　图 2-25

此时可以对快速蒙版进一步编辑，如图 2-26 所示。

退出快速蒙版状态，可以实现对选区的编辑，如图 2-27 所示。

图 2-26　　　　　图 2-27

2.1.2　选区的基本操作

功能概述：

选区创建完成以后，随后的编辑操作就会在选区内进行。"取消选区"操作能够取消当前选区的选择状态；"重新选择"操作能够将上一步取消选择的选区重新选中；"全选"操作可将当前文档边界内的全部图像选中；"反选"操作可以将当前选区以外的区域选中。除此之外，还可以进行移动选区、载入图层选区、变换选区等操作。

快捷操作：

取消选区：快捷键 Ctrl+D。
重新选择：快捷键 Shift+Ctrl+D。
全选：快捷键 Ctrl+A。
反选：快捷键 Shift+Ctrl+I。
载入图层选区：按住 Ctrl 键单击图层缩览图。

使用方法：

第1步 载入图层选区

将素材文件打开，该文件中有两个图层，其中文字图层是独立的图层。将光标移动至"文字"图层的缩览图上方，按住 Ctrl 键单击图层的缩览图，即可得到文字的选区，如图 2-28 所示。

图 2-28

第2步 取消选区

如果当前不需要该选区，则可以执行"选择">"取消选择"命令，即可取消对选区的选择。

第3步 重新选择之前的选区

如果要将刚取消的选区重新选择，则可以执行"选择">"重新选择"命令，重新选中取消的选区。

第4步 移动选区

如果要移动已有选区的位置，则可以 ❶ 选择任意一个选框工具，❷ 在选项栏中"新选区"的状态下，❸ 将光标移动到选区内部，此时光标为形状。然后按住鼠标左键拖动，即可移动选区，如图 2-29 所示。

第5步 选择反向的选区

执行"选择">"反向"命令，即可将当前选区反向选择，如图 2-30 所示。

图 2-29　　　　　图 2-30

第6步 将画面内容全选

执行"选择">"全部"命令或使用快捷键 Ctrl+A，即可将当前文档边界内的全部内容选中，如图 2-31 所示。

图 2-31

第7步 对选区进行变形

载入文字选区,执行"选择">"变换选区"命令,选区外侧会出现类似自由变换的定界框。对选区的变换与"自由变换"方式相同。例如,拖动控制点即可对选区进行缩放。完成后可以按Enter键确定变换操作,如图2-32所示。

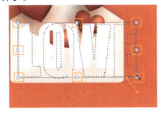

图2-32

小技巧

在选区变换状态下,在画布中右击,可以在弹出的快捷菜单中选择其他变换方式,如图2-33所示。

图2-33

第8步 选区描边设置

载入文字选区,执行"编辑">"描边"命令,打开"描边"对话框。❶ "宽度"选项用来设置描边的粗细,如设置"宽度"为10像素。❷ "颜色"选项用来设置描边的颜色,设置为红色。❸ "位置"选项用来设置描边位于选区上的位置,如"居外"。参数设置完成后,单击"确定"按钮,如图2-34所示。效果如图2-35所示。

图2-34　　　　图2-35

2.1.3 图像局部的剪切/复制/粘贴/清除

功能概述:

"剪切"操作可以先删除所选定的对象,随后使用"粘贴"命令,将剪切的对象重新粘贴为独立图层。"复制"操作可以保留原始对象,然后通过"粘贴"命令,将复制的对象粘贴为独立图层。

快捷操作:

剪切:快捷键 Ctrl+X。
复制:快捷键 Ctrl+C。
合并复制:快捷键 Shift+Ctrl+C。
粘贴:快捷键 Ctrl+V。
原位置粘贴:快捷键 Shift+Ctrl+V。
清除:Delete 键。

使用方法:

第1步 剪切图像局部内容

打开素材图片,选择文档中的图层,当前所选图层为普通图层,接着创建一个选区,如图2-36所示。

执行"编辑">"剪切"命令,此时选区中的像素"消失"了,而露出"棋盘格",这个"棋盘格"代表此处没有像素,如图2-37所示。

图2-36　　　　图2-37

小技巧

如果选择的是背景图层,绘制选区后进行剪切操作,那么选区位置将会被填充背景色,如图2-38所示。

图2-38

第2步 粘贴为独立图层

执行"编辑">"粘贴"命令，刚刚剪切的内容将重新出现在画面中，并形成独立的图层，如图2-39所示。

图 2-39

第3步 复制图像局部内容

"复制"是指保留原始对象，并将内容复制到剪贴板中，以备后面使用。首先绘制一个需要复制区域的选区，然后执行"编辑">"拷贝"命令，接着执行"编辑">"粘贴"命令，即可将选区中的像素粘贴到文档中，并形成独立的图层，如图2-40所示。

第4步 清除图像局部内容

如果要清除选区中的像素，则可以先创建选区，然后按Delete键，即可删除选区中的像素，如图2-41所示。

图 2-40　　　　　图 2-41

小技巧

如果选择的是普通图层，则删除局部内容后得到透明效果。而如果选择背景图层删除选区中的像素，则打开"填充"对话框，在该对话框中可以设置填充选项，如图2-42所示。

想要删除背景图层中的内容，可以单击背景图层后面的 🔒 按钮，将其转换为普通图层后进行删除，如图2-43所示。

图 2-42　　　　　图 2-43

2.1.4 辅助工具

功能概述：
想要实现精准制图，徒手绘制肯定是很难实现的，而使用Photoshop提供的辅助工具可以轻松地实现目标。Photoshop中提供了标尺、参考线、智能参考线、网格等多种辅助工具。通过辅助工具能够精准定位，让制图效果更加规范。

快捷操作：
　　打开或关闭标尺：快捷键 Ctrl+R。
　　启用或停用对齐：快捷键 Shift+Ctrl+;。

使用方法：

第1步 使用标尺

打开一个文档，执行"视图">"标尺"命令即可显示标尺，标尺上显示着尺度数值，如图2-44所示。再次执行该命令可以关闭标尺。

图 2-44

在标尺上右击，在弹出的快捷菜单上可以设置标尺的单位，如图2-45所示。

❶默认的标尺原点位于画面左上角交叉点，但是标尺原点的位置可以调整，❷按住鼠标左键并拖动，即可改变标尺原点的位置，如图2-46所示。

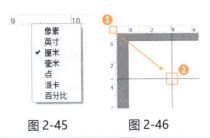

图 2-45　　　　图 2-46

> **小技巧**
>
> 如果想要恢复标尺原点的默认位置，则可以在标尺左上角交叉处单击。

第 2 步　创建参考线

在标尺启用的状态下，将光标移动至横向标尺上，按住鼠标左键向下拖动，释放鼠标按键后即可创建横向参考线，如图 2-47 所示。参考线在打印中不可见。

同理，将光标移动至纵向标尺上，按住鼠标左键向右拖动，释放鼠标按键后即可创建纵向的参考线，如图 2-48 所示。

图 2-47　　　　图 2-48

第 3 步　移动参考线

❶ 选择工具箱中的"移动工具"，❷ 将光标移动至参考线上，光标变为 ⇔ 形状后，按住鼠标左键拖动即可移动参考线的位置，如图 2-49 所示。释放鼠标按键后完成参考线的移动，如图 2-50 所示。

图 2-49　　　　图 2-50

> **小技巧**
>
> 执行"视图">"锁定参考线"命令，可以将参考线锁定，锁定的参考线不会被移动。再次执行该命令即可解锁。

第 4 步　删除参考线

❶ 选择工具箱中的"移动工具"，❷ 将光标移动至参考线上，然后按住鼠标左键向标尺上方拖动，释放鼠标按键后即可删除参考线，如图 2-51 所示。

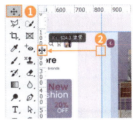

图 2-51

> **小技巧**
>
> 想要快速删除全部参考线，可以执行"视图">"清除参考线"命令。

第 5 步　使用智能参考线

开启"智能参考线"功能后，可以实现在绘图或移动、变形过程中的智能对位。

例如，选择一个图层，按住鼠标左键拖动调整其位置，随着图层的移动可以看到图形边缘显示粉色的智能参考线，还会显示图层之间的距离，如图 2-52 所示。

图 2-52

> **小技巧**
>
> 在默认情况下，智能参考线处于开启的状态，执

行"视图">"显示">"智能参考线"命令，可以控制智能参考线的开启与关闭。

第6步 使用网格

网格通常用于辅助布局与定位，在打印中不可见。在制作标志、排版文字时经常需要借助网格。执行"视图">"显示">"网格"命令，可以在画布中显示网格，如图 2-53 所示。

图 2-53

第7步 使用对齐功能

启用对齐功能后，在移动图形时，当移动到参考线或另外一个图形边缘时会产生"吸附"的感觉。

执行"视图">"对齐"命令，可以启用或停用对齐功能。接着执行"视图">"对齐到"命令，在子菜单中可以设置可对齐的对象，如图 2-54 所示。

图 2-54

2.2 选区案例应用

下面通过多个案例来练习选区的使用方法。

2.2.1 案例：复制局部制作拍立得照片

扫一扫，看视频

核心技术：矩形选框工具、复制、粘贴。

案例解析：本案例首先使用"矩形选框工具"在版面中绘制选区；其次将选区内的图像进行复制，并粘贴形成一个新图层；最后使用"自由变换"命令将图像适当缩小，制作出拍立得照片效果。案例效果如图 2-55 所示。

图 2-55

操作步骤：

第1步 打开背景素材图片

执行"文件">"打开"命令，❶ 在打开的"打开"对话框中选择素材图片1，❷ 单击"打开"按钮，如图 2-56 所示。

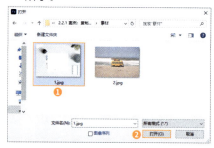

图 2-56

此时画面效果如图 2-57 所示。

图 2-57

第2步 添加照片素材

执行"文件">"置入嵌入对象"命令，❶ 在打开的"置入嵌入的对象"对话框中选择素材图片2，❷ 单击"置入"按钮，如图 2-58 所示。

图 2-58

此时画面效果如图 2-59 所示。

图 2-59

第 3 步 调整照片大小

由于置入的素材没有充满整个版面，需要将其适当放大。将光标定位在定界框一角，按住鼠标左键往右上角拖动的同时按住 Alt 键，将照片进行等比例中心放大，如图 2-60 所示。

拖至合适位置时释放鼠标按键即可，按 Enter 键确认变换操作，如图 2-61 所示。

图 2-60　　　　图 2-61

接下来，❶ 将照片图层选中，❷ 右击，在弹出的快捷菜单中执行"栅格化图层"命令，将图层进行栅格化处理，如图 2-62 所示。

图 2-62

第 4 步 复制照片的局部内容

将照片图层选中，❶ 选择工具箱中的"矩形选框工具"，在照片上按住鼠标左键，自 ❷ 左上往 ❸ 右下拖动，如图 2-63 所示。

图 2-63

拖至合适位置时释放鼠标按键，即可得到矩形选区，如图 2-64 所示。

图 2-64

如图 2-65 所示，❶ 选择照片图层，使用快捷键 Ctrl+C 将选区内的图像进行复制，使用快捷键 Ctrl+V 将其粘贴，并形成一个新图层。❷ 将原始素材图层隐藏。效果如图 2-66 所示。

图 2-65　　　　图 2-66

第 5 步 对照片进行缩放处理

复制得到的局部图像过大，需要将其适当缩小。将图层选中，执行"编辑">"自由变换"命令或使用快捷键 Ctrl+T，将光标放在定界框一角，按住鼠标左键向内拖动，将图像进行缩小，同时调整图像位置，如图 2-67 所示。

第 2 章　选区的创建与编辑

拖至合适位置时释放鼠标按键，然后按 Enter 键确认操作。至此，本案例制作完成，效果如图 2-68 所示。

图 2-67

图 2-68

2.2.2 案例：专辑展示头像

扫一扫，看视频

核心技术：椭圆选框工具、反选、清除。

案例解析：本案例首先使用"椭圆选框工具"绘制素材需要保留区域的选区；其次执行"选择">"反选"命令将选区反选，将需要删除的区域选中，然后按 Delete 键删除；最后置入装饰元素，丰富视觉效果。案例效果如图 2-69 所示。

图 2-69

操作步骤：

第1步　打开背景素材图片

执行"文件">"打开"命令，将背景素材图片打开，如图 2-70 所示。

第2步　添加人物素材

执行"文件">"置入嵌入对象"命令，将人物素材置入，调整大小放在合适位置，同时将该图层进行栅格化处理，如图 2-71 所示。

图 2-70

图 2-71

第3步　绘制选区

从案例效果中可以看出，我们只需要人物素材的局部内容，因此，需要将多余内容删除。首先将人物素材选中，将其透明度适当降低，如图 2-72 所示。效果如图 2-73 所示。（由于人物将底部正圆遮挡住，无法确定正圆选区大小。此时可以将素材不透明度适当降低，待绘制完成后，再恢复到 100%。）

图 2-72

图 2-73

❶ 选择工具箱中的"椭圆选框工具"，按住鼠标左键自 ❷ 左上往 ❸ 右下拖动的同时按住 Shift 键，绘制一个正圆选区，如图 2-74 所示。

拖至合适大小时释放鼠标按键，同时将人物素材的不透明度恢复到 100% 状态，如图 2-75 所示。

图 2-74

图 2-75

第4步　删除多余内容

由于我们需要的是选区内部图像，因此需要将选区外的图像删除。执行"选择">"反选"命令或使用快捷键 Shift+Ctrl+I 将选区反选，如图 2-76 所示。

在素材图层选中状态下，按 Delete 键，将选区内的图像删除，如图 2-77 所示。

第5步　添加装饰元素

使用快捷键 Ctrl+D 取消选区。执行"文件">"置入嵌入对象"命令，将装饰素材置入，调整大小后放在人物的右下角位置。至此，本案例制作完成，效果如图 2-78 所示。

图 2-76　　　　　图 2-77

图 2-78

2.2.3　案例：删除选区中的内容

核心技术：矩形选框工具、添加到选区。

案例解析：本案例首先使用"矩形选框工具"绘制多个大小合适的矩形选区，然后按 Delete 键，将选区内的图像删除，制作出镂空效果，案例效果如图 2-79 所示。

图 2-79

操作步骤：

第 1 步　打开背景素材图片

执行"文件">"打开"命令，将背景素材图片打开，如图 2-80 所示。

第 2 步　置入风景素材

执行"文件">"置入嵌入对象"命令，将风景素材置入，调整大小并移至背景空白位置处，同时将该图层进行栅格化处理，如图 2-81 所示。

 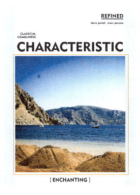

图 2-80　　　　　图 2-81

第 3 步　删除素材局部内容

将素材图层选中，❶ 选择工具箱中的"矩形选框工具"，❷ 在素材左侧拖动鼠标绘制选区，如图 2-82 所示。然后按 Delete 键，将选区内的图像删除。操作完成后使用快捷键 Ctrl+D 取消选区，如图 2-83 所示。

图 2-82　　　　　图 2-83

第 4 步　同时绘制多个选区

在素材图层被选中的状态下，❶ 使用"矩形选框工具"，❷ 在选项栏中单击"添加到选区"按钮，此时光标变为 形状。❸ 继续绘制选区，此时之前的选区也仍然保留，如图 2-84 所示。

继续绘制多个条形选区，如图 2-85 所示。

图 2-84　　　　　　　图 2-85

选区绘制完成，接着按 Delete 键，将选区内的图像删除，然后使用快捷键 Ctrl+D 取消选区，如图 2-86 所示。至此，本案例制作完成，效果如图 2-87 所示。

图 2-86　　　　　　　图 2-87

2.2.4 案例：将图像切分为多个部分

扫一扫，看视频

核心技术：多边形套索工具、剪切、粘贴。

案例解析：本案例首先使用"多边形套索工具"绘制选区；接着对选区内的图像进行剪切与粘贴操作；然后借助"移动工具"对切分图像的位置进行调整。案例效果如图 2-88 所示。

图 2-88

操作步骤：

第1步　创建新文档

执行"文件"＞"新建"命令，创建一个大小合适的横向空白文档，如图 2-89 所示。

图 2-89

第2步　置入素材图片

执行"文件"＞"置入嵌入对象"命令，将素材图片置入，放在版面中间部位，同时将该图层进行栅格化处理，如图 2-90 所示。

图 2-90

第3步　在左上角绘制选区

将素材图层选中，❶ 选择工具箱中的"多边形套索工具"，❷ 在素材图片左上角单击，开始选区的绘制，如图 2-91 所示。

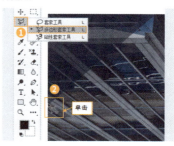

图 2-91

接着拖动鼠标至素材顶部位置，再次单击，如图 2-92 所示。

继续以单击的方式绘制选区。回到起点位置，待光标变为 形状时，单击即可得到选区，如图 2-93 所示。

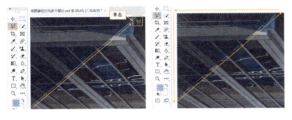

图 2-92　　　　　图 2-93

第 4 步　剪切并粘贴选区内图像

选择素材图片所在的图层，使用快捷键 Ctrl+X 将选区内的图像剪切，使用快捷键 Ctrl+V 将剪切的图像粘贴，此时形成一个新图层，如图 2-94 所示。

由于剪切操作，原有素材图片的左上角缺失了一块，如图 2-95 所示。

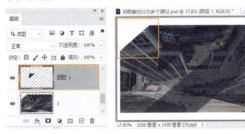

图 2-94　　　　　图 2-95

将素材图层选中，使用同样的方式，将素材图片剩余部分进行切分，如图 2-96 所示。

图 2-96

第 5 步　调整图层位置

选中其中一个切分的图层，如图 2-97 所示。

选择"移动工具"，按住鼠标左键拖动，调整其位置，如图 2-98 所示。

图 2-97　　　　　图 2-98

继续对切分图层的位置进行调整，使每个图层之间保留一定的间距，增强视觉通透感，如图 2-99 所示。

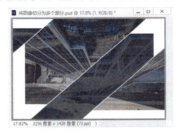

图 2-99

第 6 步　添加文字素材

执行"文件">"置入嵌入对象"命令，将文字素材置入，放在版面中间位置。至此，本案例制作完成，效果如图 2-100 所示。

图 2-100

2.3　选区项目实战：破碎感电影海报

核心技术：
- 使用"套索工具"绘制不规则选区。
- 使用"复制"与"粘贴"命令提取不规则形态的照片。

案例效果如图 2-101 所示。

扫一扫，看视频

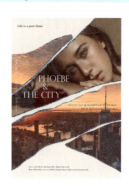

图 2-101

2.3.1 设计思路

电影海报常以故事情节的展现作为吸引观众注意力的主要元素。本案例以"破碎感"为关键词，将具有故事感的城市图像与主人公照片结合展示，为观众营造了广阔的想象空间，如图 2-102 所示。

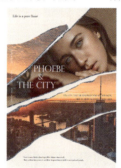

图 2-102

2.3.2 配色方案

本案例画面中使用了多种暖调的色彩，以橙色系色彩为主。在不同明度与纯度变化中，使画面在协调统一的同时更有层次感，如图 2-103 所示。

图 2-103

2.3.3 版面构图

本案例整体采用分割型的构图方式，运用"破碎"的素材将版面进行分割，突破了纯色背景的枯燥与单调，同时增强了版面的视觉通透感。简单的文字，一方面将信息直接传达，另一方面增强了版面的细节效果，如图 2-104 所示。

图 2-104

2.3.4 制作流程

首先新建一个大小合适的空白文档，并填充颜色。接着置入碎片底纹素材，将版面分割为不同部分。其次置入人像和风景素材，按照碎片底纹的形状使用选区工具将照片处理为碎片效果。最后置入文字素材，如图 2-105 所示。

图 2-105

2.3.5 操作步骤

第1步 新建文档

执行"文件">"新建"命令，新建一个大小合适的竖向空白文档，如图 2-106 所示。

第2步 填充背景色

设置"前景色"为淡橙色，使用快捷键 Alt+Delete 进行前景色填充，如图 2-107 所示。

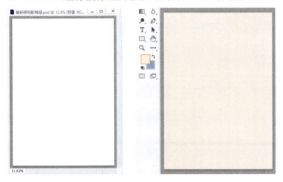

图 2-106　　　　　图 2-107

第3步 置入底纹素材

执行"文件">"置入嵌入对象"命令，将底纹素材置入，同时将该图层进行栅格化处理，如图 2-108 所示。

图 2-108

第4步 绘制碎片选区

将底纹素材图层选中，❶ 选择工具箱中的"套索工具"，❷ 在底纹素材左上角位置按住鼠标左键拖动绘制选区，如图 2-109 所示。

待回到起点位置时释放鼠标按键，即可得到绘制的选区，如图 2-110 所示。

图 2-109　　　　　图 2-110

❶ 在使用"套索工具"的状态下，❷ 在选项栏中单击"添加到选区"按钮，❸ 在已有选区上方继续绘制选区，如图 2-111 所示。

使用同样的方式，在底纹素材上方继续添加选区，如图 2-112 所示。（在操作时，绘制的选区没有固定的大小与样式，只要使其呈现出破碎感即可，无须与案例效果完全相同。）

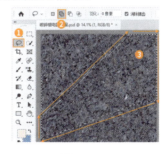 

图 2-111　　　　　图 2-112

第5步 复制选区内图像

在素材图层选中状态下，使用快捷键 Ctrl+C 将选区内的图像复制，接着使用快捷键 Ctrl+V 进行粘贴，并形成一个新图层。将原始素材图层隐藏，如图 2-113 所示。

图 2-113

这时可以看到具有碎片感的效果，如图 2-114 所示。

图 2-114

第6步 置入人像素材

执行"文件">"置入嵌入对象"命令，将人像素材置入，同时将该图层进行栅格化处理，如图 2-115 所示。

图 2-115

第7步 制作人像碎片

将人像素材选中，将其不透明度适当降低（为了方便观察底部纹理素材的破碎形状）。接着，❶ 使用"套索工具"，❷ 按照底部纹理素材的大致形状绘制选区，如图 2-116 所示。

选中人像图层，使用快捷键 Ctrl+J，将选区内的图像复制到新图层中，并将原始人像素材隐藏，如图 2-117 所示。

图 2-116   图 2-117

第8步 置入城市风景素材

执行"文件">"置入嵌入对象"命令，将城市风景素材置入，同时将该图层进行栅格化处理，如图 2-118 所示。

图 2-118

第9步 制作风景碎片

继续使用"套索工具"按照底层碎片的轮廓绘制大致选区，如图 2-119 所示。

图 2-119

使用快捷键 Ctrl+J 将选区内的图像复制到新图层

中，并将原始风景图层隐藏，如图 2-120 所示。

图 2-120

第 10 步 添加文字素材

执行"文件">"置入嵌入对象"命令，将文字素材置入，并将其调整到版面的合适位置。至此，本案例制作完成，效果如图 2-121 所示。

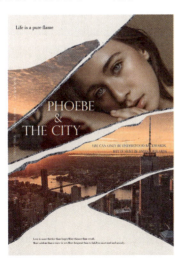

图 2-121

扫一扫，看视频

填色与绘画

Chapter

3

第3章

生活在这个五彩缤纷的世界中,人眼对颜色尤为敏感。想要让设计作品脱颖而出,使用合适的颜色就显得非常重要了。在Photoshop中,颜色填充是一项非常常用的功能。在填充之前需要考虑填充什么颜色,如果需要填充单色,就需要使用"拾色器"编辑颜色;如果需要填充渐变色,就需要使用"渐变工具"。"图案"也可以是一种常用的填充方式,通过"填充"命令或"油漆桶工具"命令都可以填充图案。在本章中还会学习"画笔工具"和"铅笔工具",这是两种常用的绘画工具。当需要擦除某个区域的像素时,则需要使用"橡皮擦工具"。

核心技能

- 设置颜色
- 单色的填充
- 渐变色的填充
- 图案的填充
- 画笔绘画
- 橡皮擦抹除局部
- 不透明度与混合

3.1 填色与绘画基础操作

在设计制图中，想要使整个画面或某个局部呈现某种色彩或图案，可以使用"填充"功能。而想要像用笔画画一样，在画面中"画"点什么，则需要使用"画笔工具""铅笔工具"或"橡皮擦工具"。

在 Photoshop 中，填充有单色、渐变色和图案 3 种方式，既可以对整个画面填充，也可以对选区内的部分填充，如图 3-1 所示。

图 3-1

"画笔工具"和"铅笔工具"可以用于数字绘画，除了绘画，"画笔工具"也经常用于编辑图层蒙版，在之后的学习中经常会使用到。"画笔工具"除了可以绘制常规的线条，还可以更改笔尖、设置画笔动态，制作出一些现实生活中真实画笔绘制不出的效果，如图 3-2 所示。

图 3-2

本节中还将学习"橡皮擦工具"，这是一款擦除工具，可用于画笔绘画时擦除错误的区域，如图 3-3 所示。

也可用于擦除图像局部以实现简单的抠图操作，如图 3-4 所示。

图 3-3　　　　图 3-4

3.1.1 填充单色

扫一扫，看视频

功能概述：

单色填充是最常用的填色方式，既可以为整个画面填充颜色，也可以为选区范围内的部分进行填色，如图 3-5 所示。

想要填充单色，首先需要设置合适的颜色。"颜色控件"位于工具箱的底部。在绘图和填充时，"前景色"使用的频率较高，而"背景色"主要用于辅助部分特殊的画笔设置及个别滤镜功能的使用，如图 3-6 所示。

图 3-5　　　　图 3-6

快捷操作：

恢复默认前/背景色：D 键。
切换前/背景色：X 键。
前景色填充：快捷键 Alt+Delete。
背景色填充：快捷键 Ctrl+Delete。
快速设置背景色：使用"吸管工具"，按住 Alt 键单击拾取背景色。

使用方法：

第1步 设置合适颜色

❶ 单击工具箱中的"前景色"按钮，会打开"拾色器"对话框，❷ 拖动三角形滑块选择合适的色相，❸ 在颜色区域中单击选择合适的颜色。❹ 设置完成后单击"确定"按钮，如图 3-7 所示。

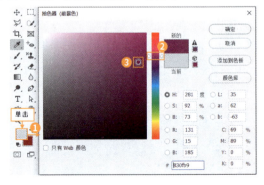

图 3-7

常用参数解读：

- 溢色警告 ⚠：出现该提示时，表示当前所选颜色超出了印刷的色彩范围，可能会造成无法印刷出电子屏幕上看到的颜色。可以单击该警告图标下面的小颜色块，将当前颜色替换为与其最接近的可印刷颜色。在制作需要打印 / 喷绘的作品时要注意该提示。
- 非 Web 安全色警告 ⬛：出现该图标代表当前选择的颜色不能在网页中精准地显示。单击该图标可以将该颜色替换为与其相近的 Web 安全色。进行网页设计时要尤其要注意该提示。

第 2 步　填充颜色

设置好颜色后可以进行填充。如果当前画面没有选区，那么填充的是整个画面。如果包含选区，那么填充的区域为选区内部。首先绘制一个选区，使用前景色填充快捷键 Alt+Delete，即可将设置好的前景色填充到选区内，如图 3-8 所示。

设置背景色的方法与设置前景色的方法相同。单击"背景色"按钮，在打开的"拾色器"对话框中进行颜色的设置，设置完成后使用背景色填充快捷键 Ctrl+Delete 进行填充，如图 3-9 所示。

 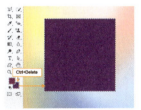

　图 3-8　　　　　　　图 3-9

单击 ⇄ 按钮，可以将前景色和背景色互换，如图 3-10 所示。

单击 ▣ 按钮，可以恢复默认的前景色和背景色，也就是前景色为黑色，背景色为白色，如图 3-11 所示。

　图 3-10　　　　　　图 3-11

第 3 步　使用"吸管工具"

使用"吸管工具"可以拾取画面中的颜色作为前景色 / 背景色。❶ 选择工具箱中的"吸管工具" 🖉，❷ 在画面中单击，❸ 此时单击位置的颜色将作为前景色，如图 3-12 所示。

图 3-12

> **小技巧**
>
> 在选项栏中取消勾选"显示取样环"复选框，可以将取样环隐藏。

在使用"吸管工具"的状态下，❶ 按住 Alt 键并在画面中单击，❷ 即可将拾取的颜色作为背景色，如图 3-13 所示。

图 3-13

> **小技巧**
>
> 选择工具箱中的"吸管工具"，在软件界面内部按住鼠标左键向界面外拖动，释放鼠标按键即可拾取界面以外的颜色，如图 3-14 所示。

图 3-14

3.1.2 填充渐变

扫一扫，看视频

功能概述：

"渐变"是指两种或两种以上颜色过渡的效果，如图 3-15 所示。

图 3-15

想要使用渐变需要掌握两部分功能：使用"渐变编辑器"编辑渐变颜色和使用"渐变工具"填充渐变。

快捷操作：

使用"渐变工具"时，按住 Shift 键可以水平、垂直或斜 45°填充渐变。

使用方法：

第1步 选择预设的渐变

❶ 选择工具箱中的"渐变工具" ，❷ 单击选项栏中的渐变色条，打开"渐变编辑器"对话框。在"预设"选项中可以看到很多预设渐变组。例如，❸ 单击展开"基础"渐变颜色组，然后通过缩览图单击选择一种渐变颜色，❹ 即可在下方的渐变色条看到选中的颜色，如图 3-16 所示。

图 3-16

在"基础"渐变颜色组中有 3 种渐变颜色。第一种为"前景色到背景色渐变"，可以先设置合适的前景色和背景色，打开"渐变编辑器"对话框后，可以看到该渐变会变为由前景色到背景色的渐变颜色；第二种为"前景色到透明渐变"；选择第三种"黑–白渐变"，则可以直接使用由黑到白的渐变，如图 3-17 所示。

展开其他组，可以看到不同色系的渐变，如图 3-18 所示。

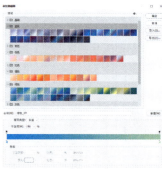

图 3-17　　　　　图 3-18

第2步 编辑渐变颜色

如果预设中无法找到合适的渐变，也可以自行编辑渐变颜色。❶ 双击色标打开"拾色器"对话框，❷ 在该对话框中可以设置颜色，❸ 颜色设置完成后单击"确定"按钮，色标就会变为所选择的颜色，如图 3-19 所示。

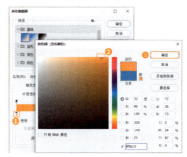

图 3-19

默认情况下，渐变色条下方只有两个色标。当需要添加色标时，❶ 可以将光标移动至渐变色条的下方，光标变为 形状，❷ 单击即可添加色标，如图 3-20 所示。

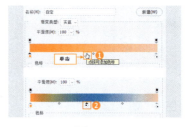

图 3-20

拖动色标可以更改渐变效果，如图 3-21 所示。

图 3-21

拖动"中点"可以更改两种颜色的过渡效果，如图 3-22 所示。

图 3-22

删除色标。❶ 选中色标，按住鼠标左键向渐变色条外拖动，或者 ❷ 单击下方的"删除"按钮，即可删除色标，如图 3-23 所示。

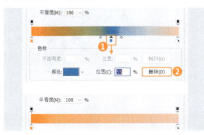

图 3-23

编辑半透明的渐变颜色。❶ 单击选中渐变色条上方的不透明度色标，❷ 在"不透明度"选项中设置不透明度数值，完成半透明渐变的操作，如图 3-24 所示。不透明度色标的添加、移动、删除与色标的操作相同。

图 3-24

编辑完成后单击"确定"按钮，如图 3-25 所示。

随后在"渐变工具"选项栏中可以看到设置好的渐变颜色，如图 3-26 所示。

图 3-25　　　　　图 3-26

第3步 使用"渐变工具"填充渐变

渐变编辑完成后，在选项栏中选择合适的"渐变类型"。例如，❶ 单击"线性渐变"按钮，❷ 按住鼠标左键拖动，如图 3-27 所示。

释放鼠标按键后完成渐变操作，效果如图 3-28 所示。

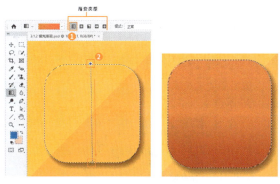

图 3-27　　　　　图 3-28

常用参数解读：

● 渐变类型：在填充渐变之前需要选择渐变类型，共有 5 种渐变类型，如图 3-29 所示。

图 3-29

第 3 章　填色与绘画

- 模式：用来设置渐变填充与原图层中像素的混合模式。
- 不透明度：用来设置填充渐变的不透明度。
- 反向：转换渐变中的颜色顺序，得到反方向的渐变结果。

3.1.3 填充图案

扫一扫，看视频

在 Photoshop 中有两种常用的填充方式，"填充"命令可以对整个画面或局部进行填充。而"油漆桶工具"则可以自动识别画面颜色接近的区域，并对该区域填充。

默认情况下，Photoshop 中只包含很少几种图案，可以先使用默认的图案练习功能的使用。除此之外，用户还可以使用"定义图案"命令创建合适的图案。

1. 使用"填充"命令填充图案

功能概述：

执行"编辑">"填充"命令，打开"填充"对话框，在该对话框中，通过"内容"选项可以设置填充的内容。当"内容"设置为"图案"时，可以在"自定图案"选项中选择合适的图案进行填充。

快捷操作：

填充：快捷键 Shift+F5。

使用方法：

第1步　确定填充区域或图层

选择需要填充的图层或确定需要填充的选区，如图 3-30 所示。

图 3-30

第2步　使用"填充"命令

执行"编辑">"填充"命令，❶在打开的"填充"对话框中设置"内容"为"图案"，❷单击"自定图案"选项右侧的下拉按钮，❸在下拉面板中可以看到多个图案组，展开图案组，单击选择图案，如图 3-31 所示。设置完成后，单击"确定"按钮。

图 3-31

图案填充操作完成，效果如图 3-32 所示。

图 3-32

第3步　创建新的图案

已有的图案如果无法满足需求，则可以将其他的图像作为图案。框选部分图像，如图 3-33 所示。

图 3-33

执行"编辑">"定义图案"命令，设置合适的图案名称，单击"确定"按钮，如图 3-34 所示。

图 3-34

❶ 再次执行"填充"命令，❷ 在"填充"对话框中单击"自定图案"下拉按钮，在图案列表中找到新创建的图案，❸ 单击"确定"按钮，如图 3-35 所示。填充效果如图 3-36 所示。

图 3-35　　　　　图 3-36

常用参数解读：

- 模式：用来设置填充图案的混合模式。如图 3-37 所示为不同模式的效果。
- 不透明度：用来设置填充图案的不透明度。如图 3-38 所示为不同参数的效果。

图 3-37　　　　　图 3-38

2. 使用"油漆桶工具"填充图案

功能概述：

"油漆桶工具"用于填充前景色或图案。如果选中的是空白图层，那么填充的范围是整个画面；如果空白图层中包含选区，那么填充选区范围内的部分；如果选中的是带有图像的图层，那么填充的区域为与光标单击位置颜色接近的区域（这个区域的大小需要通过"容差"选项控制）。

快捷操作：

多次使用快捷键 Shift+G 可切换到"油漆桶工具"。

使用方法：

❶ 选择工具箱中的"油漆桶工具" ，❷ 在选项栏中设置"填充"为"图案"，❸ 单击"图案"选项左侧的下拉按钮，在下拉面板中选择一个合适的图案，如图 3-39 所示。

设置完成后在画面中单击，此时颜色相近的区域被填充选定的图案，如图 3-40 所示。

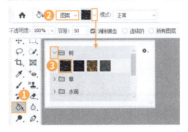 

图 3-39　　　　　图 3-40

常用参数解读：

- 容差：用来设置填充区域颜色的相似程度，数值越小，填充范围越小；数值越大，填充范围越大，如图 3-41 所示。
- 连续的：勾选该复选框后，只填充图像中处于连续范围内的区域；取消勾选该复选框后，可以填充图像中的所有相似像素，如图 3-42 所示。

图 3-41　　　　　图 3-42

3.1.4　使用画笔绘画

1. 画笔工具的使用

功能概述：

"画笔工具"是一种以前景色为"颜料"进行绘图的工具。与现实中的画笔不同，Photoshop 中的画笔不仅可以绘制线条，还可以选择不同的画笔笔尖，绘制效果丰富。

快捷操作：
多次使用快捷键 Shift+B 可以切换到"画笔工具"。
增加画笔大小：] 键。
减小画笔大小：[键。

使用方法：

第 1 步 使用"画笔工具"

❶ 选择工具箱中的"画笔工具" ，❷ 设置合适的前景色。设置完成后，❸ 在画面中单击即可绘制一个点，如图 3-43 所示。

如果要绘制线条，则可以在画面中按住鼠标左键拖动绘制，如图 3-44 所示。

图 3-43　　　　　图 3-44

小技巧

在使用"画笔工具"时，如果不小心按下了 CapsLock 键，则光标会变为 ⊹ 形状，再次按下 CapsLock 键即可切换回笔尖的原有状态。

第 2 步 在"画笔预设选取器"面板中设置画笔

单击选项栏中的 按钮，打开"画笔预设选取器"面板，可以选择合适的笔尖类型，设置笔尖大小、硬度、画笔角度，如图 3-45 所示。

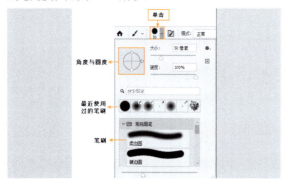

图 3-45

小技巧

在使用"画笔工具"的状态下，通过在画面中右击的快捷方式也可以打开"画笔预设选取器"面板。

打开"常规画笔"组，选择"柔边圆"笔尖可以绘制边缘柔和的效果，选择"硬边圆"笔尖可以绘制边缘犀利的效果，如图 3-46 所示。这两种笔尖是最为常用的。

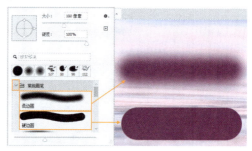

图 3-46

"大小"选项用来设置笔尖的大小，数值越大，线条越粗，如图 3-47 所示。

"硬度"选项用来设置画笔边缘的柔和程度，数值越小，笔触边缘越柔和，如图 3-48 所示。

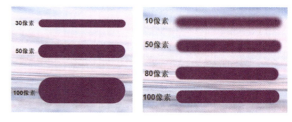

图 3-47　　　　　图 3-48

接下来，❶ 选择"柔边圆"笔尖，在默认情况下，该笔尖为正圆形，❷ 拖动"画笔角度"控件中的圆形控制点，❸ 可以调整笔尖的圆度，以便于得到椭圆形的笔尖，如图 3-49 所示。

图 3-49

拖动❶箭头可以更改笔尖的❷角度，如图3-50所示。

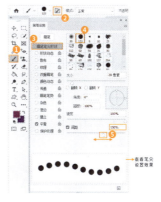

图3-50

图3-51　　　　　图3-52

常用参数解读：
- 模式：用来设置绘制的像素与下方图层的混合方法。
- 不透明度：用来设置画笔绘制像素的不透明度。
- 流量：设置当将光标移到某个区域上方时应用颜色的速率。

2. 画笔设置面板

功能概述：

除了设置笔尖的直径和硬度，Photoshop还提供了更为详细的画笔参数设置，让绘制效果更加丰富。执行"窗口">"画笔设置"命令，或者单击选项栏中的"画笔设置"按钮，打开"画笔设置"面板，在该面板中可以对画笔进行非常细致的参数设置。

快捷操作：

打开"画笔设置"面板：F5键。

使用方法：

第1步 设置画笔笔尖形状

❶选择工具箱中的"画笔工具"，❷单击选项栏中的"画笔设置"按钮，打开"画笔设置"面板。在默认情况下，❸显示"画笔笔尖形状"选项卡，❹在面板右侧可以根据缩览图选择笔尖。还可以对笔尖的"大小""角度""圆度""硬度"进行设置。❺"间距"控制每个笔触之间的距离，左右拖动滑块可以调整数值。在面板底部可以通过缩览图预判笔触效果，如图3-51所示。设置完成后，在画面中按住鼠标左键拖动进行绘制，如图3-52所示。

第2步 形状动态

单击"形状动态"名称即可切换到"形状动态"选项卡中，如图3-53所示。通过在该选项卡中设置参数，可以绘制出粗细不均匀的线条。效果如图3-54所示。

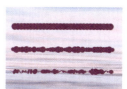

图3-53　　　　　图3-54

常用参数解读：
- 大小抖动：指定描边中画笔笔触大小的改变方式。数值越高，图像轮廓越不规则。
- 控制：在"控制"下拉列表中可以设置"大小抖动"的方式。其中，"关"选项表示不控制画笔笔触的大小变换；"渐隐"选项是按照指定数量的步长在初始直径和最小直径之间渐隐画笔笔触的大小。
- 最小直径：当启用"大小抖动"选项以后，通过该选项可以设置画笔笔触缩放的最小缩放百分比。数值越高，笔尖的直径变化越小。
- 倾斜缩放比例：当"大小抖动"设置为"钢笔斜度"时，该选项用来设置在旋转前应用于画笔高度的比例因子。
- 角度抖动：设置画笔笔触的角度变换，数值越大，画笔旋转变化幅度越大（对圆形画笔无效）。

第3章 填色与绘画

- 圆度抖动：设置画笔笔触的圆度在描边中的变化方式。
- 最小圆度：设置画笔笔触的最小圆度。

小技巧

在切换选项卡时，单击选项卡名称可以进入相应的选项卡，单击勾选选项并不能打开选项卡，而是启用选项卡中的选项，如图3-55所示。

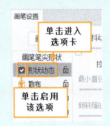

图 3-55

第3步 设置散布

打开"散布"选项卡，在该选项卡中设置笔触的扩散参数，如图3-56所示。效果如图3-57所示。

 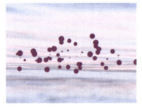

图 3-56　　　　　图 3-57

常用参数解读：

- 散布：指定画笔笔触在描边中的分散程度，该值越高，分散的范围越广。
- 数量：指定在每个间距间隔应用的画笔笔触数量。数值越高，笔触重复的数量越大。
- 数量抖动：设置数量的随机性，数值越大，笔触数量的随机性越强。

第4步 设置纹理

打开"纹理"选项卡，在该选项卡中设置笔触中的纹理，使绘制的笔触带有纹理，如图3-58所示。效果如图3-59所示.

图 3-58　　　　　图 3-59

常用参数解读：

- 缩放：设置图案的缩放比例。
- 为每个笔尖设置纹理：将选定的纹理单独应用于画笔描边中的每个画笔笔触，而不是作为整体应用于画笔描边。
- 模式：设置用于组合画笔和图案的混合模式。
- 深度：设置油彩渗入纹理的深度。数值越大，渗入的深度越深。
- 最小深度：用来设置油彩可渗入纹理的最小深度。
- 深度抖动：当勾选"为每个笔尖设置纹理"复选框时，"深度抖动"选项用来设置深度的改变方式。

第5步 设置双重画笔

打开"双重画笔"选项卡，设置绘制的线条呈现出两种画笔叠加的效果。如果需要更改画笔叠加的方式，则可以在顶部"模式"下拉列表中选择，如图3-60所示。效果如图3-61所示。

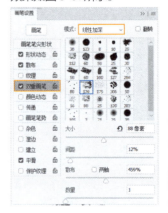 

图 3-60　　　　　图 3-61

第6步 设置颜色动态

先设置合适的前景色和背景色，打开"颜色动态"选项卡，在该选项卡中可以设置绘制出颜色变化的笔触效果，如图 3-62 所示。效果如图 3-63 所示。

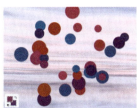

图 3-62　　　　　图 3-63

常用参数解读：

- 前景/背景抖动：用来指定前景色和背景色之间的油彩变化方式。数值越大，变化后的颜色越接近背景色。
- 色相抖动：设置颜色变化范围。数值越高，色相变化越丰富。
- 饱和度抖动：该选项会使颜色偏淡或偏浓，百分比越大变化范围越广，为随机选项。
- 亮度抖动：该选项可以得到亮度不同的笔触效果，数值越大，亮度变化范围越广。
- 纯度：该选项的效果类似于饱和度，用来整体增加或降低色彩饱和度。数值越小，笔触的颜色越接近黑白色；数值越高，颜色饱和度越高。

第7步 设置传递

打开"传递"选项卡，在该选项卡中可以设置笔触的不透明度、流量、湿度、混合等数值以控制油彩在描边路线中的变化方式，如图 3-64 所示。效果如图 3-65 所示。

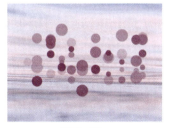

图 3-64　　　　　图 3-65

常用参数解读：

- 不透明度抖动：指定画笔描边中油彩不透明度的变化方式，最高值是选项栏中指定的不透明度值。
- 流量抖动：用来设置画笔笔触中油彩流量的变化程度。
- 湿度抖动：用来控制画笔笔触中油彩湿度的变化程度。
- 混合抖动/控制：用来控制画笔笔触中油彩混合的变化程度。

第8步 设置画笔笔势

打开"画笔笔势"选项卡，在该选项卡中可以设置毛刷画笔笔尖、侵蚀画笔笔尖的角度，如图 3-66 所示。效果如图 3-67 所示。

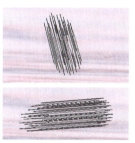

图 3-66　　　　　图 3-67

常用参数解读：

- 倾斜 X/倾斜 Y：使笔尖沿 X 轴或 Y 轴倾斜。
- 旋转：设置笔尖旋转效果。
- 压力：压力数值越高，绘制速度越快。

3.1.5　使用铅笔绘制像素画

功能概述：

"铅笔工具"的使用方法与"画笔工具"的使用方法相似，但"铅笔工具"的绘制效果比较单一，使用该工具能够绘制出硬边缘的线条，常用来绘制像素画。

扫一扫，看视频

快捷操作：

多次使用快捷键 Shift+B 可以切换到"铅笔工具"。

使用方法：

第1步 新建文档

新建一个 130×130 像素的空白文档，然后将背景填充为黄色，接着新建一个图层，如图 3-68 所示。

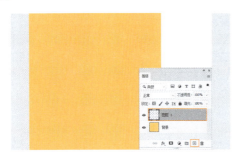

图 3-68

第 2 步 设置"铅笔工具"

选择新建的图层，❶ 将前景色设置为橘红色，❷ 选择工具箱中的"铅笔工具" ，❸ 打开画笔预设选取器。在这里只需设置笔尖大小即可，硬度无须设置，设置"大小"为 3 像素。设置完成后，❹ 按住鼠标左键拖动进行绘制，可以绘制出非常生硬的线条，如图 3-69 所示。

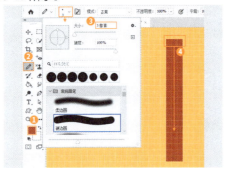

图 3-69

第 3 步 使用"铅笔工具"画图

继续在画面中按住鼠标左键拖动，绘制出卡通形象的轮廓，如图 3-70 所示。在绘制斜线时，可以看到很明显的锯齿，如图 3-71 所示。

图 3-70　　　　图 3-71

继续更改颜色，绘制其他不同的区域，如图 3-72 所示。

图 3-72

3.1.6 使用橡皮擦抹除局部

功能概述：

"橡皮擦工具"能够擦除光标经过位置的像素，不仅在绘图时可用于擦除绘制错误的区域，也适合粗略地擦除画面背景而实现简单的抠图操作。

快捷操作：

多次使用快捷键 Shift+E 可以切换到"橡皮擦工具"。

使用方法：

第 1 步 打开素材文件

将素材文件打开，当前文档中包含两个图层，杧果图层遮挡住了杯子。下面可以尝试使用"橡皮擦工具"擦除杧果遮挡住纸杯的区域，这样就可以制作出杧果位于杯子后侧的效果了，如图 3-73 所示。

图 3-73

小技巧

"橡皮擦工具"擦除普通图层时，会得到透明像素。如果选择"背景"图层，擦除的区域将会被填充背景色，如图 3-74 所示。

图 3-74

第2步 使用"橡皮擦工具"

选中杧果图层。❶ 选择工具箱中的"橡皮擦工具" ❷ 打开"画笔预设选取器"面板,然后设置"大小"为 60 像素,❸ 选择"硬边圆"笔尖。设置完成后,❹ 在杧果上方按住鼠标左键拖动,光标经过的位置像素会被擦除,如图 3-75 所示。

图 3-75

继续将杧果与杯子重叠区域的像素擦除,擦除完成后,杧果在杯子后方的效果实现了,如图 3-76 所示。

图 3-76

小技巧

在擦除过程中,为了方便判断擦除的区域,可以选中图层,降低"不透明度"数值,让其呈现出半透明的效果,如图 3-77 所示。

图 3-77

常用参数解读:

模式:选择橡皮擦的种类。选择"画笔"选项时,可以创建柔边擦除效果;选择"铅笔"选项时,可以创建硬边擦除效果;选择"块"选项时,擦除的效果为块状,如图 3-78 所示。

图 3-78

3.1.7 调整图层不透明度与混合模式

功能概述:

"不透明度"选项用来设置图层的透明效果,数值越小,像素越透明。"混合模式"是指选定图层与下方图层的颜色叠加方式,在默认情况下为"正常"模式。

扫一扫,看视频

设置图层的混合模式与不透明度之前需要选中图层,然后在"图层"面板中进行设置,如图 3-79 所示。

图 3-79

快捷操作：

选择一种混合模式，然后滚动鼠标中轮，即可快速切换混合模式。

使用方法：

第1步 打开素材文件

将素材文件打开，选中"圆形"图层，如图 3-80 所示。

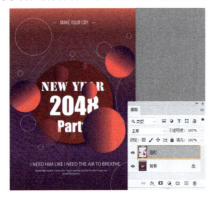

图 3-80

第2步 设置"不透明度"的方法

❶ 单击"不透明度"选项右侧的下拉按钮，❷ 向左拖动滑块可以减小不透明度数值，如图 3-81 所示。随着数值变小，圆形的透明度就会降低，呈现出半透明的效果。也可以直接在数值框内输入数值进行参数的设置。效果如图 3-82 所示。

图 3-81　　　　图 3-82

第3步 设置"混合模式"的方法

选中图层，❶ 单击"图层"面板中的设置混合模式按钮，❷ 在下拉列表中选择一种混合模式，如"叠加"模式，如图 3-83 所示。效果如图 3-84 所示。

混合模式有很多种，初学者可能需要尝试多次才能找到合适的混合模式。想要快速预览各种混合模式的效果，可以选择一种混合模式，将光标移动至设置混合模式的位置，然后滚动鼠标中轮，即可快速切换混合模式，查看不同的效果，如图 3-85 所示。

图 3-83　　　图 3-84　　　图 3-85

第4步 认识各种"混合模式"

如图 3-86 所示为"正常"模式的效果。"溶解"模式会使图层边缘部分及半透明的区域产生颗粒感效果，如图 3-87 所示。

图 3-86　　　　图 3-87

变暗（图 3-88）、正片叠底（图 3-89）、颜色加深（图 3-90）、线性加深（图 3-91）、深色（图 3-92）这几种模式会去除图层中的亮色区域，保留暗部区域，从而使画面变暗。

图 3-88　　　图 3-89　　　图 3-90

图 3-91　　　　图 3-92

变亮（图 3-93）、滤色（图 3-94）、颜色减淡

（图3-95）、线性减淡（添加）（图3-96）、浅色（图3-97）这几种模式会去除图层中的暗色区域，保留亮部区域，从而使画面变亮。

图 3-93　　　　图 3-94　　　　图 3-95

图 3-96　　　　图 3-97

叠加（图3-98）、柔光（图3-99）、强光（图3-100）、亮光（图3-101）、线性光（图3-102）、点光（图3-103）、实色混合（图3-104）这几种模式会根据当前图层的明暗关系增强画面的明暗反差。图层中比 50% 灰色亮的部分会变亮，比 50% 灰色暗的部分会变暗。

图 3-98　　　　图 3-99　　　　图 3-100

图 3-101　　　图 3-102　　　图 3-103

图 3-104

差值（图3-105）、排除（图3-106）、减去（图3-107）、划分（图3-108）这几种模式会使画面产生反相的混合效果。

图 3-105　　　　图 3-106

图 3-107　　　　图 3-108

色相（图3-109）、饱和度（图3-110）、颜色（图3-111）、明度（图3-112）这几种模式会按照该图层色彩的某种属性与下层进行混合。

图 3-109　　　　图 3-110

图 3-111　　　　图 3-112

小技巧

常用的光效素材往往是黑色底色的，如图3-113所示。而且光效素材有半透明的特性，如果抠图必然耗时耗力。而设置光效图层的混合模式为"滤色"，则可以快速将黑色的底色"去除"，只保留亮色部分，从而与下方画面产生融合感，如图3-114所示。

图 3-113　　　　　图 3-114

3.2 填色与绘画案例应用

下面通过多个案例来练习填充颜色与绘画功能。

3.2.1 案例：填充前景色制作手机界面

扫一扫，看视频

核心技术：拾色器、填充前景色。

案例解析：本案例首先使用"矩形选框工具"绘制界面不同位置的选区，然后借助"拾色器"选择合适的颜色，并填充颜色。案例效果如图 3-115 所示。

图 3-115

操作步骤：

第1步 打开背景素材图片

执行"文件">"打开"命令，❶ 在"打开"对话框中选择素材图片 1，❷ 单击"打开"按钮，如图 3-116 所示，即可将素材在软件中打开。效果如图 3-117 所示。

图 3-116　　　　　图 3-117

第2步 绘制白色矩形

在"图层"面板中单击"创建新图层"按钮，创建一个新图层，如图 3-118 所示。

然后，❶ 选择工具箱中的"矩形选框工具"，在画面中间位置按住鼠标左键自 ❷ 左上向 ❸ 右下拖动，绘制一个矩形选区，如图 3-119 所示。

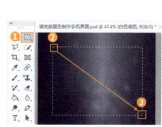

图 3-118　　　　　图 3-119

继续下面操作，❶ 单击工具箱底部的"前景色"按钮，❷ 在打开的"拾色器"对话框中设置颜色为白色，❸ 设置完成后单击"确定"按钮，如图 3-120 所示。

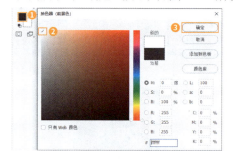

图 3-120

接着使用前景色填充快捷键 Alt+Delete 进行填

充,即可在矩形选框中填充白色。效果如图 3-121 所示。操作完成后,使用快捷键 Ctrl+D 取消选区。

图 3-121

第3步 绘制橙色按钮

在"图层"面板中再次新建一个图层。❶ 选择工具箱中的"矩形选框工具",在白色矩形下方按住鼠标左键,❷ 拖动绘制一个小一些的矩形选区,如图 3-122 所示。

图 3-122

接下来,❶ 单击工具箱底部的"前景色"按钮,❷ 在打开的"拾色器"对话框中拖动右侧的颜色滑块,将其定位到橙色范围内。❸ 将光标置于左侧颜色区域中,单击即可选择相应的颜色。❹ 设置完成后单击"确定"按钮完成操作,如图 3-123 所示。

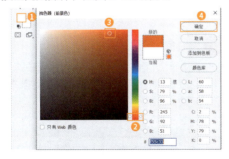

图 3-123

前景色设置完成后,使用前景色填充快捷键 Alt+Delete 进行填充,即可在小矩形选框中填充橙色。效果如图 3-124 所示。操作完成后,使用快捷键 Ctrl+D 取消选区。

图 3-124

第4步 在文档中添加文字

执行"文件">"置入嵌入对象"命令,❶ 在打开的"置入嵌入的对象"对话框中选择素材图片 2,❷ 单击"置入"按钮,将文字素材置入文档中,如图 3-125 所示。

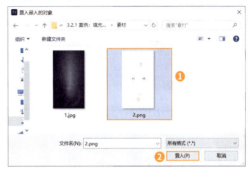

图 3-125

按 Enter 键确认置入,如图 3-126 所示。

需要将置入的素材进行栅格化处理。❶ 将文字素材所在图层选中,❷ 右击,在弹出的快捷菜单中执行"栅格化图层"命令,完成图层栅格化处理,如图 3-127 所示。

图 3-126 　　　　图 3-127

第5步 在画面顶部添加分割线

首先创建一个新图层。❶ 选择工具箱中的"单行选框工具",❷ 在画面顶部单击得到一个细长的选区,如图 3-128 所示。

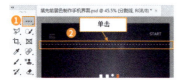

图 3-128

接下来为选区填充颜色。设置"前景色"为灰色，设置完成后使用快捷键 Alt+Delete 进行填充。效果如图 3-129 所示。操作完成后使用快捷键 Ctrl+D 取消选区。

图 3-129

第6步 在中间和下方添加分割线

新建一个图层。❶ 选择工具箱中的"矩形选框工具"，❷ 在文字中间部位绘制矩形选区，如图 3-130 所示。

设置前景色为和顶部分割线相同的灰色，设置完成后使用快捷键 Alt+Delete 进行填充。填充完成后使用快捷键 Ctrl+D 取消选区。效果如图 3-131 所示。

图 3-130　　　　图 3-131

接下来使用同样的方式，在画面底部文字下方继续添加相同颜色的分割线。效果如图 3-132 所示。

至此，本案例制作完成。效果如图 3-133 所示。

图 3-132　　　　图 3-133

3.2.2 案例：制作简约风格名片

扫一扫，看视频

核心技术：渐变工具、橡皮擦工具。

案例解析：本案例首先使用"矩形选框工具"绘制选区；接着使用"渐变工具"为选区填充渐变色；然后在版面中添加文字；最后借助"橡皮擦工具"制作底部倒影效果。案例效果如图 3-134 所示。

图 3-134

操作步骤：

第1步 打开背景素材图片

执行"文件">"打开"命令，将背景素材图片打开，如图 3-135 所示。

图 3-135

第2步 绘制名片选区

首先创建一个新图层。❶ 选择工具箱中的"矩形选框工具"，在画面中间位置按住鼠标左键自 ❷ 左上向 ❸ 右下拖动，绘制一个矩形选区，如图 3-136 所示。

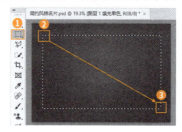

图 3-136

第3步 填充渐变色

渐变色多由前景色和背景色构成，因此首先设置两种颜色。❶ 单击"前景色"按钮，❷ 在打开的"拾色器"对话框中设置颜色为浅蓝色。❸ 设置完成后单击"确定"按钮，如图 3-137 所示。

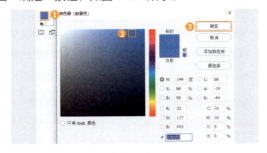

图 3-137

使用同样的方式，将背景色设置为深蓝色，如图 3-138 所示。

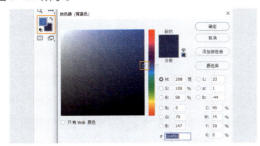

图 3-138

接着，❶ 选择工具箱中的"渐变工具"，❷ 单击选项栏中渐变色条右侧的下拉按钮，❸ 在下拉面板中展开"基础"渐变组，❹ 单击选择"前景色到背景色渐变"选项，即可快速设置由前景色到背景色的渐变颜色，如图 3-139 所示。

渐变颜色设置完成后，❶ 单击"径向渐变"按钮，设置完成后按住鼠标左键自 ❷ 中间部位向 ❸ 右侧拖动，如图 3-140 所示。

 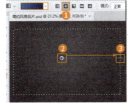

图 3-139　　　　图 3-140

拖至合适位置时释放鼠标按键，即可为矩形选区填充渐变色，如图 3-141 所示。操作完成后使用快捷键 Ctrl+D 取消选区。

图 3-141

第4步 制作名片厚度效果

按住 Ctrl 键单击名片图层的缩览图，载入选区，如图 3-142 所示。

使用"矩形选框工具"将光标定位到选区内，按住鼠标左键向右侧轻微拖动，移动选区的位置，如图 3-143 所示。

图 3-142　　　　图 3-143

在名片图层的下一层新建一个图层，如图 3-144 所示。

图 3-144

接下来，❶ 单击工具箱底部的"前景色"按钮，❷ 在打开的"拾色器"对话框中设置颜色为深灰色，❸ 设置完成后单击"确定"按钮，如图 3-145 所示。

第 3 章　填色与绘画

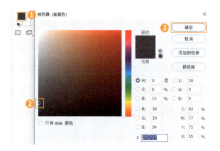

图 3-145

使用前景色填充快捷键 Alt+Delete 填充，即可在矩形选框中填充深灰色。操作完成后，使用快捷键 Ctrl+D 取消选区，如图 3-146 所示。

图 3-146

第 5 步 添加文字素材

执行"文件">"置入嵌入对象"命令，将文字素材置入，调整大小放在版面中间部位，并将该图层进行栅格化处理。效果如图 3-147 所示。

图 3-147

第 6 步 添加分割线

将文字素材置入后，版面上下两端过于空荡，而且受众视线也很难聚集在文字上方，因此需要在版面上下两端添加一些线条，增强视觉聚拢感。新建一个图层，❶ 选择工具箱中的"矩形选框工具"，❷ 在文字上方绘制长条选区，如图 3-148 所示。

图 3-148

接下来为绘制的长条选区填充颜色。❶ 设置前景色为和文字相同的蓝色，❷ 设置完成后使用快捷键 Alt+Delete 进行前景色填充，如图 3-149 所示。填充完成后使用快捷键 Ctrl+D 取消选区。

图 3-149

将制作完成的蓝色直线所在的图层选中，使用快捷键 Ctrl+J 将其快速复制一份，然后将复制得到的直线移动至版面底部位置。效果如图 3-150 所示。

图 3-150

第 7 步 制作卡片倒影效果

❶ 选中除了背景图层以外的所有图层，❷ 右击，在弹出的快捷菜单中执行"合并图层"命令，如图 3-151 所示。即可将选中的图层合并为一个图层。"图层"面板如图 3-152 所示。

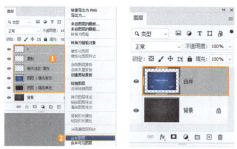

图 3-151　　　　图 3-152

将合并后的图层选中，使用快捷键 Ctrl+J 快速复制一份，如图 3-153 所示。

使用"移动工具"将复制得到的图像移动到画面底端，如图 3-154 所示。

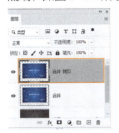

图 3-153

图 3-154

图 3-156

3.2.3 案例：使用渐变填充制作优惠券

核心技术：渐变工具。

案例解析：本案例首先使用"矩形选框工具"绘制大小合适的矩形选区；接着借助"渐变工具"为其填充渐变色，丰富整体视觉效果；然后将相应的文字素材置入。案例效果如图 3-157 所示。

扫一扫，看视频

图 3-157

操作步骤：

第 1 步 创建新文档

执行"文件">"新建"命令，新建一个大小合适的横向空白文档，如图 3-158 所示。

图 3-158

> **小提示**
>
> 使用"移动工具"向下移动时，可以按住 Shift 键，这样可以保证在同一垂直线上移动。

第 8 步 制作倒影的渐隐效果

将倒影图形所在的图层选中，❶ 选择工具箱中的"橡皮擦工具"，❷ 在选项栏中设置一个大小合适的"柔边圆"画笔（硬度为 0），❸ 同时设置"不透明度"为 50%。设置完成后在倒影部位 ❹ 按住鼠标左键的同时按住 Shift 键自左向右拖动涂抹，如图 3-155 所示。

图 3-155

> **小提示**
>
> 由于"橡皮擦工具"设置了一定的不透明度，因此在进行擦除时，可以根据实际情况多次重复该操作，制作出真实的倒影效果。

可以看到倒影呈现出渐隐的效果，至此，本案例制作完成，最终效果如图 3-156 所示。

第 2 步 制作渐变色背景

在背景图层选中状态下，❶ 设置前景色为浅米色，背景色为稍深一些的米色。❷ 选择工具箱中的"渐

第 3 章 填色与绘画

变工具", ❸ 单击选项栏中渐变色条右侧的下拉按钮，在下拉面板中展开"基础"渐变组，然后选择"前景色到背景色渐变"，即可快速设置由前景色到背景色的渐变颜色。❹ 单击选项栏中的"径向渐变"按钮。❺ 设置完成后按住鼠标左键，自中间向右拖动，为背景填充渐变色，如图 3-159 所示。

图 3-159

第 3 步 制作优惠券渐变底色

❶ 新建一个图层并选择工具箱中的"矩形选框工具"，在版面左上角按住鼠标左键自 ❷ 左上向 ❸ 右下拖动，绘制一个矩形选区，如图 3-160 所示。

接下来为绘制的矩形选区填充渐变色。❶ 选择工具箱中的"渐变工具"，❷ 在选项栏中单击渐变色条，❸ 在打开的"渐变编辑器"对话框中编辑一个从洋红色到肤色的渐变，❹ 设置完成后单击"确定"按钮。❺ 单击选项栏中的"线性渐变"按钮，如图 3-161 所示。

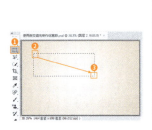 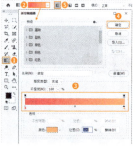

图 3-160　　　　　　图 3-161

渐变编辑完成后，在矩形选框内按住鼠标左键，自左向右拖动，为其填充渐变色，如图 3-162 所示。填充完成后使用快捷键 Ctrl+D 取消选区。

图 3-162

第 4 步 制作优惠券阴影效果

将洋红色渐变矩形图层选中，使用快捷键 Ctrl+J 将其快速复制一份。然后调整图层顺序，将其置于原有图层下方，如图 3-163 所示。

为复制得到的矩形更改填充颜色。将复制得到的图层选中，按住 Ctrl 键的同时单击该图层缩览图，如图 3-164 所示。

图 3-163　　　　　　图 3-164

载入图层选区，如图 3-165 所示。

图 3-165

在选中复制得到的图层状态下，设置前景色为卡其色，设置完成后使用快捷键 Alt+Delete 进行前景色填充。效果如图 3-166 所示（由于该图形被渐变矩形遮挡住，为了方便观察效果，可以将渐变矩形先隐藏）。操作完成后，使用快捷键 Ctrl+D 取消选区。

图 3-166

将隐藏的渐变矩形显示出来，接着将卡其色矩形选中，并向右下角移动,制作出具有错位感的阴影效果，如图 3-167 所示。

图 3-167

第 5 步 添加文字

执行"文件">"置入嵌入对象"命令,将文字素材置入,调整大小置于洋红色渐变矩形上,同时将该图层进行栅格化处理。效果如图 3-168 所示。

图 3-168

第 6 步 制作蓝色优惠券

由于两张优惠券的大小是一样的,在制作另外一种颜色的优惠券时,我们可以将第一种优惠券的部分图形进行复制,然后进行相应颜色的更改。将洋红色渐变矩形和其下方投影矩形所在图层选中,使用快捷键 Ctrl+J 复制一份。接着将复制得到的图形放在画面右下角位置,如图 3-169 所示。

隐藏上方的文字图层,载入复制得到渐变矩形的选区,如图 3-170 所示。

图 3-169　　　　图 3-170

❶选择工具箱中的"渐变工具",❷单击选项栏中渐变色条右侧的下拉按钮,❸在弹出的"预设"下拉面板中单击"蓝色"选项左侧的下拉按钮,❹选择合适的预设渐变色。❺设置完成后按住鼠标左键,自左向右拖动,更改矩形选区的填充色。操作完成后使用快捷键 Ctrl+D 取消选区,如图 3-171 所示。

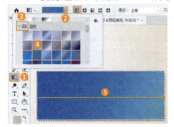

图 3-171

文字图层显示出来了,如图 3-172 所示。

图 3-172

至此,本案例制作完成,效果如图 3-173 所示。

图 3-173

3.2.4 案例:使用橡皮擦制作海市蜃楼

核心技术:橡皮擦工具。

案例解析:本案例主要使用"橡皮擦工具"将两幅图像衔接部位过渡生硬的区域进行擦除,使两幅图像能够融合到一起。案例效果如图 3-174 所示。

扫一扫,看视频

图 3-174

操作步骤:

第 1 步 创建新文档

执行"文件">"新建"命令,新建一个大小合适的竖向空白文档,如图 3-175 所示。

图 3-175

第 2 步　添加两张风景素材

执行"文件">"置入嵌入对象"命令,将素材 1 置入,并将该图层进行栅格化处理,如图 3-176 所示。

使用同样的方式,将素材 2 置入,放在素材 1 的顶部位置,然后将该图层进行栅格化处理,如图 3-177 所示。

图 3-176　　　　图 3-177

第 3 步　在图像边缘处擦除部分内容

此时两幅图像衔接处存在生硬的边界,可以使用"柔边圆"橡皮擦对边缘进行擦除,得到柔和的过渡效果,如图 3-178 所示。

图 3-178

将上方的风景图层选中,❶ 选择工具箱中的"橡皮擦工具",❷ 在选项栏中设置一个大小合适的"柔边圆"画笔。设置完成后,❸ 在图片底部边界处按住鼠标左键拖动,将边界擦出柔和的过渡效果,如图 3-179 所示。

通过擦除操作,两幅图像自然地融合在一起。效果如图 3-180 所示。

图 3-179　　　　图 3-180

第 4 步　在文档中添加文字

海市蜃楼效果制作完成,但是版面视觉效果比较单一,需要添加适当的文字,提升整体格调。执行"文件">"置入嵌入对象"命令,将文字素材置入。至此,本案例制作完成,效果如图 3-181 所示。

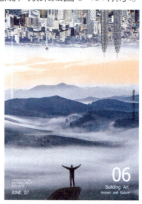

图 3-181

3.2.5　案例:设置透明度制作简洁服饰广告

扫一扫, 看视频

核心技术:填充前景色、设置不透明度。

案例解析:本案例主要使用"多边形套索工具"绘制选区,为其填充合适的颜色。为了增强整体视觉通透感,还需要将图形的不透明度进行调整。案例效果如图 3-182 所示。

图 3-182

操作步骤：

第 1 步 打开素材图片

执行"文件">"打开"命令，将背景素材图片打开，如图 3-183 所示。

图 3-183

第 2 步 绘制左上角三角形

新建一个图层。❶ 选择工具箱中的"多边形套索工具"，❷ 在背景素材图片左上角单击，绘制一个三角形选区，如图 3-184 所示。

接着为绘制的三角形选区填充颜色。在新建图层选中的状态下，设置前景色为红色，然后使用快捷键 Alt+Delete 填充前景色，如图 3-184 所示。操作完成后使用快捷键 Ctrl+D 取消选区，如图 3-185 所示。

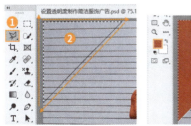

图 3-184　　　　图 3-185

第 3 步 调整三角形的不透明度

❶ 将三角形图层选中，❷ 在"图层"面板中设置"不透明度"为 80%，如图 3-186 所示。效果如图 3-187 所示。

图 3-186　　　　图 3-187

第 4 步 绘制右下角三角形

为了让整体布局具有统一稳定性，需要在背景素材图片右下角继续添加三角形。再次新建图层，接着使用"多边形套索工具"在右下角绘制稍大的三角形选区，然后为其填充相同的红色，并设置相同的不透明度数值。效果如图 3-188 所示。

图 3-188

第 5 步 制作半透明黑色矩形

新建图层。选择工具箱中的"矩形选框工具"，绘制一个与背景素材图片等大的矩形选区，如图 3-189 所示。

图 3-189

在新建图层选中状态下设置前景色为黑色，设置完成后使用快捷键 Alt+Delete 进行前景色填充。操作完成后使用快捷键 Ctrl+D 取消选区，如图 3-190 所示。

图 3-190

绘制的黑色矩形将背景全部遮挡住，需要将其显示出来。将黑色矩形选中，在"图层"面板中设置"不透明度"为 40%，如图 3-191 所示。效果如图 3-192 所示。

图 3-191　　　　　图 3-192

第6步　添加文字素材

执行"文件">"置入嵌入对象"命令，将文字素材置入，调整大小放在版面中间位置。至此，本案例制作完成，效果如图 3-193 所示。

图 3-193

3.2.6　案例：使用混合模式改变汽车颜色

核心技术：吸管工具、混合模式、画笔工具。

案例解析：本案例首先需要载入车漆部分的选区；接着为其填充合适的颜色；然后调整颜色填充图层的混合模式，使其与汽车素材融为一体；最后在汽车底部绘制阴影，增强效果真实性。案例效果如图 3-194 所示。

图 3-194

操作步骤：

第1步　打开素材文件

执行"文件">"打开"命令，将分层素材文件打开，如图 3-195 所示。

图 3-195

第2步　为汽车更改颜色

从案例效果中可以看出，需要将汽车颜色更改为红色。为了让整体效果更加和谐统一，直接吸取背景中的红色即可。❶ 选择工具箱中的"吸管工具"，❷ 在地面红色区域单击，即可将前景色设置为红色，如图 3-196 所示。

按住 Ctrl 键单击"变色区域"图层的缩览图得到车漆部分的选区，如图 3-197 所示。

图 3-196　　　　　图 3-197

新建一个图层，使用快捷键 Alt+Delete 进行前景色填充。操作完成后，使用快捷键 Ctrl+D 取消选区，如图 3-198 所示。

图 3-198

此时填充的红色浮于表面,需要对其混合模式进行调整。❶ 将红色填充图层选中,❷ 设置"混合模式"为"正片叠底",如图 3-199 所示。效果如图 3-200 所示。

图 3-199　　　　图 3-200

第 3 步　绘制车底阴影

为了增强效果真实性,需要在汽车底部添加一些阴影。新建一个图层,❶ 设置前景色为黑色,❷ 选择工具箱中的"画笔工具",❸ 在选项栏中设置一个大小合适的"柔边圆"画笔。❹ 设置完成后在汽车底部进行涂抹,如图 3-201 所示。

图 3-201

第 4 步　调整阴影图层顺序

由于阴影应该在汽车下方,所以需要对添加的阴影图层顺序进行调整。将阴影图层选中,按住鼠标左键向下拖动,将其置于汽车图层下方的位置,如图 3-202 所示。

至此,本案例制作完成,效果如图 3-203 所示。

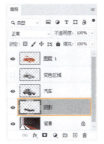 

图 3-202　　　　图 3-203

3.2.7　案例:使用混合模式改变画面颜色

核心技术:混合模式。

案例解析:本案例首先将风景素材置入;接着使用"矩形选框工具"在版面中绘制矩形选区;然后为其填充合适的颜色,设置相应的混合模式,将风景素材显示出来同时其颜色也随之发生改变,丰富整体的视觉效果。案例效果如图 3-204 所示。

扫一扫,看视频

图 3-204

操作步骤:

第 1 步　创建新文档

执行"文件">"新建"命令,新建一个大小合适的竖向空白文档,如图 3-205 所示。

图 3-205

第2步 为背景填充颜色

❶单击"前景色"按钮，❷在打开的"拾色器"对话框中设置颜色为淡黄色。❸设置完成后单击"确定"按钮，如图3-206所示。

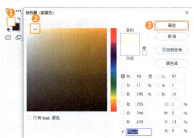

图3-206

前景色设置完成，接着使用快捷键Alt+Delete进行前景色填充，如图3-207所示。

图3-207

第3步 置入风景素材

执行"文件">"置入嵌入对象"命令，将风景素材置入，放在版面中间位置。接着将该图层进行栅格化处理，如图3-208所示。

图3-208

第4步 绘制矩形选区

新建一个图层。❶选择工具箱中的"矩形选框工具"，❷在素材上方按住鼠标左键拖动，绘制一个矩形框，如图3-209所示。

第5步 填充颜色

新建图层，设置前景色为青色。设置完成后使用快捷键Alt+Delete进行前景色填充。设置完成后使用快捷键Ctrl+D取消选区，如图3-210所示。

图3-209　　　　图3-210

第6步 为矩形设置混合模式

❶将矩形图层选中，❷设置"混合模式"为"线性加深"，如图3-211所示。效果如图3-212所示。

图3-211　　　　图3-212

第7步 添加装饰元素

将青色矩形选中，使用快捷键Ctrl+J将其快速复制一份，如图3-213所示。

将复制得到的图层选中，使用快捷键Ctrl+T将其缩小后摆放在右上角。然后按Enter键确认变换操作，如图3-214所示。

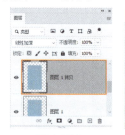 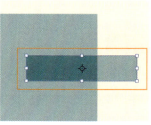

图3-213　　　　图3-214

第 8 步　添加文字素材

执行"文件">"置入嵌入对象"命令，将文字素材置入，调整大小摆放在合适位置上，同时将该图层进行栅格化处理。效果如图 3-215 所示。

图 3-215

3.3 填色与绘画项目实战：通过填充合适的颜色制作简约画册

核心技术：
- 使用"多边形套索工具"绘制选区并填色，制作不规则图形。
- 调整图层不透明度以增强版面视觉层次感。
- 使用"矩形选框工具"绘制固定大小选区，制作拼贴图像。

案例效果如图 3-216 所示。

扫一扫，看视频

图 3-216

3.3.1 设计思路

画册重在图像展示，希望通过相应图像来吸引受众注意力，并进行信息的传递。根据这一特点，本案例将整体风格定位到简约、精致、艺术感强的调子上。图像与色块组合展示，少量文字点明主题，同时保留大量留白，营造出疏密有致的版面，如图 3-217 所示。

图 3-217

3.3.2 配色方案

白色具有很强的包容性，将其作为背景色，为其他图像呈现提供了足够的空间。版面主要内容为多彩的玫瑰花素材，从素材中提取了主体物的颜色作为画面的主色，协调且更容易点明主题。另外黑色的运用能够很好地起到稳定版面的作用，如图 3-218 所示。

图 3-218

3.3.3 版面构图

本案例将整个版面倾斜划分为大小不等的两个部分。左侧区域为图像和色块，由于明度较低，所以即使面积小，也会显得比较"沉重"。为了平衡画面，图像和文字元素布置在右侧页面的下半部分。适当留白的运用让版面更具通透感，如图 3-219 所示。

图 3-219

3.3.4 制作流程

首先在版面左侧绘制四边形选区并填充黑色，将版面进行分割；接着在四边形上方叠加半透明素材图像，增强视觉层次感；然后在版面右侧制作拼贴图像；最后置入文字素材，同时在左侧绘制三角形，丰富整体视觉效果，如图 3-220 所示。

图 3-220

3.3.5 操作步骤

第1步 打开背景素材图片

执行"文件" > "打开"命令，将背景素材图片打开，如图 3-221 所示。

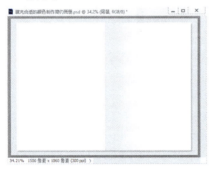

图 3-221

第2步 在左侧页面绘制四边形

新建一个图层。❶ 选择工具箱中的"多边形套索工具"，❷ 在版面左侧页面绘制一个四边形选区，如图 3-222 所示。

选中新建图层，设置前景色为黑色。使用快捷键 Alt+Delete 进行填充，如图 3-223 所示。操作完成后使用快捷键 Ctrl+D 取消选区。

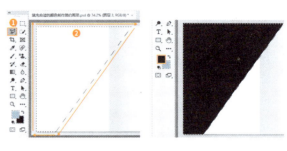

图 3-222　　　　　图 3-223

第3步 添加玫瑰花素材

执行"文件" > "置入嵌入对象"命令，将玫瑰花素材置入，调整大小后放在版面左侧，同时将该图层进行栅格化处理，如图 3-224 所示。

图 3-224

第4步 将玫瑰花多余部分隐藏

从案例效果中可以看到，玫瑰花素材只出现在黑色四边形上方，因此需要将多余部分隐藏。按住 Ctrl 键并单击黑色四边形图层缩览图载入选区，如图 3-225 所示。选区效果如图 3-226 所示。

图 3-225　　　　　图 3-226

选择素材图层，❶ 使用快捷键 Ctrl+J 将选区内的图像快速复制一份并形成新图层。❷ 将原始素材图层隐藏，如图 3-227 所示。效果如图 3-228 所示。

图 3-227　　　　　图 3-228

设置复制出的图层的"不透明度"为 28%，如图 3-229 所示。效果如图 3-230 所示。

图 3-229　　　　　图 3-230

第 5 步　制作拼贴图像

右侧页面中的拼贴图像由玫瑰花的不同部位组成。首先制作第一块拼贴图，再次置入玫瑰花素材，将其适当缩小后放在右侧页面中，并进行栅格化处理，如图 3-231 所示。

图 3-231

由于玫瑰花拼贴图像的大小是一致的，为了保证统一性，在绘制选区时需要对其宽度与高度数值进行设置。❶ 选择工具箱中的"矩形选框工具"，❷ 在选项栏中设置"样式"为"固定大小"、❸ "宽度"为 130 像素、❹ "高度"为 130 像素。❺ 设置完成后在玫瑰花中间位置单击，即得到相应的选区，如图 3-232 所示。

图 3-232

在当前正方形选区状态下，使用快捷键 Ctrl+J 将选区内的图像复制一份，并形成一个新图层，如图 3-233 所示。

图 3-233

将复制得到的图像摆放在右侧页面中间偏下位置，如图 3-234 所示。

图 3-234

继续选择素材图层，❶ 使用"矩形选框工具"，❷ 在玫瑰花左上角单击，绘制相同大小的正方形选区，如图 3-235 所示。

使用快捷键 Ctrl+J 进行复制，同时将其摆放在已有拼贴图像右侧位置，如图 3-236 所示。

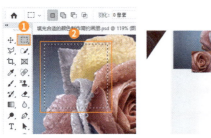

图 3-235　　　　　图 3-236

使用同样的方式制作其他大小相同的玫瑰花拼贴图像，并将原始素材隐藏。效果如图 3-237 所示。

图 3-237

第 6 步　整齐排列拼贴图块

在已有多个图块时，很难做到手动排列整齐，因此需要通过"对齐与分布"选项来辅助操作。在"图层"面板中，按住 Ctrl 键，单击加选第一排的 3 个图块图层，将其选中，如图 3-238 所示。

图 3-238

在"移动工具"选项栏中单击"顶对齐"按钮，将图块顶部进行对齐，如图 3-239 所示。

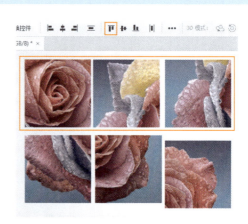

图 3-239

再次单击"水平分布"按钮，使 3 个图块在水平线上等距排列，如图 3-240 所示。

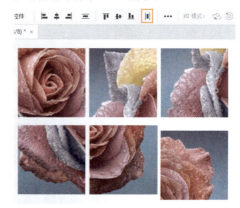

图 3-240

接下来，使用同样的方式对第二行 3 个图块的对齐与分布状态进行调整。效果如图 3-241 所示。

图 3-241

第 7 步 制作三角形装饰元素

新建一个图层，❶ 选择工具箱中的"多边形套索工具"，❷ 在黑色四边形上方绘制一个三角形选区，如图 3-242 所示。

图 3-242

在新建图层被选中的状态下，设置前景色为偏灰的紫红色，设置完成后，使用快捷键 Alt+Delete 进行前景色填充，如图 3-243 所示。

图 3-243

操作完成后，使用快捷键 Ctrl+D 取消选区，如图 3-244 所示。

图 3-244

第 8 步 添加文字素材

执行"文件">"置入嵌入对象"命令，将文字素材置入，调整大小放在版面中间位置，并将其进行栅格化处理。本案例制作完成，效果如图 3-245 所示。

图 3-245

扫一扫，看视频

创建与编辑文字

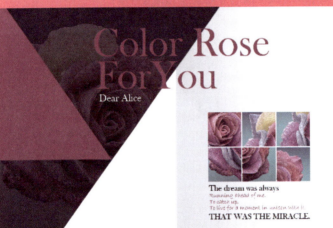

Chapter
4

第4章

　　我们生活的世界离不开文字，无论是包装盒上的产品名称、海报中的宣传语，还是书籍中，都有大段的文字。文字无时无刻不起着记录信息与传递信息的作用。而在注重形式美的当下，文字的功能并不仅仅在于信息的传递，更多的是起到了美化版面的作用。

　　在本章中主要学习如何使用"横排文字工具"创建点文字和段落文字，并通过"字符"面板、"段落"面板进行文本的编辑操作。在本章中还会学习"图层样式"这个功能，为文字添加图层样式可以制作出具有创造性的文字效果，还可以随时对图层样式进行编辑、删除或隐藏，应用起来十分灵活。

核心技能

- 添加少量文字
- 添加大段文字
- 制作沿着路径排列的文字
- 将文字变形
- 制作特效文字

4.1 文字基础操作

在平面设计的各个领域中,文字的使用非常普遍,标志设计(图4-1)、海报设计(图4-2)、包装设计(图4-3)、书籍设计(图4-4)、网页设计(图4-5)或UI设计(图4-6),都离不开文字元素的应用。

图 4-1

图 4-2

图 4-3

图 4-4

图 4-5

图 4-6

在Photoshop中可以轻松创建不同形式的文字,还可以配合"字符"面板、"段落"面板对文字的字体、字号、间距、排列方式等属性进行更改。

4.1.1 创建文字

扫一扫,看视频

功能概述:
文字工具组中包含4种工具,其中"横排文字工具"与"直排文字工具"用于创建文字,而"横排文字蒙版工具"与"直排文字蒙版工具"则用于创建文字形状的选区,如图4-7所示。

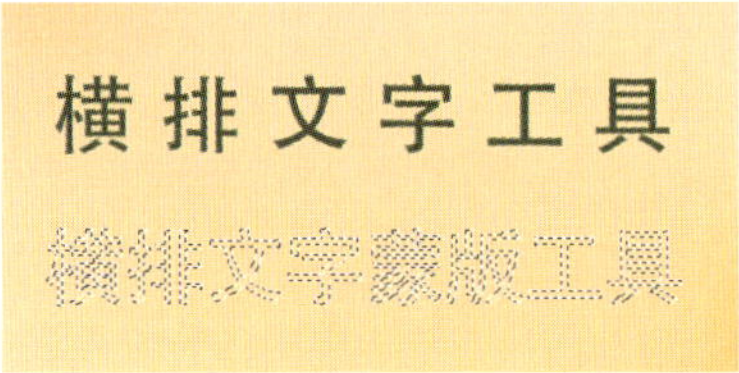

图 4-7

"横排文字工具"和"直排文字工具"用来创建多种不同类型的文字:点文字、段落文字、区域文字、路径文字。不同类型的文字,适用的场合不同。

"点文字"适合制作少量的文字,如文章的标题、标志中的文字内容、简短的广告语等,如图4-8所示。

如果要添加较多的文字,则可以使用"段落文字",如书籍中的大段正文,如图4-9所示。

图 4-8

图 4-9

"区域文字"能够将文字限定在特定的区域内,如图4-10所示。

"路径文字"可以使文字沿着各种不规则的路径排列,如图4-11所示。

图 4-10

图 4-11

选择工具箱中的"横排文字工具",在选项栏中可以进行常见的文字属性设置,如图4-12所示。

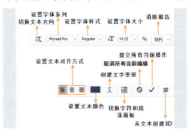
图 4-12

快捷操作：
　　多次使用快捷键 Shift+T，可以切换到"横排文字工具"或"直排文字工具"。

使用方法：

第1步 创建点文字

　　❶ 选择工具箱中的"横排文字工具" T,❷ 在选项栏中可以看到工具选项，❸ 在画面中单击，即可看到闪烁的光标，如图 4-13 所示。

图 4-13

　　接着输入文字，文字输入完成后，在空白区域单击，或者单击选项栏中的 ✓ 按钮提交操作，如图 4-14 所示。

　　点文字会随着输入一直向后排列，如果要进行换行，则可以按 Enter 键进行换行，如图 4-15 所示。

图 4-14

图 4-15

小提示

　　如果先设置参数再输入文字，则可能导致设置的参数并不合适。因此，通常可以先输入文字，然后选中文字图层，再去更改参数，可以直观地看到新设置的参数效果，如图 4-16 所示。

图 4-16

　　选择工具组中的"直排文字工具"，在画面中单击，然后输入文字，可以看到此时输入的文字是垂直排列的，如图 4-17 所示。

图 4-17

第2步 选择字体

　　字体是指文字的风格样式。在文字内容相同的情况下，字体不同文字传递的效果也不同。通过选项栏中的"设置字体系列"选项可以更改字体。单击"设置字体系列"选项右侧的下拉按钮，在下拉列表中可以选择字体，如图 4-18 所示。

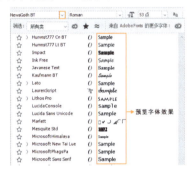

图 4-18

小技巧

　　❶ 选中需要更改的文字，❷ 在"设置字体系列"选项列表中任意选择一种字体，然后滚动鼠标中轮，即可快速查看不同字体的效果，如图 4-19 所示。

图 4-19

第3步 设置字体大小

"设置字体大小"选项用来设置文字的大小,单击"设置字体大小"选项右侧的下拉按钮,在下拉列表中可以选择预设的字号,还可以在数值框内手动输入数值设置字号,如图4-20所示。

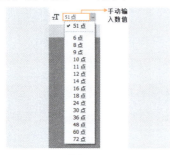

图 4-20

小技巧

选中文字后,将光标移动到选项栏"设置字体大小"选项图标的位置,光标变为形状后,按住鼠标左键向左拖动可以减小字号,向右拖动可以增大字号,如图4-21所示。

图 4-21

第4步 设置文本颜色

单击"设置文本颜色"按钮,在打开的"拾色器"对话框中可以设置文本的颜色,如图4-22所示。

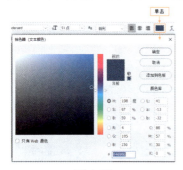

图 4-22

第5步 更改部分文字的属性

在更改文字属性之前,需要先将文字选中。选择工具箱中的"横排文字工具",❶ 在需要选中文字的一侧单击插入光标,❷ 按住鼠标左键向需要选中文字的方向拖动,将文字选中,选中的文字会变为"高亮"状态,如图4-23所示。

接着更改文字属性,可以看到选中的文字发生了变化,如图4-24所示。

图 4-23　　　　　　图 4-24

第6步 制作段落文字

❶ 选择工具箱中的"横排文字工具",在画面中按住鼠标左键从 ❷ 左上到 ❸ 右下拖动,释放鼠标按键完成文本框绘制,如图4-25所示。

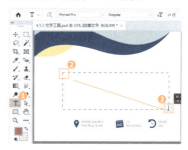

图 4-25

文本框绘制完成后,可以在文本框内输入文字,输入的文字会自动排列在文本框内,如图4-26所示。

拖动文本框边缘的控制点,可以调整文本框的大小,随着文本框大小的调整,文字的排列方式随之发生变化,如图4-27所示。

图 4-26　　　　　　图 4-27

小技巧

当文本框右下角出现 形状时，代表文本框内有隐藏的字符，拖动控制点将文本框调大，可以显示隐藏的字符。

第7步 制作区域文字

❶ 绘制一个闭合路径，❷ 选择工具箱中的"横排文字工具"，❸ 将光标移动至路径内，光标会变为 形状，如图4-28所示。

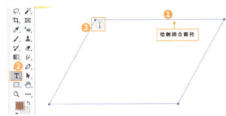

图 4-28

单击即可将形状转为文本框，在文本框内输入文字，文字会根据闭合路径的形状进行排列。调整路径的形态会影响文字显示的范围，如图4-29所示。

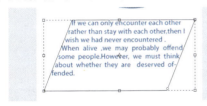

图 4-29

第8步 制作路径文字

❶ 绘制一段路径，❷ 选择工具箱中的"横排文字工具"，❸ 将光标移动至路径上方，光标变为 形状后单击，如图4-30所示。

路径上会出现闪烁的光标，然后输入文字，如图4-31所示。

图 4-30　　　　图 4-31

如果要调整文字在路径上的位置，则可以 ❶ 选择工具箱中的"直接选择工具"，❷ 将光标移动至路径文字附近，光标会变为 形状，然后按住鼠标左键拖动，即可调整文字在路径上的排列，如图4-32所示。

图 4-32

小技巧

打开PSD格式的文件后，如果文字图层缩览图显示黄色的感叹号，则表示系统中并没有安装源文件中所使用的字体，如图4-33所示。如果出现灰色的感叹号，则表示系统中有相关字体，双击图层缩览图重新识别即可，如图4-34所示。

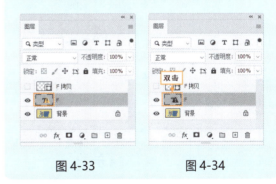

图 4-33　　　　图 4-34

4.1.2 字符面板

功能概述：

"字符"面板用于对文字属性进行更改，相对于"横排文字工具"选项栏中的参数来说，"字符"面板中包含了更多的文字编辑选项，可以应对更复杂的文字编辑。执行"窗口">"字符"命令，打开"字符"面板，如图4-35所示。

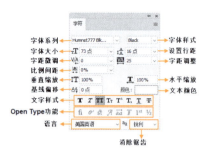

图 4-35

使用方法：

第1步 打开"字符"面板

❶ 单击"横排文字工具"选项栏中的 按钮，❷ 打开"字符"面板（也可以执行"窗口">"字符"命令），如图 4-36 所示。在该面板中能够看到一些与"横排文字工具"选项栏中相同的选项，如设置字体系列、字体样式、字体大小选项等。

图 4-36

第2步 设置行距

行距就是上一行文字基线与下一行文字基线之间的距离。首先选中一段文字，在默认情况下，"行距"选项设置为"自动"，如图 4-37 所示。

图 4-37

❶ 调整"设置行距"选项，随着数值的调整，❷ 选中的文本行距会发生变化，如图 4-38 所示。

图 4-38

第3步 字距微调

"字距微调"选项 用于微调两个字符之间的字距。❶ 首先在需要调整字距的位置插入光标，❷ 调整"字距微调"选项数值，将数值调小以后，❸ 可以看到字符之间的距离改变了，如图 4-39 所示。

图 4-39

第4步 设置字距

"字距调整"选项 能够调整字符与字符之间的距离。字距越小，视觉效果越紧凑；字距越大，视觉效果越松散。❶ 选中文字，❷ 减小"字距调整"选项的数值，可以看到字符间距变小；❸ 选中文字，❹ 增加"字距调整"选项的数值，可以看到字符间距变大。当"字距调整"选项数值为 0 时，字距恢复到默认大小，如图 4-40 所示。

图 4-40

第 5 步　垂直缩放与水平缩放

"垂直缩放"选项 ↕T 可以调整文字的高度,"水平缩放"选项 ↔T 可以调整文字的宽度,如图 4-41 和图 4-42 所示。

图 4-41

图 4-42

第 6 步　添加文字样式

文字样式共有 8 种,选中文字后,单击相应的按钮即可为文字添加样式,如图 4-43 所示。

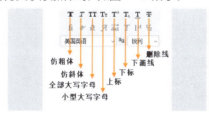

图 4-43

常用参数解读:

- 比例间距：用来压缩字符周围的空间,字符本身不会受到挤压或伸展。
- 基线偏移：用于设置文字与文字基线之间的距离。输入正值时,文字会上移;输入负值时,文字会下移。
- Open Type 功能：包括标准连字 fi、上下文替代字、自由连字 st、花饰字 𝒜、文体替代字 ad、标题替代字、序数字 1st、分数字 ½。

- 语言设置：对所选字符进行有关连字符和拼写规则的语言设置。

4.1.3　段落面板

功能概述:

"段落"面板主要针对大段文字进行对齐、缩进等参数的设置。执行"窗口">"段落"命令,可以打开"段落"面板,如图 4-44 所示。

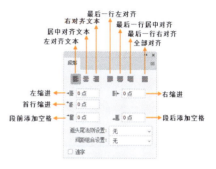

图 4-44

使用方法:

第 1 步　设置文本对齐方式

在"图层"面板中选择段落文本所在的图层,然后执行"窗口">"段落"命令,打开"段落"面板,单击"居中对齐文本"按钮,即可将所选文本居中对齐,如图 4-45 所示。

图 4-45

> **小技巧**
>
> 前 3 种对齐方式对点文字、段落文字、区域文字均可使用,而后 4 种对齐方式只可对段落文字和区域文字使用。

常用参数解读:

- 左对齐文本：文本左侧对齐,右侧参差不齐,如图 4-46 所示。

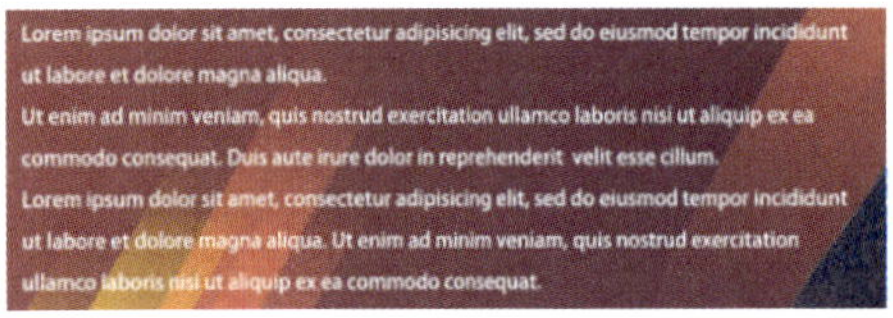

图 4-46

- 居中对齐文本：文本居中对齐，两侧参差不齐，如图 4-47 所示。

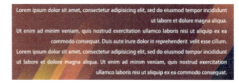

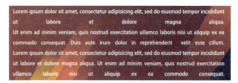

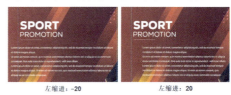

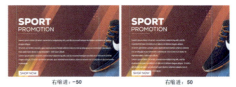

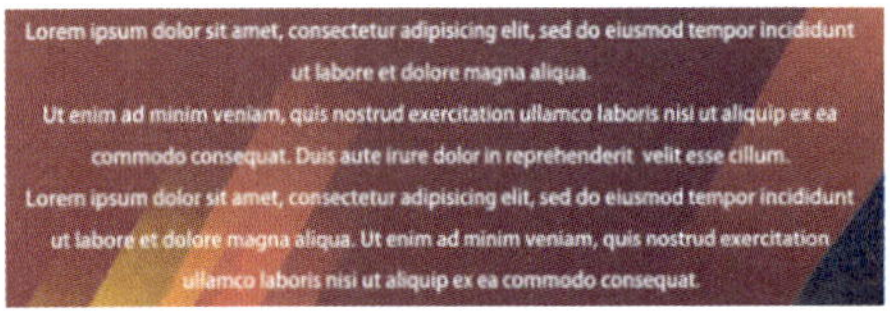

图 4-47

- 右对齐文本：文本右侧对齐，左侧参差不齐，如图 4-48 所示。

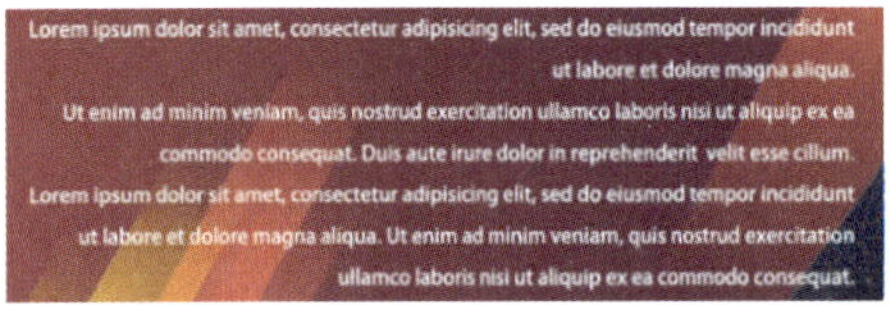

图 4-48

- 最后一行左对齐：最后一行左对齐，其他行左右两端强制对齐，如图 4-49 所示。

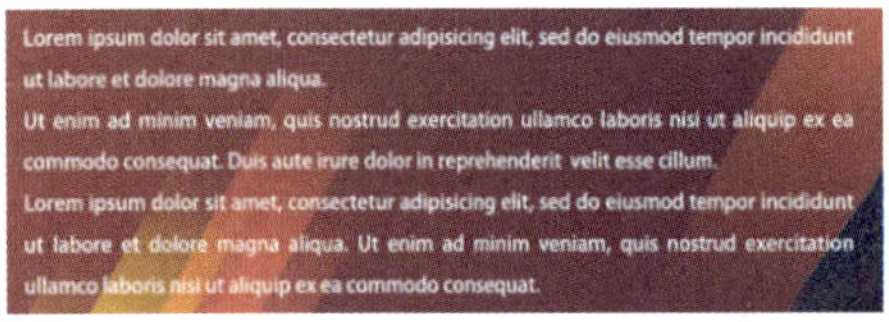

图 4-49

- 最后一行居中对齐：最后一行居中对齐，其他行左右两端强制对齐，如图 4-50 所示。

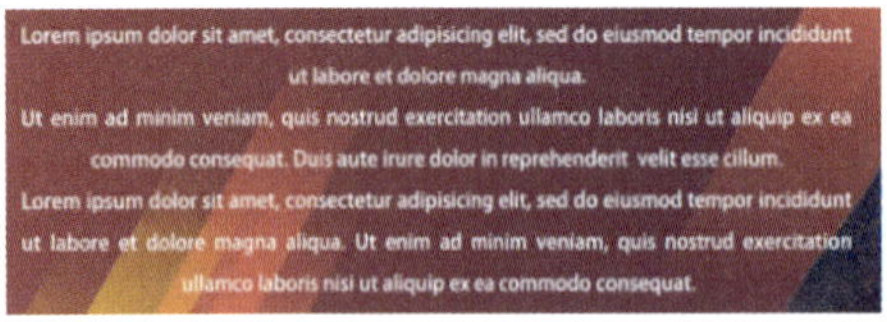

图 4-50

- 最后一行右对齐：最后一行右对齐，其他行左右两端强制对齐，如图 4-51 所示。

图 4-51

- 全部对齐：强制文本左右两端对齐，如图 4-52 所示。

图 4-52

第 2 步 设置文本缩进方式

“左缩进”用于调整段落文本左侧的缩进量，当数值为负数时，段落文本向左侧移动；当数值为正数时，段落文本向右侧移动，如图 4-53 所示。

左缩进：-20　　左缩进：20

图 4-53

“右缩进”用于设置段落文本右侧的缩进量。当数值为负数时，段落文本向右移动；当数值为正数时，段落文本向左移动，如图 4-54 所示。

右缩进：-50　　右缩进：50

图 4-54

选中文本，❶ 在“首行缩进”数值框中输入数值，❷ 按 Enter 键提交操作后即可看到缩进效果，如图 4-55 所示。

图 4-55

第 3 步 段前段后添加空格

"段前添加空格"可以设置光标所在段落与前一个段落之间的间隔距离，如图 4-56 所示。

图 4-56

"段后添加空格"可以设置光标所在段落与后一个段落之间的间隔距离，如图 4-57 所示。

图 4-57

常用参数解读：

- 避头尾法则设置：在 Photoshop 中，可以通过"避头尾法则设置"来设定不允许出现在行首或行尾的字符。
- 间距组合设置：为日语字符、罗马字符、标点符号、特殊字符、行开头、行结尾和数字的间距指定文本编排方式。

- 连字：勾选"连字"复选框后，输入英文单词，当文本框空间无法容纳一个单词时，单词将自动换行，并通过连字符将单词连接起来，如图 4-58 所示。

图 4-58

小技巧

"直排文字工具"与"横排文字工具"使用方法相同，只不过使用"直排文字工具"输入的文字是垂直排列的。在选择"直排文字工具"后，"段落"面板中的对齐按钮也会发生一些变化，如图 4-59 所示。

图 4-59

4.1.4　编辑文字

功能概述：

使用文字工具创建的文字图层可以随时进行字体、颜色、字号的更改。如果将文字图层栅格化，那么文字图层将转换为普通图层，它的文字属性也会随之消失。

扫一扫，看视频

文字变形功能可以为文字添加多种不同的变形效果，添加效果后还可以进行更改。

在制作艺术字时，通常会先使用文字工具创建文字，然后将其转换为路径或形状对象后，再进行文字形态的调整。

使用方法：

第 1 步 栅格化文字

选中文字图层，❶ 右击，❷ 在弹出的快捷菜单中执行"栅格化文字"命令，❸ 此时文字图层转换为普通图层，如图 4-60 所示。对转换为普通图层的文字不能再进行字体、字号等属性的更改，但可以进行如擦除、绘制、调色等之前无法进行的操作。

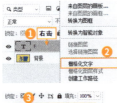

图 4-60

第 2 步 设置文字变形

选择文字图层，如图 4-61 所示。单击文字工具选项栏中的"创建文字变形"按钮，随即打开"变形文字"对话框。单击打开"样式"列表，可以选择不同的变形样式。例如，❶ 选择"扇形"，❷ 选中"水平"单选按钮，❸ 设置"弯曲"为 50%，如图 4-62 所示。

 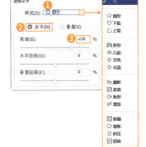

图 4-61   图 4-62

设置完成后单击"确定"按钮，文字产生了变形效果，如图 4-63 所示。

图 4-63

常用参数解读：

- 样式：用来设置文字的变形效果。
- 水平 / 垂直：选中"水平"单选按钮，文本扭曲的方向为水平方向；选中"垂直"单选按钮，文本扭曲的方向为垂直方向。
- 弯曲：用来设置文本的弯曲程度。
- 水平扭曲：用来设置水平方向的透视扭曲变形的程度。
- 垂直扭曲：用来设置垂直方向的透视扭曲变形的程度。

小技巧

在所选文字图层被添加了"仿粗体"样式后，单击"创建文字变形"按钮会弹出提示框，如图 4-64 所示。单击"确定"按钮，即可移除仿粗体样式，然后打开"变形文字"对话框进行文字变形。

图 4-64

第 3 步 创建文字路径

选择文字图层，❶ 右击，❷ 在弹出的快捷菜单中执行"创建工作路径"命令，如图 4-65 所示。

随即画面会显示文字路径，❶ 选择工具箱中的"直接选择工具"，❷ 选中锚点后按住鼠标左键拖动，可以看到路径变形的效果，而原本的文字形状没有发生改变，如图 4-66 所示。

图 4-65   图 4-66

第 4 步 文字转换为形状

选择文字图层，❶ 右击，❷ 在弹出的快捷菜单中执行"转换为形状"命令，如图 4-67 所示。

接着，如图 4-68 所示，❶ 在"图层"面板中可以看到文字图层变为形状图层，❷ 选择工具箱中的"直接选择工具",❸选中锚点后按住鼠标左键拖动,可以看到文字形状会发生改变。

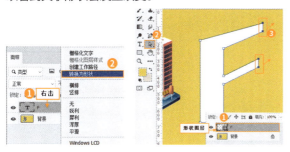

图 4-67　　　　　图 4-68

4.1.5　使用图层样式丰富文字效果

功能概述:

使用"图层样式"功能可以制作具有特殊效果的文字,如具有凸起感的文字、带有描边的文字、向内凹陷的文字、带有阴影的文字、发光的文字、带有光泽感的文字等,如图 4-69 所示。当然,图层样式功能也可用于普通图层。

图 4-69

选择一个图层,执行"图层">"图层样式"命令,在打开的"图层样式"对话框中可以进行图层样式的添加与编辑,如图 4-70 所示。

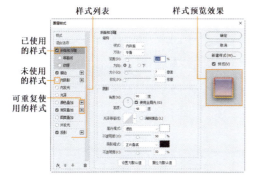

图 4-70

使用方法:

第1步　添加图层样式

选中图层,执行"图层">"图层样式"命令,在子菜单中可以看到相关的图层样式命令,如图 4-71 所示。也可以在选中图层后,单击"图层"面板底部的"添加图层样式"按钮 fx,在子菜单中可以看到图层样式的相关命令,如图 4-72 所示。

图 4-71　　　　　图 4-72

第2步　对图层样式进行设置

例如,执行"图层">"图层样式">"斜面和浮雕"命令,打开"图层样式"对话框中的"斜面和浮雕"样式参数设置页面,如图 4-73 所示。

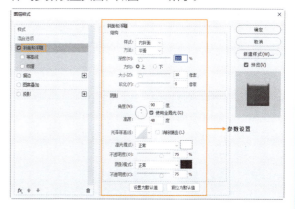

图 4-73

小技巧

Photoshop 中有 10 种图层样式,"图层样式"对话框左侧会显示图层样式的名称。如果打开的对话框左侧没有显示 10 种图层样式,则可以 ❶ 单击对话框左下角的 fx 按钮,❷ 执行"显示所有效果"命令,即可显示所有图层样式,如图 4-74 所示。

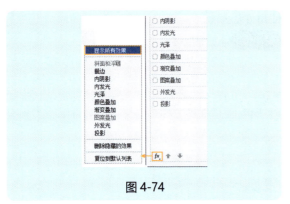

图 4-74

单击对话框左侧的图层样式名称，即可启用该样式，并打开与之相对应的页面进行参数设置，如图 4-75 所示。

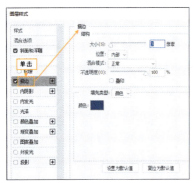

图 4-75

第 3 步 启用与关闭图层样式

将光标移动至样式名称左侧的 ○ 图标处，单击勾选即可启用该样式，再次单击即可取消应用该样式，如图 4-76 所示。

图 4-76

第 4 步 多次添加相同样式

部分图层样式名称的右侧带有 ➕ 按钮，表示可以同时添加多个该样式。以添加多重描边效果为例进行说明，素材文件的文字图层原本带有描边样式，参数

设置如图 4-77 所示。

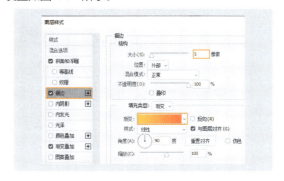

图 4-77

描边效果如图 4-78 所示。

❶ 单击"描边"样式右侧的 ➕ 按钮，❷ 添加一份新的"描边"样式，如图 4-79 所示。

图 4-78　　　　　图 4-79

❶ 单击位于下方的"描边"选项，❷ 将"大小"数值增大到 15 像素，❸ 描边的颜色更改为蓝色渐变，参数设置如图 4-80 所示。

图 4-80

设置完成后，单击"确定"按钮提交操作，此时的文字边缘带有两重描边效果，如图 4-81 所示。

图 4-81

小技巧

当添加多个相同的样式时,如果要重新排列样式的顺序,则可以选择需要移动顺序的样式,单击对话框左下方的"向上移动效果"或"向下移动效果"按钮,如图 4-82 所示。需要注意的是,上层的样式会遮挡下层的样式。

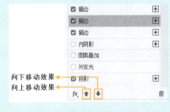

图 4-82

第 5 步 显示与隐藏图层样式

添加了图层样式的图层后方会显示 fx 。❶ 单击 ∨ 按钮,❷ 可以看到已添加的图层样式列表,如图 4-83 所示。

图 4-83

小技巧

双击图层样式名称,可以打开"图层样式"对话框中该样式的参数设置页面,如图 4-84 所示。

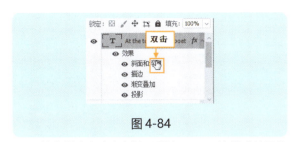

图 4-84

单击样式名称左侧的 ◉ 按钮,即可将样式效果隐藏,再次单击可以显示效果,如图 4-85 所示。

单击"效果"选项左侧的 ◉ 按钮,即可将所有图层样式隐藏,如图 4-86 所示。

图 4-85　　　　　　图 4-86

第 6 步 删除图层样式

将光标移动至样式名称处,按住鼠标左键向"删除图层"按钮处拖动,释放鼠标按键后即可将所选样式删除,如图 4-87 所示。

如果要将图层的所有图层样式删除,则可以将光标移动至图层右侧的图层样式图标 fx 处,按住鼠标左键向"删除图层"按钮处拖动,释放鼠标按键后即可将该图层的全部图层样式删除,如图 4-88 所示。

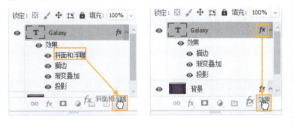

图 4-87　　　　　　图 4-88

第 7 步 复制与粘贴图层样式

如果想要使多个图层产生相同的图层样式,则可以使用"拷贝图层样式"命令。选中图层,右击,在弹出的快捷菜单中执行"拷贝图层样式"命令,如图 4-89 所示。接着选中其他图层,右击,在弹出的快捷菜单中执行"粘贴图层样式"命令,即可将图层样式复制给其他图层,如图 4-90 所示。

图 4-89　　　　　　图 4-90

小技巧

从其他图层复制的图层样式可能并不符合尺寸要求，可以通过"缩放效果"功能将图层样式缩放。❶将光标移动至图层样式图标的位置，❷右击，在弹出的快捷菜单中执行"缩放效果"命令，如图 4-91 所示。

如图 4-92 所示，在打开的"缩放图层效果"对话框中❶勾选"预览"复选框，❷拖动"缩放"滑块，在调整数值的同时，还能够直接观察到画面效果。

图 4-91　　　　　　图 4-92

4.2 文字案例应用

下面通过多个案例来练习文字的创建、编辑与使用。

4.2.1 案例：使用文字工具制作楼盘标志

扫一扫，看视频

核心技术：横排文字工具、直排文字工具。

案例解析：本案例使用"横排文字工具"分别输入标志中的 4 个文字，然后调整排列方式。纵向排列的文字使用"直排文字工具"制作。案例效果如图 4-93 所示。

图 4-93

操作步骤：

第 1 步　制作背景色

执行"文件">"新建"命令，新建一个大小合适的空白文档。设置前景色为灰绿色，设置完成后，使用快捷键 Alt+Delete 进行前景色填充，如图 4-94 所示。

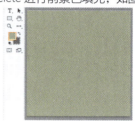

图 4-94

第 2 步　制作米色矩形

新建一个图层，❶选择工具箱中的"矩形选框工具"，❷在画面中按住鼠标左键拖动的同时按住 Shift 键，绘制一个矩形选区，如图 4-95 所示。

在新建图层选中状态下，设置前景色为米色。设置完成后，使用快捷键 Alt+Delete 进行前景色填充。操作完成后使用快捷键 Ctrl+D 取消选区，如图 4-96 所示。

图 4-95　　　　　　图 4-96

第 3 步　添加点文字

❶选择工具箱中的"横排文字工具"，❷在版面中输入文字，文字输入完成后，在空白区域单击，完

成操作。然后选中该文字图层，在选项栏中设置合适的 ❸ 字体、❹ 字号和 ❺ 颜色，如图 4-97 所示。

继续使用"横排文字工具"，在已有文字的下方继续添加其他点文字，文字的大小可以适当更改，如图 4-98 所示。

图 4-97　　　　　图 4-98

第 4 步　添加竖排文字

❶ 选择工具箱中的"直排文字工具"，❷ 在大文字左侧输入竖排文字。文字输入完成后，❸ 在选项栏中设置合适的字体、字号及颜色，如图 4-99 所示。

图 4-99

第 5 步　调整文字属性

将竖排文字图层选中，执行"窗口">"字符"命令，打开"字符"面板。接着单击面板底部的"全部大写字母"按钮，将文字字母全部调整为大写形式，如图 4-100 所示。效果如图 4-101 所示。

图 4-100　　　　　图 4-101

第 6 步　制作印章

❶ 选择工具箱中的"矩形工具"，在选项栏中设置 ❷ "绘制模式"为"形状"、❸ "填充"为红色、❹ "描边"为无、❺ "圆角半径"为 17 像素。设置完成后，在竖排文字底部按住鼠标左键，自 ❻ 左上向 ❼ 右下拖动，绘制一个圆角矩形，如图 4-102 所示。

接着，添加印章上的点文字。如图 4-103 所示，❶ 选择"横排文字工具"，❷ 输入文字并移动到红色圆角矩形上（以按 Enter 键换行的方式，让文字以两行呈现）。文字输入完成后，❸ 在选项栏中设置合适的字体、字号及颜色。

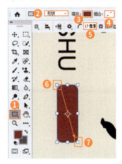 

图 4-102　　　　　图 4-103

按住 Ctrl 键，单击文字图层缩览图，载入文字选区，如图 4-104 所示。

执行"选择">"反选"命令，将选区反选，如图 4-105 所示。

图 4-104　　　　　图 4-105

选择圆角矩形图层，❶ 单击"图层"面板底部的"添加图层蒙版"按钮，❷ 为该图层添加图层蒙版，如图 4-106 所示。

将原始文字图层隐藏，即可得到镂空的印章效果，如图 4-107 所示。

图 4-106　　　　　图 4-107

第7步　添加素材图片

将素材图片置入，适当缩小后放在文字右侧位置。至此，本案例制作完成，如图 4-108 所示。

图 4-108

4.2.2　案例：创建文字制作化妆品广告

扫一扫，看视频

核心技术：创建点文字、创建段落文字。

案例解析：本案例主要使用"横排文字工具"在版面中添加点文字和段落文字；并且使用"矩形选框工具"绘制矩形选区，填充颜色后作为分割线。案例效果如图 4-109 所示。

图 4-109

操作步骤：

第1步　打开背景素材图片

执行"文件" > "打开"命令，将背景素材图片打开，如图 4-110 所示。

图 4-110

第2步　添加点文字

❶ 选择工具箱中的"横排文字工具"，❷ 在版面顶部输入合适的文字。❸ 在选项栏中选择具有手写感的字体，设置合适的字号，将字体颜色设置为蓝色，如图 4-111 所示。

图 4-111

继续使用该工具，在已有文字右侧及底部输入其他文字，效果如图 4-112 和图 4-113 所示。

图 4-112　　　　　图 4-113

第3步　添加段落文字

❶ 选择工具箱中的"横排文字工具"，❷ 在画面

底部按住鼠标左键拖动绘制文本框，接着在文本框中输入文字。❸ 在选项栏中设置合适的字体、字号及颜色，❹ 单击"居中对齐"按钮，如图4-114所示。

图4-114

第4步 添加分割线

❶ 选择工具箱中的"矩形选框工具"，在段落文字上方按住鼠标左键拖动，❷ 绘制一个长条状矩形选区，如图4-115所示。

新建图层，设置前景色为与文字颜色相同的紫灰色，然后使用快捷键Alt+Delete进行前景色填充。操作完成后，使用快捷键Ctrl+D取消选区。至此，本案例制作完成，如图4-116所示。

图4-115　　　　　图4-116

4.2.3 案例：制作带有路径文字的海报

核心技术：横排文字工具、创建路径文字。

案例解析：本案例首先使用"横排文字工具"在版面中添加合适的文字，同时借助"字符"面板对文字形态进行调整。接着使用"多边形套索工具"绘制路径，并结合使用"横排文字工具"制作路径文字。案例效果如图4-117所示。

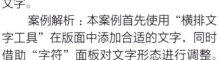

扫一扫，看视频

图4-117

操作步骤：

第1步 制作海报背景色

执行"文件">"新建"命令，新建一个大小合适的竖向空白文档。设置前景色为灰调的青色，然后使用快捷键Alt+Delete进行前景色填充，如图4-118所示。

第2步 添加素材图片

执行"文件">"置入嵌入对象"命令，将素材图片置入，将其适当缩小放在版面中间位置，然后将该图层栅格化处理，如图4-119所示。

图4-118　　　　　图4-119

第3步 制作文字

❶ 选择工具箱中的"横排文字工具"，❷ 在素材图片顶部输入文字，以按Enter键换行的方式将文字呈现为两行。文字输入完成后，❸ 在选项栏中设置合适的字体、字号及颜色，如图4-120所示。

接着对文字形态进行调整。如图4-121所示，选中文字图层，执行"窗口">"字符"命令，在"字符"面板中 ❶ 设置"行距"为120点，将文字行距缩小，变得紧凑一些。❷ 单击"仿粗体"按钮，❸ 单击"仿斜体"按钮,得到加粗倾斜的文字效果。

继续使用"横排文字工具"在版面上部、中部和下部输入合适的文字,同时在"字符"面板中对文字形态进行适当调整,如图 4-122 所示。

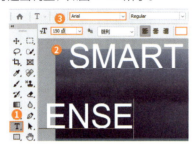

图 4-120

图 4-121　　　　图 4-122

第 4 步　制作路径

在文字图层底部新建一个图层,❶ 选择工具箱中的"多边形套索工具",❷ 在素材中间位置绘制一个平行四边形选区,如图 4-123 所示。

在新建图层选中状态下,设置前景色为青色。使用快捷键 Alt+Delete 进行前景色填充,操作完成后使用快捷键 Ctrl+D 取消选区,如图 4-124 所示。

图 4-123　　　　图 4-124

❶ 继续使用"多边形套索工具",❷ 在青色平行四边形内部绘制一个小一些的平行四边形选区,如图 4-125 所示。

如图 4-126 所示,在选区状态下,❶ 右击,在弹出的快捷菜单中执行"建立工作路径"命令。接着,在打开的"建立工作路径"对话框中 ❷ 设置合适的"容差"数值,设置完成后,❸ 单击"确定"按钮。

图 4-125　　　　图 4-126

此时即可将选区转换为路径,如图 4-127 所示。

图 4-127

小技巧

此操作方式适用于不会使用"钢笔工具"的情况。如果已经学会"钢笔工具"的使用方法,那么可以直接选择工具箱中的"钢笔工具",在选项栏中设置绘制模式为"路径",然后在画面中绘制一个平行四边形的路径。

第 5 步　制作路径文字

❶ 选择工具箱中的"横排文字工具",将光标放在路径右下角位置,❷ 待其变为 形状时单击,确认文字输入起点,如图 4-128 所示。

接着输入合适的文字,输入的文字会沿着路径排列。文字输入完成后,在选项栏中设置合适的字体、字号及颜色,如图 4-129 所示。

图 4-128　　　　　图 4-129

第6步　添加装饰图形

新建一个图层，接着使用"多边形套索工具"在右侧文字下方绘制一个四边形选区，如图4-130所示。

设置前景色为白色，使用快捷键Alt+Delete进行前景色填充。至此，本案例制作完成，如图4-131所示。

图 4-130　　　　　图 4-131

4.2.4　案例：制作卡通感文字

核心技术：横排文字工具、文字变形、图层样式。

案例解析：本案例首先使用"横排文字工具"在版面中输入主标题文字，其次将文字进行适当变形，然后为文字添加合适的图层样式，丰富整体视觉效果。案例效果如图4-132所示。

扫一扫，看视频

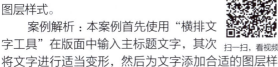

图 4-132

操作步骤：

第1步　打开背景素材图片

执行"文件"＞"打开"命令，将素材图片打开，如图4-133所示。

图 4-133

第2步　制作主体文字

❶ 选择工具箱中的"横排文字工具"，❷ 在版面中间输入文字。文字输入完成后，❸ 在选项栏中选择合适的字体、字号及颜色，如图4-134所示。

接着对文字形态进行调整。将文字图层选中，在打开的"字符"面板中单击"全部大写字母"按钮，将文字字母全部调整为大写形式，如图4-135所示。

图 4-134　　　　　图 4-135

第3步　制作变形文字

在文字图层被选中的状态下，执行"文字"＞"文字变形"命令，在打开的"变形文字"对话框中 ❶ 设置"样式"为"扇形"、❷ "弯曲"为15%。设置完成后，❸ 单击"确定"按钮，即可将文字进行变形，如图4-136所示。

图 4-136

第4步 为文字添加样式

选中文字图层,执行"图层">"图层样式">"描边"命令,在打开的"图层样式"对话框中设置 ❶ "大小"为 10 像素、❷ "位置"为"外部"、❸ "混合模式"为"正常"、❹ "不透明度"为 100%、❺ "填充类型"为"颜色"、❻ "颜色"为紫色。设置完成后,单击"确定"按钮,如图 4-137 所示。

文字添加了紫色描边效果,如图 4-138 所示。

图 4-137　　　　　图 4-138

在"图层样式"对话框左侧列表中 ❶ 单击启用"渐变叠加"样式,设置 ❷ "混合模式"为"正常"、❸ "不透明度"为 100%、❹ "渐变"为从黄色到绿色的渐变、❺ "样式"为"线性"、❻ "角度"为 90 度、❼ "缩放"为 100%。设置完成后单击"确定"按钮,如图 4-139 所示。

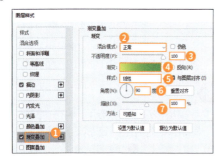

图 4-139

文字表面产生了渐变效果,如图 4-140 所示。

使用同样的方式制作第二行文字,如图 4-141 所示。

图 4-140　　　　　图 4-141

小技巧

也可以将第一行文字复制,并移动到下方。更改文字内容,并更改图层样式的属性。

第5步 添加点文字

❶ 继续使用"横排文字工具",❷ 在红色圆角矩形上输入文字。文字输入完成后,❸ 在选项栏中设置合适的字体、字号及颜色,如图 4-142 所示。

图 4-142

将文字图层选中,❶ 在打开的"字符"面板中设置"字间距"为 -50,让文字更加紧凑一些。同时,❷ 单击"全部大写字母"按钮,将文字字母全部调整为大写形式,如图 4-143 所示。至此,本案例制作完成,效果如图 4-144 所示。

图 4-143　　　　　图 4-144

4.2.5 案例：使用图层样式制作金属质感标志

扫一扫，看视频

核心技术：横排文字工具、图层样式。

案例解析：本案例首先使用"横排文字工具"输入文字；接着为文字添加图层样式，通过多次复制文字，并更改图层样式的效果，得到多层次的文字效果；然后通过自由变换，调整文字摆放状态，为标志增添些许活力。案例效果如图 4-145 所示。

图 4-145

操作步骤：

第1步 打开背景素材图片

执行"文件">"新建"命令，将素材图片打开，如图 4-146 所示。

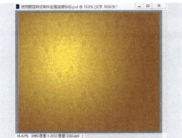

图 4-146

第2步 输入字母

❶ 选择工具箱中的"横排文字工具"，❷ 在版面左侧输入文字。文字输入完成后，❸ 单击选项栏中的"提交所有当前编辑"按钮 ✓。接着选中文字图层，在选项栏中设置合适的 ❹ 字体、❺ 字号及 ❻ 颜色，如图 4-147 所示。

图 4-147

第3步 为字母添加描边样式

将素材文件夹中的图案素材 2.pat 拖动到 Photoshop 界面中（拖动到选项栏、文档栏、菜单栏的位置），该图案将被自动载入，如图 4-148 所示。

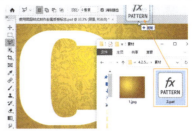

图 4-148

选择该文字图层，执行"图层">"图层样式">"描边"命令，在打开的"图层样式"对话框中设置 ❶ 描边"大小"为 25 像素、"位置"为"外部"、"混合模式"为"线性光"、"不透明度"为 100%、"填充类型"为"图案"，在图案下拉列表中选择新载入的图案，"缩放"设置为 1000%。设置完成后，❷ 单击"确定"按钮，如图 4-149 所示。

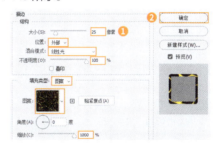

图 4-149

此时文字出现了由新载入图案构成的描边效果，如图 4-150 所示。

图 4-150

第4步 制作第2层字母

在"图层"面板中，单击选择字母"C"图层，使用快捷键 Ctrl+J 复制，将新图层置于"图层"面板最顶部，如图 4-151 所示。

接着，❶ 在新图层上右击，❷ 在弹出的快捷菜单中执行"清除图层样式"命令，如图 4-152 所示。

图 4-151　　　　图 4-152

将原有图层样式清除，如图 4-153 所示。

图 4-153

重新添加图层样式，执行"图层">"图层样式">"描边"命令，设置❶描边"大小"为 8 像素、"位置"为"内部"、"混合模式"为"正常"、"不透明度"为 100%、"填充类型"为"渐变"，设置一个金色系的渐变，设置"样式"为"线性"、"角度"为 90 度。设置完成后，❷单击"确定"按钮，如图 4-154 所示。

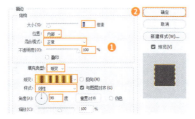

图 4-154

此时即为复制得到的字母 C 添加了相应的描边效果，如图 4-155 所示。

图 4-155

第 5 步　制作第 3 层字母

选择最初的字母 C 图层，使用快捷键 Ctrl+J 复制，将新图层置于"图层"面板最顶部。使用自由变换快捷键 Ctrl+T 对文字进行适当缩放和移动，如图 4-156 所示。

双击该图层的"描边"样式，❶在打开的"图层样式"对话框中将"大小"改为 10 像素。❷单击"确定"按钮，完成操作，如图 4-157 所示。

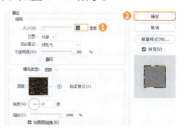

图 4-156　　　　图 4-157

此时上层的字母 C 的描边变细了，如图 4-158 所示。

图 4-158

第 6 步　制作顶部渐变色

选择"图层"面板顶部的字母 C 图层，按住 Ctrl 键，单击该图层缩览图，载入选区，如图 4-159 所示。效果如图 4-160 所示。

图 4-159　　　　图 4-160

在当前选区状态下，执行"选择">"修改">"扩展"命令，在打开的"扩展选区"对话框中设置"扩展量"为30像素，设置完成后，单击"确定"按钮，如图4-161所示。此时可以看到选区被扩展，如图4-162所示。

在选项栏中设置"渐变类型"为"线性"，设置完成后，在新建的图层中自上而下拖动光标进行渐变填充，如图4-165所示。

图4-161　　　　图4-162

图4-165

新建一个图层，❶选择工具箱中的"渐变工具"，❷在选项栏中单击渐变色条，打开"渐变编辑器"对话框。❸单击左侧下方的色标，❹设置颜色为黄色，如图4-163所示。

渐变填充完成后，使用快捷键Ctrl+D取消选区。❶在该图层被选中的状态下，❷设置"混合模式"为"变亮"，如图4-166所示。这样渐变图形与底部字母更好地融为了一体，效果如图4-167所示。

图4-163

图4-166　　　　图4-167

然后，❶单击右侧上方的不透明度色标，❷设置"不透明度"为0%，❸设置完成后单击"确定"按钮，如图4-164所示。

第7步 制作第4层字母

选择上层的字母C图层，使用快捷键Ctrl+J复制，将新图层置于"图层"面板最顶部，如图4-168所示。

图4-164

图4-168

第4章　创建与编辑文字

然后，❶在得到的新图层上右击，❷在弹出的快捷菜单中执行"清除图层样式"命令，如图4-169所示。这样即可将原有字母添加的样式清除，如图4-170所示。

图 4-169　　　　　图 4-170

图 4-174

第8步　旋转字母

接下来制作文字变形效果。以字母C为例，❶右击"C"图层组，❷在弹出的快捷菜单中执行"合并组"命令，将该组合并为一个图层，如图4-175所示。

使用快捷键Ctrl+T调出定界框，然后将光标放在定界框一角，按住鼠标左键拖动控制点适当地进行旋转。操作完成后，按Enter键结束变换操作，如图4-176所示。

在该图层被选中的状态下，执行"图层">"图层样式">"渐变叠加"命令，在打开的"图层样式"对话框中，❶设置"渐变"为橙色到白色的渐变颜色，❷设置完成后单击"确定"按钮，如图4-171所示。

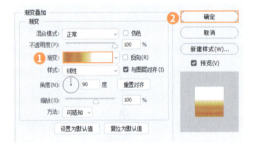

图 4-171

图 4-175　　　　　图 4-176

第9步　添加投影样式

选择字母C图层，执行"图层">"图层样式">"投影"命令，❶在打开的"图层样式"对话框中设置"混合模式"为"正片叠底"、颜色为黑色、"不透明度"为100%、"角度"为40度、"距离"为25像素、"扩展"为0%、"大小"为30像素。设置完成后，❷单击"确定"按钮，如图4-177所示。

这样就为复制得到的字母C添加了相应的渐变颜色，如图4-172所示。

选择构成字母C的多个图层，使用快捷键Ctrl+G进行编组，并将该组命名为C，如图4-173所示。

图 4-172　　　　　图 4-173

使用同样的方式，制作其他字母并将其单独建组，如图4-174所示。

图 4-177

随后，字母 C 产生了投影效果，增强了视觉层次感和立体感，效果如图 4-178 所示。

接下来，使用同样的方式将其他字母进行旋转变形，并添加相同的投影效果。至此，本案例制作完成，效果如图 4-179 所示。

图 4-178　　　　　图 4-179

4.3 文字项目实战：画册版式设计

核心技术：
- 使用"横排文字工具"制作少量的点文字。
- 使用"横排文字工具"制作大段的段落文字。
- 使用"字符"面板调整文字样式。

扫一扫，看视频

案例效果如图 4-180 所示。

图 4-180

4.3.1 设计思路

本案例为图文结合的画册内页排版项目，在这组对页中需要重点展示的内容为一篇现代诗。文字内容深沉、意境高远，所以配图选择了一幅开阔的自然风光摄影作品。两个页面分别排版，左侧页面以文字为主，右侧页面以图像为主。整体色调接近灰调，插图也以灰度形式呈现，版面意境更具韵味，如图 4-181 和图 4-182 所示。

图 4-181　　　　　图 4-182

4.3.2 配色方案

白色、灰色和黑色，是非常经典的色彩搭配组合方式，简约、稳重，同时又不失内涵。但大面积的无彩色，不免让画面过于单调，因此点缀少量黄褐色。这样，在丰富版面的同时，又营造出了一种深沉、内敛的氛围，如图 4-183 所示。

图 4-183

4.3.3 版面构图

两个页面分别展示了不同的内容，左侧页面中的文字量并不大，由于其内容具有的文艺感，所以左侧页面采用了较为自由的排版方式。标题以散乱的字符形式排布在正文周围。右侧页面以图像为主，80% 的区域为图像，版面顶部少量留白区域作为标题文字的展示区域，如图 4-184 所示。

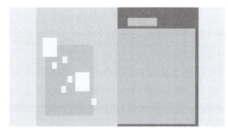

图 4-184

4.3.4 制作流程

新建一个空白文档,并制作左页背景矩形;在左页中添加点文字、段落文字及装饰元素;在右页中置入风景素材,并隐藏多余部分。将素材去色,调整为黑白状态;添加文字与装饰元素,丰富版面细节效果,如图 4-185 所示。

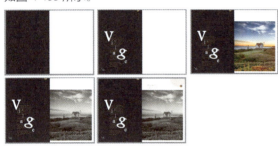

图 4-185

4.3.5 操作步骤

第1步 新建空白文档

执行"文件">"新建"命令,新建一个大小合适的横向空白文档,如图 4-186 所示。

图 4-186

第2步 制作左页背景

新建一个图层,❶ 选择工具箱中的"矩形选框工具",❷ 在左侧页面按住鼠标左键拖动绘制矩形选区,如图 4-187 所示。

在新建图层被选中的状态下,设置前景色为黑色。设置完成后,使用快捷键 Alt+Delete 进行前景色填充。操作完成后,使用快捷键 Ctrl+D 取消选区。背景效果如图 4-188 所示。

图 4-187　　　　　　图 4-188

第3步 在左页添加点文字

❶ 选择工具箱中的"横排文字工具",❷ 在版面中单击并输入合适的文字,文字输入完成后在空白区域单击,完成输入。❸ 在选项栏中设置合适的字体、字号及颜色,如图 4-189 所示。

图 4-189

接下来对文字形态进行调整。将文字图层选中,执行"窗口">"字符"命令,打开"字符"面板。❶ 在该面板中单击"仿粗体"按钮,将文字进行加粗。❷ 单击"全部大写字母"按钮,将文字字母调整为大写形式,如图 4-190 所示。文字效果如图 4-191 所示。

图 4-190　　　　　　图 4-191

继续使用"横排文字工具",在已有文字右下角单击,添加其他点文字,并在"字符"面板中进行加粗处理，如图 4-192 所示。

图 4-192

第 4 步 添加段落文字

❶ 选择工具箱中的"横排文字工具"，❷ 在点文字上方按住鼠标左键拖动绘制文本框，接着输入合适的文字。文字输入完成后，❸ 选中文字图层，在选项栏中设置合适的字体、字号及颜色，❹ 单击"左对齐文本"按钮，将文字左侧对齐，如图 4-193 所示。

图 4-193

对段落文字样式进行调整。将段落文字图层选中，❶ 在打开的"字符"面板中设置"行距"为 12 点，❷ 单击"全部大写字母"按钮，将文字字母全部设置为大写形式，如图 4-194 所示。文字效果如图 4-195 所示。

图 4-194　　图 4-195

第 5 步 添加竖排文字

❶ 选择工具箱中的"直排文字工具"，❷ 在黑色矩形右上角输入文字。文字输入完成后，❸ 在选项栏中设置合适的字体、字号及颜色，如图 4-196 所示。

图 4-196

第 6 步 绘制正圆

❶ 选择工具箱中的"椭圆工具"，在选项栏中设置 ❷ "绘制模式"为"形状"，❸ "填充"为褐色，❹ "描边"为浅一些的颜色、1 像素。设置完成后在竖排文字顶部按住鼠标左键，自 ❺ 左上向 ❻ 右下拖动，同时按住 Shift 键绘制一个正圆，如图 4-197 所示。

接着继续使用"椭圆工具"，在竖排文字底部绘制一个相同颜色的小正圆，如图 4-198 所示。

图 4-197　　图 4-198

第 7 步 制作左页页码

❶ 选择工具箱中的"横排文字工具"，❷ 在黑色矩形左下角输入页码数字。文字输入完成后，❸ 在选项栏中设置合适的字体、字号及颜色，如图 4-199 所示。

将在竖排文字上下两端的小正圆选中，复制一份，摆放在数字的左上角和右下角，如图 4-200 所示。

图 4-199

图 4-200

第 8 步　在右页添加风景图像

执行"文件">"置入嵌入对象"命令，将素材图像置入，调整大小，放在版面右侧位置，同时将该图层进行栅格化处理，如图 4-201 所示。

图 4-201

此时置入的素材图像有多余部分，需要进行隐藏处理。❶选择工具箱中的"矩形选框工具"，❷在素材图像上方按住鼠标左键拖动，绘制出需要保留区域的选区，如图 4-202 所示。

图 4-202

然后，❶单击"图层"面板底部的"添加图层蒙版"按钮，❷为该图层添加蒙版，将风景素材不需要的部分隐藏，如图 4-203 所示。画面效果如图 4-204 所示。

图 4-203

图 4-204

第 9 步　制作单色风景图像

将风景素材图层选中，执行"图层">"新建调整图层">"黑白"命令，在打开的"新建图层"对话框中设置合适的名称，然后单击"确定"按钮，如图 4-205 所示。

接着会弹出"属性"面板，勾选"色调"复选框，然后设置颜色为很浅的土黄色。单击面板底部的"此调整剪切到此图层"按钮，使调整效果只针对下方图层，如图 4-206 所示。"图层"面板效果如图 4-207 所示。

图 4-205　　　　图 4-206

此时素材图像由彩色变为单色效果，如图 4-208 所示。

图 4-207

图 4-208

第10步　加强图像对比度

由于黑白图像的明暗对比效果强度不够，需要进一步调整。执行"图层">"新建调整图层">"曲线"命令，在打开的"新建图层"对话框中单击"确定"按钮。❶ 在打开的"属性"面板中调整曲线形态，增强画面对比度。❷ 单击底部的"此调整剪切到此图层"按钮，使调整效果只针对下方素材图层操作，如图 4-209 所示。"图层"面板效果如图 4-210 所示。

图 4-209　　　　图 4-210

此时黑白图像的明暗对比效果得到加强，如图 4-211 所示。

图 4-211

第11步　制作右页文字

选择工具箱中的"横排文字工具"，在素材图像上方输入合适的点文字和段落文字，文字输入完成后，在选项栏中设置合适的字体、字号及颜色，如图 4-212 所示。

图 4-212

第12步　制作右上角的正圆图形

❶ 选择工具箱中的"椭圆工具"，在选项栏中设置 ❷ "绘制模式"为"形状"，❸ "填充"为棕色，❹ "描边"为绿色、1 像素。❺ 设置完成后，在右页左上角按住 Shift 键的同时按住鼠标左键拖动，绘制一个正圆，如图 4-213 所示。

将正圆图层选中，设置"不透明度"为 18%，如图 4-214 所示。效果如图 4-215 所示。

继续使用"椭圆工具"，在已有大正圆下方绘制一个相同颜色的小正圆，如图 4-216 所示。

图 4-213　　　　图 4-214

 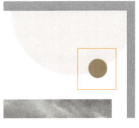

图 4-215　　　　图 4-216

第13步　制作右页页码

将构成左页页码的两个正圆和数字图层选中，使用快捷键 Ctrl+J 复制一份，放在右页右下角。接着在使用"横排文字工具"状态下，将数字更改为 17，同时调整小正圆的位置，如图 4-217 所示。

至此，本案例制作完成，效果如图 4-218 所示。

图 4-217　　　　图 4-218

扫一扫，看视频

矢量绘图

Chapter 5

第5章

矢量绘图指的是使用矢量工具绘制的以路径和颜色组成的"矢量图形"。"矢量图形"不是由像素构成的图形,所以"矢量图形"经过放大或缩小后其效果也不会失真。相反,相机拍摄的照片就是典型的位图,经过放大之后画面会产生模糊的效果。

Photoshop 中有两大类绘图工具。第一类是"形状工具",用来绘制常见的图形。例如,"矩形工具"用来绘制长方形或正方形;"椭圆工具"用来绘制椭圆形和正圆形。第二类是"钢笔工具",用来绘制不规则的矢量图形。掌握了矢量绘图工具的使用方法,绘制设计项目中常出现的各种图形就不再是难事了!

核心技能

- 矢量绘图
- 路径、锚点
- 填充、描边
- 钢笔工具
- 矩形、圆形、三角形、多边形、星形

5.1 矢量绘图基础操作

在之前的学习与操作中，我们接触到的图形绝大部分为位图，位图由一个个像素点组成，其色彩丰富，但是会因为放大、缩小而变得模糊，如图5-1所示。

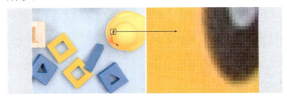

图 5-1

本节将接触一种新的图形表现方式：矢量绘图。矢量图的最大优势在于放大或缩小图像都不会变得模糊，如图5-2所示。

图 5-2

正是由于矢量绘图的这一优势，所以在标志设计（图5-3）、UI设计（图5-4）、网页设计（图5-5）及巨幅广告设计（图5-6）等领域中，首选矢量绘图。

图 5-3

图 5-4

图 5-5

图 5-6

工具箱中有3组矢量绘图需要使用的工具。"形状工具组" 用于绘制常见的几何图形；"钢笔工具组" 中的"钢笔工具""自由钢笔工具""弯度钢笔工具"用于绘制不规则的矢量图形；"添加锚点工具""删除锚点工具""转换点工具"与"选择工具组" 中的工具用于编辑路径形态，如图5-7所示。

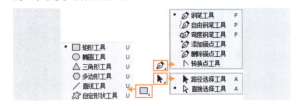

图 5-7

5.1.1 认识矢量绘图

功能概述：

本节主要学习矢量绘图的基础知识。提到矢量图就离不开"路径"与"锚点"，如图5-8所示。

锚点分为平滑锚点和尖角锚点，锚点的类型决定了路径的走向，如图5-9所示。

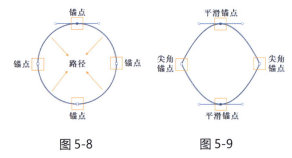

图 5-8　　　　　　图 5-9

使用方法：

1. 矢量图与位图

矢量图也称为向量图，是使用直线和曲线路径组成的图形。在进行颜色填充时，系统会自动按照图形边缘形态进行颜色填充。

矢量图的优点是放大、缩小后图像不失真，缺点是难以表现色彩层次丰富的逼真图像效果。

在Photoshop中，形状图层、文字图层是矢量对象。矢量图放大数倍后，图像边缘依旧清晰，如图5-10所示。

图 5-10

位图也称为点阵图或栅格图，是由大量的像素点构成的。将图像放大到一定的比例，即可看到一个一个的小方块。

位图图像的色彩丰富，但是如果强行放大图像，其画质会变得模糊。位图放大数倍后，可以看到像素点，如图 5-11 所示。

图 5-11

2. 路径与锚点

路径是由锚点及锚点之间的连接线构成的。两个锚点就可以构成一条路径，而三个锚点可以组成一个面。当调整锚点位置或调整方向线时，路径形态也会随之发生变化。

平滑锚点能够构成平滑的曲线，尖角锚点能够构成直线或折线。

当选择平滑锚点时，可以看到方向线，拖动圆形手柄（也称为控制柄），可以改变方向线，从而改变路径，如图 5-12 所示。

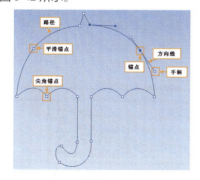

图 5-12

路径有 3 种类型，分别是开放路径、闭合路径和复合路径。开放路径就是起始锚点和终止锚点没有连接的路径，可以理解为一段线；闭合路径是起始锚点与终止锚点连接的路径；复合路径是指由多条路径构成的路径，如图 5-13 所示。

图 5-13

3. 绘制模式

在使用矢量工具绘图之前，首先需要选择"绘制模式"。在 Photoshop 中有 3 种绘制模式，它们是"形状""路径""像素"。在使用钢笔工具或形状工具时，都可以在选项栏中看到该选项。

例如，选择工具箱中的"矩形工具"，单击选项栏中的绘制模式按钮，在下拉列表中可以看到这 3 种绘制模式，如图 5-14 所示。

这 3 种绘制模式各具特点，不同的模式决定了所绘制对象的用途，如图 5-15 所示。

图 5-14　　　　图 5-15

- "形状"模式：用于绘制带有填色或描边的矢量图形。这类矢量图形在绘制完成后还可以进行形态、填充和描边属性的更改，如图 5-16 所示。

图 5-16

- "路径"模式：使用"钢笔工具"沿主体物边缘绘制

路径，转换为选区后抠图，如图 5-17 所示。

图 5-17

- "像素"模式：用于在普通图层中绘制像素点组成的图形。该模式绘制的内容不具有矢量图形的属性，不可进行填色和描边属性的更改，放大后会模糊，如图 5-18 所示。

图 5-18

小技巧

使用"钢笔工具"时，"像素"绘制模式不可用。

第1步 使用"形状"绘制模式

❶选择工具箱中的"矩形工具"，❷ 设置绘制模式为"形状"，❸ 设置合适的填充和描边，❹ 在画面中按住鼠标左键拖动进行绘制，此时绘制的图形将被填充为刚设置好的填色和描边，如图 5-19 所示。

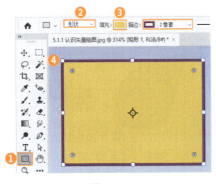

图 5-19

通过"形状"绘制模式绘制后，会自动生成形状图层。形状图层可以随时改变其填色和描边，❶ 选择某一矢量绘图工具，❷ 选择形状图层，❸ 在选项栏中重新进行填充颜色的更改，如图 5-20 所示。

图 5-20

第2步 设置矢量图形的颜色

矢量图形的颜色包括填充和描边两种。单击选项栏中的"填充"按钮，在下拉面板中可以看到"纯色""渐变""图案"3 种填充方式，单击"无颜色"按钮，可以去除填充颜色，如图 5-21 所示。

如图 5-22 所示，❶ 单击"纯色"填充按钮，在下拉面板中有很多预设的颜色，❷ 单击色块即可填充相对应的颜色。

图 5-21　　　　图 5-22

如果要自定义颜色，则可以单击面板右上角的按钮，打开"拾色器"对话框，可以进行颜色的设置操作，如图 5-23 所示。

图 5-23

如图 5-24 所示，❶ 单击"渐变"填充按钮，❷ 在下拉面板中可以打开任意一个渐变组，❸ 单击选择一个渐变选项，即可为图形填充渐变颜色。其使用方法与渐变编辑器中的编辑方式相同。

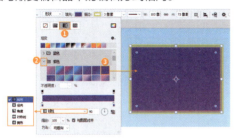

图 5-24

如图 5-25 所示，❶ 单击"图案"填充按钮，❷ 在下拉面板中打开任意一个图层组，❸ 单击图案，即可为图形填充图案。此外，下方的"缩放"项用于调整图案的缩放比例，"角度"项用于调整图案的角度。

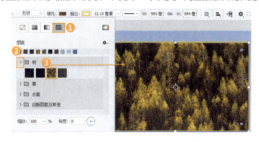

图 5-25

小技巧

描边设置与填充设置方法相同，单击选项栏中的"描边"按钮，在下拉面板中进行设置，如图 5-26 所示。

图 5-26

第 3 步　使用"路径"绘制模式

❶ 选择工具箱中的"矩形工具"，❷ 在选项栏中设置绘制模式为"路径"，❸ 然后按住鼠标左键拖动即可绘制矩形路径，如图 5-27 所示。

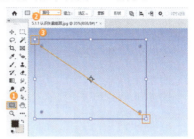

图 5-27

小技巧

路径为虚拟对象，在打印和输出后是不可见的。绘制得到的路径通常需要转换为选区后进行其他操作。例如，对选区中的部分进行单独调色、填充或删除等操作。

第 4 步　使用"像素"绘制模式

选择一个图层，❶ 继续使用"矩形工具"，❷ 将绘制模式设置为"像素"，❸ 设置合适的前景色，❹ 在画面中按住鼠标左键拖动，即可在所选图层中绘制一个矩形。此处绘制的内容会直接出现在所选的图层上，如图 5-28 所示。

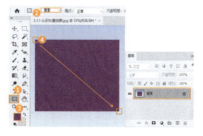

图 5-28

5.1.2　绘制常见图形

功能概述：

"形状工具组"中提供了几种常见图形的绘制工具，包括"矩形工具""椭圆工具""三角形工具""多边形工具""直线工具""自定形状工具"。该工具组中工具虽多，但

扫一扫，看视频

是使用方法比较简单，如图 5-29 所示。

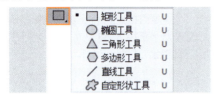

图 5-29

快捷操作：

使用快捷键 Shift+U 可以切换该工具组中的不同工具。

使用方法：

第1步 绘制矩形

❶ 选择工具箱中的"矩形工具"，❷ 在选项栏中设置合适的绘制模式及填充颜色，❸ 在画面中按住鼠标左键拖动，释放鼠标按键后完成绘制操作，如图 5-30 所示。

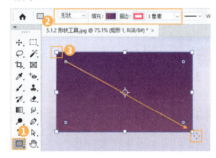

图 5-30

绘制完成后的形状带有定界框，如果不需要变形，则可以按 Enter 键提交操作。

小技巧

在绘制的过程中，按住 Shift 键并按住鼠标左键拖动可以绘制正方形。

第2步 绘制圆角矩形

矩形绘制完成后，可以看到在四角的位置有 4 个圆形控制点，将光标移动至控制点上方，光标变为形状后，按住鼠标左键向内拖动，即可将直角更改为圆角，如图 5-31 所示。

在"属性"面板中也能更改圆角半径。执行"窗口">"属性"命令，打开"属性"面板，默认情况下

4 个圆角的半径处于链接状态（按钮为深色），设置其中 1 个参数，另外 3 个也会发生改变，如图 5-32 所示。

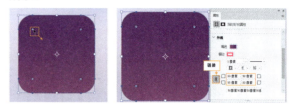

图 5-31　　　　图 5-32

使用"矩形工具"，在选项栏中设置圆角半径的数值后，可以直接在画面中绘制圆角矩形，如图 5-33 所示。

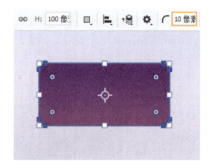

图 5-33

单击"链接"按钮，取消链接状态（按钮为浅色），即可分别输入圆角半径的数值，制作出圆角半径不同的效果，如图 5-34 所示。

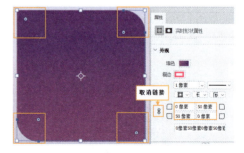

图 5-34

第3步 绘制圆形

"椭圆工具"用于绘制椭圆或正圆，在画面中按住鼠标左键拖动即可绘制椭圆。如果按住 Shift 键绘制，则可以得到正圆，如图 5-35 所示。

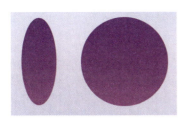

图 5-35

第 4 步 绘制三角形

"三角形工具" △ 与"矩形工具"的使用方法基本相同，都是在画面中按住鼠标左键拖动即可绘制相应的图形。如果按住 Shift 键绘制，则可以得到等边三角形，如图 5-36 所示。

如果需要绘制带有圆角的三角形，则可以在绘制之前在"三角形工具"选项栏中设置合适的圆角半径，如图 5-37 所示。

 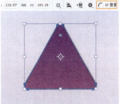

图 5-36　　　　　图 5-37

第 5 步 绘制多边形、星形

❶ 选择工具箱中的"多边形工具"，❷ 在选项栏中设置绘制模式为"形状"，然后设置填充和描边，❸ 设置边数为 6，❹ 设置圆角半径为 0 像素，❺ 在画面中按住鼠标左键拖动，释放鼠标按键后完成六边形的绘制操作，如图 5-38 所示。

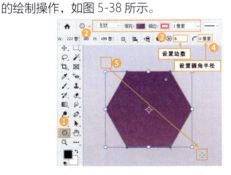

图 5-38

选中多边形，打开"属性"面板，拖动边数滑块或在数值框内输入数值，可以更改边数，如图 5-39 所示。

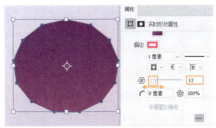

图 5-39

选中图形，❶ 在"属性"面板中设置圆角半径，❷ 或者拖动圆形控制点 更改圆角半径，得到圆角多边形，如图 5-40 所示。

图 5-40

在"属性"面板中"设置星形比例" 参数为 100% 时可以制作星形。选中绘制的多边形，然后在数值框内输入数值。数值越小，星形角越尖锐，如图 5-41 所示。

图 5-41

第 6 步 使用直线工具

❶ 选择工具箱中的"直线工具" ，❷ 在选项栏中设置绘制模式为"形状"，❸ 设置合适的"填充"颜色，"粗细"参数决定了直线的宽度，❹ 设置完成后在画面中按住鼠标左键拖动，即可绘制直线，如图 5-42 所示。

在选项栏中单击 按钮，还可以为直线添加箭头，勾选"起点"或"终点"复选框，并在下方设置合适的"宽度""长度""凹度"，即可得到带有箭头的线条，如图 5-43 所示。

 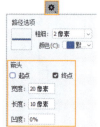

图 5-42　　　　　　　图 5-43

5.1.3　钢笔绘图

扫一扫，看视频

功能概述：

"钢笔工具"能够绘制各种各样复杂且精准的线条，所以常用于复杂的矢量绘图和抠图操作。"自由钢笔工具"常用于绘制随意的形状/路径。"弯度钢笔工具"用于绘制带有平滑曲线的形状/路径。

使用方法：

无论使用"钢笔工具"绘制形状还是路径，其操作方式都是相同的，区别在于使用"形状"模式将会得到带有色彩的矢量形状图层，而使用"路径"模式绘制得到的只有路径对象。

想要使用"钢笔工具"绘制出复杂而精确的对象，就需要熟练掌握"钢笔工具"的绘制方法。为了清晰展示绘制方式，下面以路径模式进行绘制。

第7步　使用自定形状工具

❶选择工具箱中的"自定形状工具"，❷在选项栏中设置绘制模式为"形状"，❸设置合适的填充颜色，❹单击按钮，❺在下拉面板中打开任意一个形状组，单击选择一个形状，❻在画面中按住鼠标左键拖动，即可绘制相应的形状，如图5-44所示。

图 5-44

第1步　使用"钢笔工具"绘制直线路径

❶选择工具箱中的"钢笔工具"，❷在选项栏中设置绘制模式为"路径"，❸在画面中单击，松开鼠标后单击出现了一个锚点，❹将光标移动到下一个位置，再次单击，此时两个锚点之间产生一段路径，如图5-46所示。

继续以单击的方式进行绘制，可以得到折线，如图5-47所示。

图 5-46　　　　　　　图 5-47

将光标移动至起始锚点位置时，光标变为形状后单击，如图5-48所示，即可将路径闭合，如图5-49所示。

小技巧

执行"窗口">"形状"命令，打开"形状"面板，❶在该面板中选择一个形状，❷按住鼠标左键向画面中拖动，释放鼠标按键后也可以直接向画面内添加形状，如图5-45所示。

图 5-45

图 5-48　　　　　　　图 5-49

第2步　使用"钢笔工具"绘制曲线路径

选择工具箱中的"钢笔工具"，在选项栏中设置绘制模式为"路径"，❶ 在画面中单击确定路径的起点，❷ 将光标移动至下一个位置，❸ 按住鼠标左键拖动。在拖动过程中可以左右移动鼠标，也可以更改曲线路径的走向，如图5-50所示。

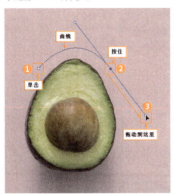

图 5-50

将光标移动至下一个位置，按住鼠标左键拖动，控制路径的走向，释放鼠标按键后，完成锚点的绘制，如图5-51所示。

将光标移动至起始锚点位置，光标变为 ◊。形状后单击，完成曲线路径的绘制，如图5-52所示。

图 5-51　　　　　图 5-52

小技巧

在使用"钢笔工具"绘图时，经常会显示出不同的光标样式，下面来了解不同光标样式对应的操作。

◊。创建子路径：此时绘制的是一条新的路径，而不是针对原始路径进行操作。

◊。连接路径：将光标定位到断开路径的端点处，光标变为该状态，此时单击端点，可以继续绘制该路径。

◊。闭合路径：绘制路径时，将光标移回起点处，光标显示为该状态，此时单击鼠标，即可闭合路径。

◊。添加锚点：将光标定位到已有的路径上，光标变为该状态，在路径上单击，即可添加新的锚点。

◊。删除锚点：将光标定位到路径中的锚点上，光标变为该状态，在锚点上单击，即可删除该锚点。

第3步　使用"自由钢笔工具"

"自由钢笔工具"常用于绘制随意而不精确的图形，只需在画面中按住鼠标左键并拖动，即可得到相应的形状/路径，如图5-53所示。

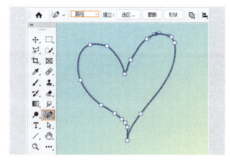

图 5-53

如果要设置绘制路径的精确度，则可以在选项栏中单击 ✿ 按钮，设置"曲线拟合"数值，如图5-54所示。数值越小，路径上的锚点越少，路径越精确，如图5-55所示。

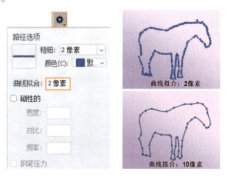

图 5-54　　　　　图 5-55

第4步　使用"弯度钢笔工具"

"弯度钢笔工具"可以通过3个点创建一段曲线。
❶ 选择工具箱中的"弯度钢笔工具"，❷ 在画面中单击，

❸ 然后在下一个位置单击,如图 5-56 所示。

将光标移动到第 3 个位置处单击,可以创建一段曲线。若在第 3 个位置处按住鼠标左键并拖动,则可以控制曲线的走向,如图 5-57 所示。

图 5-56　　　　　　　图 5-57

5.1.4 路径基础操作

扫一扫, 看视频

功能概述:

在前面的两节中学习了如何使用"形状工具组"中的工具和"钢笔工具"绘图,在本节中将要学习路径的编辑操作,如选择路径、移动路径、删除路径、选择锚点、转换锚点类型、添加与删除锚点等基础操作。

快捷操作:

使用"钢笔工具"时,按 Alt 键,可以切换为"转换点工具"。

使用"钢笔工具"时,按 Ctrl 键,可以切换为"直接选择工具"。

加选锚点:按 Shift 键并单击锚点进行加选。

将路径转换为选区:快捷键 Ctrl+Enter。

使用方法:

第1步　选择并移动路径

❶ 选择工具箱中的"直接选择工具" ▶,❷ 在路径上单击,即可选中路径。按住鼠标左键拖动,即可移动路径的位置,如图 5-58 所示。

图 5-58

第2步　选择并移动锚点

❶ 选择工具箱中的"直接选择工具" ▶,❷ 在锚点上单击,即可将锚点选中,如图 5-59 所示。

按住鼠标左键拖动,即可移动锚点,从而更改路径的走向,如图 5-60 所示。

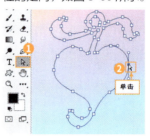 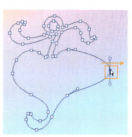

图 5-59　　　　　　　图 5-60

小技巧

框选锚点可以选中大量的锚点。

在使用"直接选择工具"的状态下,拖动手柄能够更改路径的走向,如图 5-61 所示。

图 5-61

第3步　添加锚点

❶ 选择工具箱中的"添加锚点工具" ⌀,❷ 将光标移动到路径上,光标会变为 ⌀ 形状,如图 5-62 所示。

单击即可添加锚点,如图 5-63 所示。

图 5-62　　　　　　　图 5-63

小技巧

在"钢笔工具"选项栏中启用 ☑ 自动添加/删除 选项后，在使用"钢笔工具"的状态下，将光标移动到路径上，光标变为 形状，单击即可在路径上添加锚点；将光标移动至锚点上方，光标变为 形状，单击即可删除锚点。

第4步 删除锚点

❶ 选择工具箱中的"删除锚点"工具 ，❷ 将光标移动至锚点位置，光标变为 形状，如图5-64所示。单击即可将锚点删除，如图5-65所示。

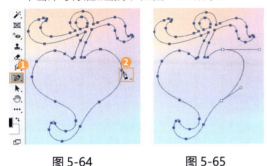

图5-64　　　　　图5-65

小技巧

选中锚点然后按Delete键，可以将选中的锚点删除并将路径断开。

第5步 转换锚点类型

❶ 选择工具箱中的"转换点工具" ，❷ 将光标移动到平滑锚点位置单击，即可将平滑锚点转换为尖角锚点，如图5-66所示。

然后，❶ 选择"转换点工具"，❷ 将光标移动到尖角锚点处，按住鼠标左键并拖动，即可将其转换为平滑锚点，如图5-67所示。

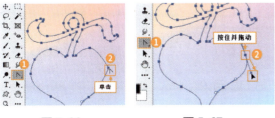

图5-66　　　　　图5-67

平滑锚点有两个控制柄，在使用"直接选择工具"拖动控制柄时，锚点两侧的路径同时发生改变，如图5-68所示。

使用"转换点工具"可以拖动单侧的控制柄，从而改变路径，如图5-69所示。

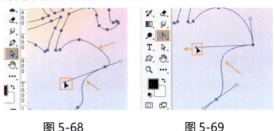

图5-68　　　　　图5-69

小技巧

在使用"钢笔工具"的过程中，按住Alt键，可以切换到"转换点工具"，此时光标变为 形状；按住Ctrl键，可以切换到"直接选择工具"，此时光标变为 形状。松开Alt键/Ctrl键后，即可恢复为"钢笔工具"。

第6步 对齐与分布路径

❶ 选择工具箱中的"路径选择工具"，❷ 按住Shift键，单击加选多条路径，❸ 单击选项栏中的"路径对齐方式"按钮，在下拉面板中选择路径的对齐与分布方式，如图5-70所示。

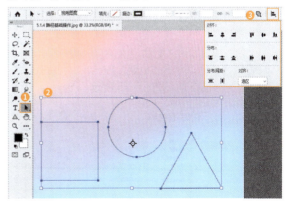

图5-70

设置方法与图层的对齐与分布的设置方法相同。例如，单击"底对齐"按钮，选中的路径按底边进行对齐，如图5-71所示。

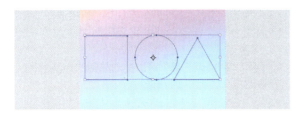

图 5-71

第 7 步 描边路径

❶ 绘制一段路径，❷ 设置合适的前景色，❸ 选择工具箱中的"画笔工具"，❹ 然后设置合适的笔尖大小，如图 5-72 所示。

继续下面操作，❶ 选择工具箱中的一个矢量工具（"自定形状工具"除外），在画面中右击，❷ 在弹出的快捷菜单中执行"描边路径"命令，如图 5-73 所示。

图 5-72　　　　　图 5-73

接着打开"描边路径"对话框，单击"工具"项右侧的下拉按钮，在下拉列表中选择描边的工具（因为已经设置了"画笔"工具的参数，所以在这里选择"画笔"工具），如图 5-74 所示。

设置完成后，单击"确定"按钮，即可使用设置好的画笔为路径描边，如图 5-75 所示。

图 5-74　　　　　图 5-75

> **小技巧**
>
> 执行"窗口">"路径"命令，打开"路径"面板，单击面板底部的"用画笔描边路径"按钮 ○，即可快速地利用画笔进行描边，如图 5-76 所示。

图 5-76

第 8 步 删除路径

使用"路径选择工具"选中路径，按下 Delete 键进行删除。

第 9 步 填充路径

选中路径，❶ 设置合适的前景色，执行"窗口">"路径"命令，打开"路径"面板，❷ 单击面板底部的"用前景色填充"按钮 ●，❸ 即可使用前景色填充路径，如图 5-77 所示。

图 5-77

第 10 步 路径转换选区

在"路径"绘制模式下，单击选项栏中的"选区"按钮，如图 5-78 所示。

接着打开"建立选区"对话框，可以在该对话框中的"羽化半径"数值框中设置羽化的数值，数值为 0 时不进行羽化。单击"确定"按钮，如图 5-79 所示。随即路径转换为选区，如图 5-80 所示。

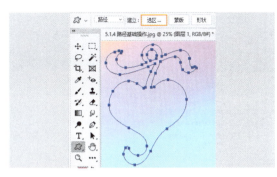

图 5-78

图 5-79

图 5-80

小技巧

路径绘制完成后，按快捷键 Ctrl+Enter 即可快速将路径转换为选区，此处无法设置"羽化"半径。

第 11 步 路径转换形状

❶ 在"路径"绘制模式下选中路径，❷ 单击选项中的"形状"按钮，如图 5-81 所示。

随即路径转换为形状对象，❶ 在"图层"面板中生成形状图层，❷ 接着在选项栏中设置填充与描边，如图 5-82 所示。

图 5-81

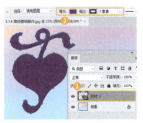

图 5-82

第 12 步 路径运算

通过路径的运算能够制作出一些特殊的形状，常用来制作 Logo、图标等。

选择矢量绘图工具，单击选项栏中的"路径操作"按钮，在下拉列表中能够看到 5 种运算模式。在进行路径绘制之前，要先选择运算模式，再进行形状的绘制，如图 5-83 所示。

如图 5-84 所示，❶ 设置路径运算模式为"新建图层"，❷ 选择"矩形工具"，❸❹ 在画面中绘制两个矩形，❺ 每次绘制矩形都会生成一个新的形状图层。

图 5-83

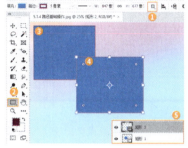

图 5-84

"合并形状"可以将新绘制的形状添加到已有形状中，如图 5-85 所示。

"减去顶层形状"，可以从原有的形状中减去新绘制的形状，如图 5-86 所示。

图 5-85

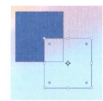

图 5-86

"与形状区域交叉"可以得到新形状与原有形状的交叉区域，如图 5-87 所示。

"排除重叠形状"可以得到新形状与原有形状重叠部分以外的区域，如图 5-88 所示。

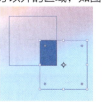

图 5-87

图 5-88

5.2 矢量绘图案例应用

下面通过多个案例来练习多种矢量绘图工具的协同使用。

5.2.1 案例：绘制不同形状制作图标

核心技术：矩形工具、多边形工具、椭圆工具。

案例解析：本案例最先使用"矩形工具"绘制图标底部图形；然后使用"多边形工具"和"椭圆工具"在圆角矩形上方绘制星形和正圆形；最后使用"横排文字工具"在图标底部添加文字。案例效果如图 5-89 所示。

图 5-89

操作步骤：

第1步 制作背景

执行"文件">"新建"命令，新建一个大小合适的横向空白文档，设置前景色为浅青色，使用快捷键 Alt+Delete 填充，如图 5-90 所示。

图 5-90

第2步 绘制圆角正方形

❶ 选择工具箱中的"矩形工具"，在选项栏中设置 ❷"绘制模式"为"形状"、❸"填充"为白色、❹"描边"为青色系渐变、❺ 在弹出的下拉面板中设置渐变颜色，❻ 同时设置描边"粗细"为 20 点，❼ 设置"圆角半径"为 160 像素。❽ 设置完成后，按住 Shift 键的同时，按住鼠标左键自左上向右下拖动，绘制一个圆角正方形，如图 5-91 所示。

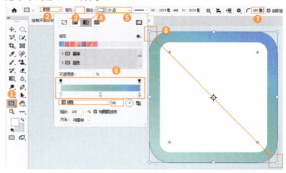

图 5-91

第3步 绘制星形

❶ 选择工具箱中的"多边形工具"，在选项栏中设置 ❷"绘制模式"为"形状"、❸"填充"为与圆角矩形描边相同的渐变色、❹"描边"为无。❺ 单击 ✿ 按钮，❻ 在打开的"路径选项"面板中设置"星形比例"为 70%，❼ 设置"边数"为 7、❽"圆角半径"为 40 像素。❾ 设置完成后，在圆角矩形内部按住鼠标左键拖动绘制星形，如图 5-92 所示。

图 5-92

第4步 绘制正圆形

❶ 选择工具箱中的"椭圆工具"，在选项栏中设置 ❷"绘制模式"为"形状"、❸"填充"为白色、❹"描边"为无。设置完成后，在星形中间位置按住鼠标左键，自 ❺ 左上向 ❻ 右下拖动的同时按住 Shift 键，绘制一个正圆形，如图 5-93 所示。

图 5-93

第 5 步　添加文字

❶ 选择工具箱中的"横排文字工具"，❷ 在图标底部输入文字。文字输入完成后，❸ 在选项栏中设置合适的字体、字号及颜色，如图 5-94 所示。

图 5-94

至此，本案例制作完成，效果如图 5-95 所示。

图 5-95

5.2.2　案例：制作简单折线图标

核心技术：椭圆工具、钢笔工具。

案例解析：本案例首先使用"椭圆工具"绘制一个大正圆，作为折线图标呈现的载体；接着使用"钢笔工具"绘制折线；然后使用"椭圆工具"在折线端点绘制小正圆；最后使用"横排文字工具"在下方添加文字。案例效果如图 5-96 所示。

扫一扫，看视频

图 5-96

操作步骤：

第 1 步　制作背景

新建一个大小合适的横向空白文档。设置前景色为浅蓝色，然后使用快捷键 Alt+Delete 进行前景色填充，如图 5-97 所示。

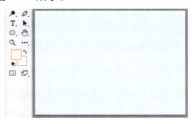

图 5-97

第 2 步　绘制正圆

❶ 选择工具箱中的"椭圆工具"，在选项栏中设置 ❷ "绘制模式"为"形状"，❸ "填充"为绿色，❹ "描边"为白色、20 点。设置完成后，❺ 在版面中间位置绘制一个正圆，如图 5-98 所示。

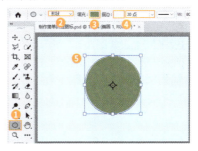

图 5-98

第 3 步　绘制虚线

❶ 选择工具箱中的"钢笔工具"，在选项栏中设置 ❷ "绘制模式"为"形状"，❸ "填充"为无，❹ "描边"为白色、5 像素。❺ 单击"设置形状描边类型"选项框，❻ 在弹出的"描边选项"面板中选择合适的虚线样式。设置完成后，❼ 在正圆左侧单击添加锚点，如图 5-99 所示。

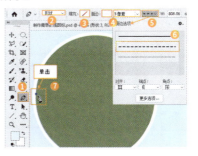

图 5-99

在使用"钢笔工具"的状态下,在正圆右侧边缘位置再次单击添加锚点,此时在两个锚点之间呈现一条线段,如图 5-100 所示。

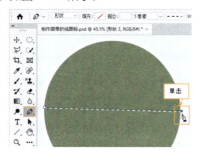

图 5-100

第 4 步 绘制折线

❶ 选择工具箱中的"钢笔工具",在选项栏中设置 ❷ "绘制模式"为"形状",❸ "填充"为无,❹ "描边"为白色、10 像素。设置完成后,❺ 在虚线左侧端点位置单击添加锚点,如图 5-101 所示。

接着在另一位置继续添加锚点。在两个锚点之间出现一条线段,如图 5-102 所示。

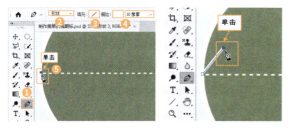

图 5-101　　　　　图 5-102

拖动鼠标,在第二个锚点右下角继续单击添加锚点,此时三个锚点构成一条折线,如图 5-103 所示。

使用同样的方式,以虚线为基准,单击添加多个锚点,如图 5-104 所示。

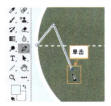 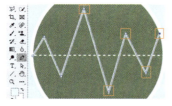

图 5-103　　　　　图 5-104

第 5 步 绘制小正圆

使用"椭圆工具"在折线转折位置绘制一个蓝色小正圆,如图 5-105 所示。

将绘制完成的蓝色小正圆复制多份,放在折线其他转角上,如图 5-106 所示。

 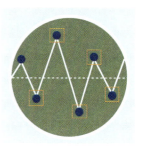

图 5-105　　　　　图 5-106

第 6 步 添加文字

❶ 选择工具箱中的"横排文字工具",❷ 在正圆下方输入文字。文字输入完成后,❸ 在选项栏中设置合适的字体、字号及颜色,如图 5-107 所示。

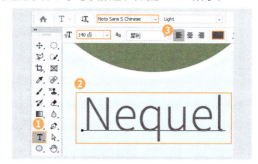

图 5-107

至此,本案例制作完成,效果如图 5-108 所示。

图 5-108

5.2.3 案例：绘制树叶图形制作自然感标志

核心技术：钢笔工具、直接选择工具、转换点工具。

案例解析：本案例首先使用"钢笔工具"绘制树叶的大致轮廓；接着使用"直接选择工具""转换点工具"对绘制树叶的形态进行细节调整；然后使用"横排文字工具"添加标志文字。案例效果如图 5-109 所示。

图 5-109

操作步骤：

第1步 新建文档

执行"文件" > "新建"命令，新建一个大小合适的横向空白文档，如图 5-110 所示。

图 5-110

第2步 绘制树叶形状

❶选择工具箱中的"钢笔工具"，在选项栏中设置❷"绘制模式"为"形状"、❸"填充"为黄绿色、❹"描边"为无。设置完成后，❺在版面中以单击的方式添加锚点，绘制一个四边形，如图 5-111 所示。

接着对绘制的图形形态进行调整。在选中该矢量图层的状态下，❶选择工具箱中的"转换点工具"，❷将光标定位在左侧锚点上，按住鼠标左键拖动，即可将尖角调整为圆角，同时将控制手柄显示出来，如图 5-112 所示。

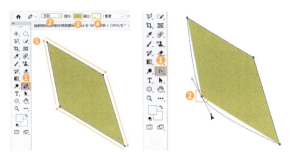

图 5-111　　　　图 5-112

如图 5-113 所示，❶选择工具箱中的"直接选择工具"，❷将光标定位在控制手柄上，拖动鼠标对图形细节进行调整。

使用同样的方式，对树叶图形的其他 3 个锚点进行调整，如图 5-114 所示。

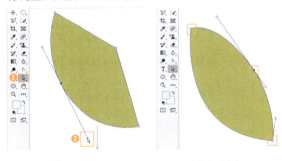

图 5-113　　　　图 5-114

第3步 绘制剩余图形

❶选择工具箱中的"钢笔工具"，在选项栏中设置❷"绘制模式"为"形状"、❸"填充"为绿色、❹"描边"为无。设置完成后，❺在已有树叶图形右上角单击添加一个锚点，如图 5-115 所示。

图 5-115

小技巧

在设置新的矢量图形的属性时，不要选中任何其他的矢量图层，否则可能会更改其他图形的属性。

再次单击添加锚点，此时不要释放鼠标按键，按住鼠标左键拖动，即可得到一段弧线，如图5-116所示。

继续单击添加锚点，并拖动鼠标，绘制出树叶的大致轮廓，如图5-117所示。

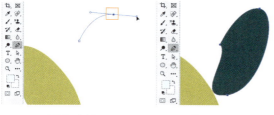

图5-116　　　　　图5-117

使用"直接选择工具"将需要调整的锚点选中，接着拖动控制手柄，对树叶轮廓进行调整，如图5-118所示。

继续使用"钢笔工具"在两个树叶之间绘制一个小一些的树叶图形，同时结合使用"直接选择工具"对树叶轮廓进行调整，如图5-119所示。

图5-118　　　　　图5-119

第4步　添加文字

❶选择工具箱中的"横排文字工具"，❷在树叶图形右侧输入文字。文字输入完成后，❸在选项栏中设置合适的字体、字号及颜色，如图5-120所示。

对单个文字颜色进行更改。在使用"横排文字工具"的状态下，❶将字母G选中，❷在选项栏中设置填充颜色为与树叶相同的黄绿色，如图5-121所示。

图5-120　　　　　图5-121

使用同样的方式对其他文字的颜色进行更改，如图5-122所示。

继续使用"横排文字工具"在主标题文字下方输入文字，并将文字的字号设置得稍小一些。至此，本案例制作完成，效果如图5-123所示。

图5-122　　　　　图5-123

5.2.4　案例：设定合适的描边样式制作宠物画报

扫一扫，看视频

核心技术：椭圆工具、钢笔工具。

案例解析：本案例首先置入圆形的图像素材；接着以素材为基准，使用"椭圆工具"和"钢笔工具"绘制线条，并配合进行描边属性设置来得到虚线；然后使用"横排文字工具"在版面左侧空白位置输入合适的文字。案例效果如图5-124所示。

图5-124

操作步骤：

第1步　制作背景

执行"文件">"新建"命令，新建一个大小合适的横向空白文档。设置前景色为深灰色，然后使用快捷键 Alt+Delete 进行前景色填充，如图 5-125 所示。

图 5-125

第 2 步 置入素材图片

执行"文件">"置入嵌入对象"命令，将素材图片置入，适当缩小后放在版面右侧位置，同时将该图层进行栅格化处理，如图 5-126 所示。

图 5-126

第 3 步 绘制虚线正圆

❶ 选择工具箱中的"椭圆工具"，在选项栏中设置 ❷"绘制模式"为"形状"，❸"填充"为无，❹"描边"为橘色、3 点。❺ 单击"设置形状填充类型"选项框，❻ 在弹出的"描边选项"下拉面板中单击"更多选项"按钮，❼ 在弹出的"描边"对话框中勾选"虚线"复选框，设置"间隙"为 2。❽ 设置完成后，单击"确定"按钮。❾ 在素材图片外围，按住鼠标左键拖动的同时按住 Shift 键，绘制一个正圆虚线边框，如图 5-127 所示。

图 5-127

> **小提示**
>
> 在自定义了一个虚线样式后，可以在打开的"描边"对话框中单击"存储"按钮，即可将该样式进行存储，如图 5-128 所示。
>
> 接着单击选项栏中的"设置形状描边类型"选项框，在弹出的"描边选项"下拉面板中可以看到刚才存储的虚线样式，如图 5-129 所示。

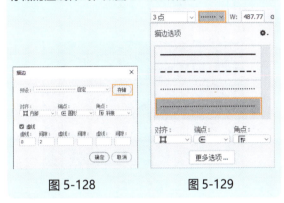

图 5-128　　图 5-129

第 4 步 继续置入素材图片

将素材图片 2 置入，适当缩小后放在素材图片 1 的左侧位置，并将该图层进行栅格化处理，如图 5-130 所示。

图 5-130

第 5 步 绘制弯曲虚线

❶ 选择工具箱中的"钢笔工具"，❷ 在选项栏中设置"绘制模式"为"形状"，❸ 设置"填充"为无，❹"描边"颜色设置为比背景稍浅一些的灰色且粗细为 4 点。❺ 单击"设置形状描边类型"选项框，❻ 在其下拉面板中选择之前存储的虚线样式。设置完成后，❼ 在素材左上角按住鼠标左键拖动，绘制弯曲的虚线段，如图 5-131 所示。

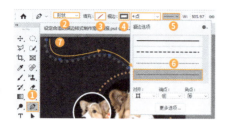

图 5-131

继续使用"钢笔工具"在版面底部绘制一条相同样式的虚线,如图 5-132 所示。

图 5-132

第 6 步 制作少量文字

❶ 选择工具箱中的"矩形工具",在选项栏中设置 ❷"绘制模式"为"形状"、❸"填充"为红色、❹"描边"为无。设置完成后,❺ 在版面左侧绘制一个小矩形,如图 5-133 所示。

接着,❶ 选择工具箱中的"横排文字工具",❷ 输入文字并置于红色矩形上。文字输入完成后,❸ 在选项栏中设置合适的字体、字号及颜色,如图 5-134 所示。

图 5-133

图 5-134

接着对文字形态进行调整。在文字图层选中状态下,在"字符"面板中单击"全部大写字母"按钮,将文字字母全部调整为大写形式,如图 5-135 所示。

使用同样的方式在红色矩形下方输入其他文字,如图 5-136 所示。

图 5-135

图 5-136

第 7 步 制作大段文字

❶ 选择工具箱中的"横排文字工具",❷ 在左侧空白位置按住鼠标左键拖动绘制文本框,接着输入合适的文字。文字输入完成后,❸ 在选项栏中设置合适的字体、字号及颜色,同时单击"左对齐"按钮,如图 5-137 所示。

图 5-137

将段落文字图层选中,在打开的"字符"面板中设置"行距"为 7 点,让文字变得紧凑一些,如图 5-138 所示。

图 5-138

第 8 步 制作文字外边框

❶ 选择工具箱中的"矩形工具",在选项栏中设

置❷"绘制模式"为"形状"，❸"填充"为无，❹"描边"为白色、1点，❺"圆角半径"为25像素。设置完成后，❻在底部点文字外围按住鼠标左键拖动绘制图形，如图5-139所示。

图5-139

至此，本案例制作完成，效果如图5-140所示。

图5-140

5.2.5 案例：使用矢量工具制作产品展示页

核心技术：矩形工具、椭圆工具、横排文字工具

案例解析：本案例首先使用"矩形工具"绘制大小不同的矩形，组合成分割背景；接着使用"椭圆工具"绘制花边效果；然后使用"矩形工具"绘制文字呈现的载体图形；最后使用"横排文字工具"在版面中输入文字。案例效果如图5-141所示。

图5-141

操作步骤：

第1步 创建新文档

执行"文件">"新建"命令，新建一个大小合适的空白文档，如图5-142所示。

图5-142

第2步 绘制矩形

如图5-143所示，❶选择工具箱中的"矩形工具"，在选项栏中设置❷"绘制模式"为"形状"、❸"填充"为橘色、❹"描边"为无。设置完成后，❺在版面左侧绘制图形。

继续使用"矩形工具"在已有图形右侧绘制两个颜色不同的矩形，如图5-144所示。

图5-143　　　　图5-144

第3步 绘制花边

从效果图中可以看出，花边是由若干个大小相同的正圆共同构成的，因此可以先绘制一个正圆，接着复制若干份，再将其整齐排列即可。

❶选择工具箱中的"椭圆工具"，在选项栏中设置❷"绘制模式"为"形状"、❸"填充"为与中间矩形相同的颜色、❹"描边"为无。设置完成后，❺在两个矩形交界处绘制一个小正圆，如图5-145所示。

将绘制的正圆图层选中，❶选择"移动工具"，❷按住Alt键向下移动，可以移动复制出另外一个圆形。如图5-146所示。

图 5-145　　　　图 5-146

小技巧

移动复制的同时按住 Shift 键，这样可以保证复制得到的图形在同一垂直线上移动。

使用同样的方式继续复制一列小正圆。将所有小正圆图层选中，使用快捷键 Ctrl+G 进行编组，如图 5-147 所示。

图 5-147

小技巧

为了保证复制得到的图形能够均匀排列，可以选中复制得到的所有图层，然后在"移动工具"选项栏中单击"水平居中对齐""垂直分布"按钮，如图 5-148 所示。

图 5-148

将图层组选中，使用快捷键 Ctrl+J 复制，接着将复制得到的图形移动至相对应的右侧位置，此时矩形两侧的花边效果制作完成，如图 5-149 所示。

图 5-149

第 4 步 制作背景文字

❶ 选择工具箱中的"横排文字工具"，❷ 在版面中输入文字。文字输入完成后，❸ 在选项栏中设置合适的字体、字号和颜色，如图 5-150 所示。

图 5-150

接着对文字形态进行调整。将文字图层选中，在打开的"字符"面板中单击"全部大写字母"按钮，将文字字母全部调整为大写形式，如图 5-151 所示。

图 5-151

第 5 步 调整文字的不透明度

由于该文字要作为背景，因此，需要对其不透明度进行调整。❶ 在文字图层选中的状态下，❷ 设置"不透明度"为 20%，如图 5-152 所示。

此时文字的不透明度降低，如图 5-153 所示。

图 5-152　　　　　图 5-153

第 6 步　旋转文字

在文字图层选中的状态下，使用自由变换快捷键 Ctrl+T 调出定界框。接着将光标移至定界框一角，按住鼠标左键进行旋转。操作完成后，使用快捷键 Ctrl+D 取消选区，如图 5-154 所示。

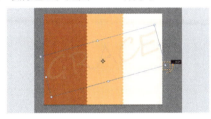

图 5-154

第 7 步　绘制圆角矩形

❶ 选择工具箱中的"矩形工具"，在选项栏中设置 ❷"绘制模式"为"形状"、❸"填充"为白色、❹"描边"为无、❺"圆角半径"为 10 像素。设置完成后，❻ 在版面中间位置绘制图形，如图 5-155 所示。

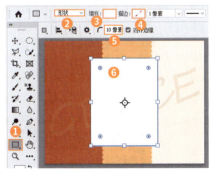

图 5-155

第 8 步　为圆角矩形添加投影

将圆角矩形图层选中，执行"图层">"图层样式">"投影"命令，❶ 在打开的"图层样式"对话框中设置"混合模式"为"正片叠底"、"颜色"为深橘色、"不透明度"为 50%、"角度"为 120 度、"大小"为 50 像素。设置完成后，❷ 单击"确定"按钮，如图 5-156 所示。

图 5-156

圆角矩形产生了投影效果，如图 5-157 所示。

图 5-157

第 9 步　置入素材图片

执行"文件">"置入嵌入对象"命令，将产品素材图片置入，放在白色圆角矩形上半部分位置，如图 5-158 所示。

图 5-158

第 10 步　添加文字

❶ 选择工具箱中的"横排文字工具"，❷ 在产品素材图片下方输入文字。文字输入完成后，❸ 在选项栏中设置合适的字体、字号及颜色，如图 5-159 所示。

继续使用该工具在已有文字下方输入其他文字，如图 5-160 所示。

图 5-159   图 5-160

第11步 制作标签文字

❶选择工具箱中的"矩形工具",在选项栏中设置❷"绘制模式"为"形状"、❸"填充"为橙色、❹"描边"为无、❺"圆角半径"为5像素。设置完成后,❻在版面中间位置绘制图形,如图5-161所示。

接着使用"横排文字工具"在橙色圆角矩形上方输入文字。至此,本案例制作完成,效果如图5-162所示。

图 5-161   图 5-162

5.3 矢量绘图项目实战:儿童服装品牌标志及卡通形象设计

扫一扫,看视频

核心技术:
- 使用"横排文字工具"制作文字。
- 使用"钢笔工具"绘制卡通形象。

案例效果如图5-163所示。

图 5-163

5.3.1 设计思路

本案例的标志与卡通形象均服务于儿童服装品牌。根据品牌特征,设计风格定位在卡通、活泼、趣味上。

标志部分以文字组合的方式呈现,卡通形象为二头身拟人化角色,兼具小动物、蔬果和小精灵的特征。卡通形象的肢体部分接近梨子的形状,圆头大肚,憨态可掬;头顶及身体两侧添加了毛茸茸的元素;双手尖尖的指甲象征小动物的活泼;加上大大的独眼,组合成了一个古灵精怪的小怪兽形象,如图5-164所示。

图 5-164

5.3.2 配色方案

图 5-165

低饱和度的青色具有柔和、淡雅的色彩特征,将其作为背景主色调,能够将标志和卡通形象很好地凸显出来。将卡通形象以高饱和度的红色呈现,在与少许橙色的渐变过渡中,尽显儿童活泼、好动、热情的天性。深紫色与青绿色组成的文字标志增强了版面的视觉稳定性,如图5-165所示。

5.3.3 版面构图

文字标志由两部分构成:一部分文字以较大字号、黑体、深色样式呈现在后方;另一部分文字使用了手写感的浅色字体,倾斜地摆放在中下方的位置,在保留信息传达功能的基础上,营造出了独特的层次感,如图5-166所示。

卡通形象轮廓简单,构成元素也并不多,以垂直中轴对称的形式呈现。简笔画式的标志图形往往更容易给人以单纯、可爱之感,如图5-167所示。

图 5-166   图 5-167

5.3.4 制作流程

首先使用"渐变工具"制作渐变色背景;接着置

入图案素材丰富的背景内容，并在画面中添加文字；然后绘制卡通形象的各部分；最后在标志和卡通形象底部添加投影，如图5-168所示。

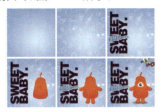

图 5-168

5.3.5 操作步骤

第1步 新建文档

执行"文件">"新建"命令，新建一个大小合适的方形文档，如图5-169所示。

图 5-169

第2步 制作渐变色背景

❶选择工具箱中的"渐变工具"，❷在选项栏中单击渐变色条，❸在打开的"渐变编辑器"对话框中单击底部左侧色标，设置颜色为浅青色，❹设置另外一个色标的颜色为青色。设置完成后，❺单击"确定"按钮，❻在选项栏中单击"径向渐变"按钮，如图5-170所示。

图 5-170

如图5-171所示，❶在使用"渐变工具"的状态下，❷将光标移至版面中间位置，❸按住鼠标左键向右拖动。

拖动至边缘位置释放鼠标按键，即可为背景图层填充渐变色背景，如图5-172所示。

图 5-171　　　　　图 5-172

第3步 添加底纹

执行"文件">"置入嵌入对象"命令，将底纹素材图片1置入，使其充满整个版面，同时将该图层进行栅格化处理，如图5-173所示。

图 5-173

第4步 添加文字

❶选择工具箱中的"横排文字工具"，❷在版面中输入文字，按Enter键换行输入第二行文字。文字输入完成后，❸在选项栏中设置合适的字体、字号和颜色，同时单击"左对齐"按钮，如图5-174所示。

接着对文字形态进行调整。将文字图层选中，在打开的"字符"面板中❶调整"行距"，❷缩小"字间距"，❸单击"仿粗体"按钮，将文字加粗，如图5-175所示。

图 5-174　　　　　图 5-175

接下来对文字进行旋转。在文字图层选中的状态下，使用自由变换快捷键 Ctrl+T 调出定界框，右击，在弹出的快捷菜单中执行"逆时针旋转 90 度"命令，如图 5-176 所示。

旋转完成后，按 Enter 键，同时将文字置于版面左侧，如图 5-177 所示。

图 5-176　　　　　图 5-177

继续使用"横排文字工具"在右侧版面空白位置输入合适的文字，选择一种稍细的手写感样式字体，如图 5-178 所示。

接着在小文字图层选中状态下，使用自由变换快捷键 Ctrl+T 进行旋转，如图 5-179 所示。

图 5-178　　　　　图 5-179

旋转至合适角度后释放鼠标按键，按 Enter 键确认操作。然后将其移动至主体文字上方，如图 5-180 所示。

图 5-180

第 5 步　为文字添加图层样式

下面为小文字添加描边样式，以丰富视觉效果。将文字图层选中，执行"图层">"图层样式">"描边"命令，❶ 在打开的"图层样式"对话框中设置"大小"

为 12 像素、"位置"为"外部"、"混合模式"为"正常"、"不透明度"为 100%、"填充类型"为"渐变"，编辑一种与背景色相近的渐变颜色，设置"样式"为"线性"、"角度"为 0 度、"缩放"为 150%。设置完成后，❷ 单击"确定"按钮，如图 5-181 所示。

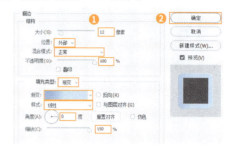

图 5-181

此时文字效果如图 5-182 所示。

图 5-182

第 6 步　绘制卡通形象

首先绘制身体部分。❶ 选择工具箱中的"钢笔工具"，在选项栏中设置 ❷ "绘制模式"为"形状"、❸ "填充"为红色系的径向渐变、❹ "描边"为无。设置完成后，❺ 在文字右侧绘制卡通形象的身体，同时结合使用"直接选择工具"对形状进行调整，如图 5-183 所示。

图 5-183

如图 5-184 所示，❶ 选择"钢笔工具"，❷ 在选项栏中设置"填充"为红色系的线性渐变。设置完成后，❸ 在身体图形顶部绘制图形，将其作为卡通形象的头发。

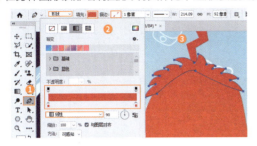

图 5-184

继续使用"钢笔工具"在卡通形象身体左侧绘制 ❶ 毛发、❷ 左手、❸ 左腿、❹ 爪子图形，同时将其填充合适的颜色，如图 5-185 所示。

将绘制完成的毛发、左手、左腿、爪子 4 个图层选中，使用快捷键 Ctrl+J 将其复制。接着使用自由变换快捷键 Ctrl+T 调出定界框，右击，在弹出的快捷菜单中执行"水平翻转"命令，将图形进行水平翻转，并将其置于相对应的右侧位置。操作完成后，按 Enter 键，如图 5-186 所示。

图 5-185　　　　　图 5-186

第 7 步　添加眼睛元素

执行"文件">"置入嵌入对象"命令，将眼睛图片素材 2 置入，放在卡通形象上，如图 5-187 所示。

将图片素材 3 置入，放在右上角位置，丰富整体视觉效果，如图 5-188 所示。

图 5-187　　　　　图 5-188

第 8 步　制作投影

在标志文字下方新建一个图层，❶ 选择工具箱中的"椭圆选框工具"，❷ 在选项栏中设置"羽化"为 5 像素。设置完成后，❸ 在文字下方拖动绘制选区，如图 5-189 所示。

图 5-189

设置前景色为黑色，然后使用快捷键 Alt+Delete 进行前景色填充。操作完成后，使用快捷键 Ctrl+D 取消选区，如图 5-190 所示。

图 5-190

然后，❶ 将"投影"图层选中，❷ 设置"不透明度"为 40%，如图 5-191 所示。此时效果如图 5-192 所示。

图 5-191　　　　　图 5-192

使用同样的方式在卡通形象底部添加投影。至此，本案例制作完成，效果如图 5-193 所示。

图 5-193

扫一扫，看视频

图像的简单美化

Chapter 6

第6章

美好的事物总是能够让人过目难忘,所以无论是影楼拍摄的婚纱照,还是商品海报所用的时尚大片,都需要进行美化与修饰。在本章中将会学习一些美化图像的常用工具和功能。例如,可以去除瑕疵的"仿制图章工具""修补工具""污点修复画笔工具""修复画笔工具",以及进行修饰、美化图像细节的"模糊工具""锐化工具""涂抹工具""加深工具""减淡工具""海绵工具""红眼工具"。"液化"滤镜能够进行变形,经常用于瘦身美化操作。在本章中还会学习更改图像大小、修改画布尺寸和旋转画布等功能。

核心技能

- 更改图像大小
- 裁剪图像
- 二次构图
- 去斑、去痘印、去皱纹、去瑕疵
- 去除红眼
- 局部模糊
- 使图像更清晰
- 局部提亮 / 加深
- 加强 / 减弱饱和度
- 瘦脸瘦身

6.1 图像美化基础操作

本节主要学习一些图像处理的基础操作,如更改图像的大小、更改画布的大小、旋转画面的角度。在此基础上学习如何去除画面中的小瑕疵,如痘印、皱纹、杂乱的发丝、衣服的褶皱。

还可以通过"加深工具"和"减淡工具"调整画面局部的明暗,通过"海绵工具"调整画面局部的色彩饱和度,以及使用"液化"滤镜进行瘦身美化操作。

6.1.1 调整图像大小

功能概述:

"图像大小"命令可以查看、更改图像的尺寸和分辨率,如图 6-1 所示。

图 6-1

快捷操作:

图像大小:快捷键 Ctrl+Alt+I。

使用方法:

第1步 打开"图像大小"对话框

在 Photoshop 中打开一张素材图片,执行"图像">"图像大小"命令,即可打开"图像大小"对话框。

在对话框中,左侧为缩览图,按住缩览图拖动,可以移动显示位置。单击 ➖ 按钮,可以缩小缩览图显示比例;单击 ➕ 按钮,可以增加缩览图显示比例,如图 6-2 所示。

图 6-2

第2步 更改图像大小

在默认情况下,"宽度"和"高度"显示了当前图像的宽度和高度。如果要更改数值,需要先选择合适的单位,然后更改数值。

例如,在某网站上传图像时,要求最长边不得超过 800 像素,那么需要 ❶ 先设置单位为"像素",❷ 单击启用"限制长宽比"功能,❸ 将最长边(高度)设置为 800 像素。因为启用了"限制长宽比"功能,所以"宽度"数值会自动更改。设置完成后,单击"确定"按钮提交操作,如图 6-3 所示。

图 6-3

常用参数解读:

- 尺寸:显示当前图像的尺寸。
- 调整为:在该下拉列表中可以选择多种常用的预设图像大小。
- 限制长宽比:单击"限制长宽比"按钮 ❸ 后,对图像大小进行调整时,图像还会保持之前的长宽比,"限制长宽比"功能未启用时,可以分别调整"宽度"和"高度"的数值。
- 分辨率:用于设置分辨率大小。输入数值之前,需要在右侧的单位下拉列表中选择合适的单位。

🔔 小技巧

即使在"图像大小"对话框中增加"分辨率"数值,模糊的图像也无法变得清晰,因为不能凭空"画出"根本不存在的细节。

6.1.2 裁剪工具

功能概述:

当需要修改画布尺寸、更改照片构图时,都可以使用裁剪工具。

快捷操作:

扫一扫,看视频

多次使用快捷键 Shift+C 可以切换到"裁剪工具"。

使用方法:

第1步 "裁剪工具"的使用方法

打开一张素材图片,❶ 选择工具箱中的"裁剪工具" ,此时会显示裁剪框,❷ 向内拖动控制点,可以缩小画布,如图 6-4 所示。

图 6-4

将光标移动至画面中,按住鼠标左键拖动,能够调整画面在裁剪框中的位置,如图 6-5 所示。

向外拖动控制点可以增加画布大小,如图 6-6 所示。

图 6-5　　　　　图 6-6

第2步 裁剪为特定尺寸

单击选项栏中的 比例 按钮,在下拉列表中选择裁剪的约束方式。例如,❶ 当约束方式为"宽×高×分辨率"时,❷ 设置合适的单位,❸ 在数值框内输入指定的尺寸,❹ 此时裁剪框会显示设置的大小,如图 6-7 所示。

图 6-7

如果不需要指定尺寸,则单击 清除 按钮清除设置的尺寸。

第3步 提交裁剪操作

裁剪操作完成后,可以按 Enter 键提交裁剪操作。

第4步 使用"拉直"功能

使用"拉直"功能可以校正画面水平线。如果画面中存在倾斜的线条,那么沿着该线条拖动,即可将该线条校正为水平,同时旋转画面。❶ 单击"裁剪工具"选项栏中的"拉直"按钮,❷ 在画面中按住鼠标左键拖动,如图 6-8 所示。

释放鼠标按键后,可以看到画面变成水平效果,如图 6-9 所示。

图 6-8　　　　　图 6-9

第5步 内容识别

当裁剪区域超出原始画面时,使用"内容识别"命令可以根据周围的像素自动填补空缺的内容。❶ 勾选选项栏中的"内容识别"复选框,❷拖动控制点将画布放大,如图 6-10 所示。

图 6-10

按 Enter 键提交操作,稍等片刻后发现软件会自动补全画面缺失的部分,如图 6-11 所示。

图 6-11

小技巧

"内容识别"功能适合边缘处内容比较简单的图像。如果在使用"内容识别"功能自动填补空缺区域后,出现填补内容不合适的情况,则可以使用"仿制图章""污点修复画笔"等工具进行细节的修饰。

6.1.3 旋转画布

扫一扫,看视频

功能概述:
使用"旋转画布"命令可以将画布整体旋转或翻转。

使用方法:

第 1 步 旋转画布

打开一张图片,如图 6-12 所示。

执行"图像">"图像旋转"命令,在子菜单中能够看到"180 度""顺时针 90 度""逆时针 90 度""任意角度""水平翻转画布""垂直翻转画布"6 个命令,选择命令执行即可进行相对应的旋转,如图 6-13 所示。

图 6-12

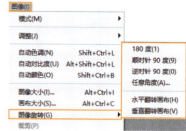

图 6-13

例如,执行"图像">"图像旋转">"顺时针 90 度"命令,画布会顺时针旋转 90 度,如图 6-14 所示。

图 6-14

第 2 步 旋转任意角度

执行"图像">"图像旋转">"任意角度"命令,在打开的"旋转画布"对话框的"角度"数值框中输入旋转的角度,并设置旋转方向为"度顺时针"或"度逆时针",如图 6-15 所示。

设置完成后,单击"确定"按钮,完成旋转操作。此时由于旋转特定角度而产生的空缺区域被填充为当前的背景色,如图 6-16 所示。

图 6-15

图 6-16

第 3 步 翻转画布

执行"图像">"图像旋转">"水平翻转画布"命令,可以使图像在水平方向左右翻转,如图 6-17 所示。

执行"图像">"图像旋转">"垂直翻转画布"

命令，可以使图像在垂直方向上下翻转，如图 6-18 所示。

图 6-17　　　　　图 6-18

6.1.4　污点修复画笔去除小瑕疵

功能概述：

在去除人物面部的皱纹、斑点、发丝，或者画面中较小面积的瑕疵时，都可以使用"污点修复画笔工具"。该工具只需要调整好笔尖的大小，在需要修复的位置上单击或拖动涂抹，就可以自动匹配瑕疵边缘的像素，达到去除瑕疵的效果。

使用方法：

第1步　打开素材图片

打开素材图片，在远景的位置上有几只模糊不清的鸟，可以用"污点修复画笔工具"去除，如图 6-19 所示。

图 6-19

第2步　去除瑕疵

❶ 选择工具箱中的"污点修复画笔工具"。❷ 在选项栏中设置笔尖大小，将笔尖大小设置为比需要去除的区域稍大一些即可。❸ 将光标移动至瑕疵位置单击，如图 6-20 所示。

接着可看到单击位置的瑕疵消失了，如图 6-21 所示。

图 6-20　　　　　图 6-21

还可以按住鼠标左键拖动在瑕疵位置涂抹，进行瑕疵的去除操作，如图 6-22 所示。

释放鼠标按键后，瑕疵去除，如图 6-23 所示。

图 6-22　　　　　图 6-23

常用参数解读：

- 模式：用来设置修复图像时使用的混合模式。
- 类型：用来设置修复的方法，有"内容识别""近似匹配""创建纹理"3 种类型。选择"内容识别"选项时，可以使用选区周围的像素进行修复；选择"创建纹理"选项时，修复后带有纹理；选择"近似匹配"选项时，可以使用选区边缘周围的像素来查找用作选定区域修补的图像区域。

6.1.5　仿制图章去除瑕疵

功能概述：

"仿制图章工具"可以将图像中的某处内容覆盖到另一处，以达到遮盖瑕疵或"克隆"某些内容的目的。

使用"仿制图章工具"需要先进行取样，然后通过涂抹的方式将取样的内容覆盖到涂抹的位置。

使用方法：

第1步　打开素材图片

将素材图片打开，如果需要将画面上方的内容去除，则可以利用背景中的像素进行覆盖。使用"仿制图章工具"将背景进行仿制，然后通过涂抹的方式将其覆盖，如图 6-24 所示。

图 6-24

第 2 步 使用"仿制图章工具"

❶ 选择工具箱中的"仿制图章工具" ，❷ 设置合适的笔尖大小，❸ 将光标移动至需要修复对象附近的背景部分，按住 Alt 键单击进行取样，如图 6-25 所示。

将光标移动至需要去除瑕疵的位置，单击即可将取样的像素覆盖单击位置的像素，如图 6-26 所示。

图 6-25　　　　　图 6-26

还可以按住鼠标左键拖动进行覆盖，随着涂抹，取样点的位置也跟着发生相应的移动，如图 6-27 所示。

在进行仿制、覆盖的过程中，需要根据不同的位置随时进行取样。完成效果如图 6-28 所示。

图 6-27　　　　　图 6-28

常用参数解读：
- 对齐：勾选该复选框后，可以连续对像素进行取样，即使在释放鼠标按键以后，也不会丢失当前的取样点。
- 样本：从指定的图层中进行数据取样。

6.1.6 修补工具去除瑕疵

功能概述：
使用"修补工具"需要先绘制待修补区域的选区，然后将选区中的部分向样本区域拖动，松开鼠标按键后即可快速去除选区内的瑕疵，而样本区域会很好地融合到画面中。

快捷操作：
多次使用快捷键 Shift+J 可以切换到"修补工具"。

使用方法：

第 1 步 打开素材图片

将素材图片打开，通过"修补工具"将海面上的船只、杂物去除，还原干净的海面，如图 6-29 所示。

图 6-29

第 2 步 使用"修复工具"

❶ 选择工具箱中的"修补工具" ，❷ 在选项栏中设置"修补"为"正常"，❸ 单击"源"按钮，❹ 在需要修补的位置按住鼠标左键拖动绘制选区，如图 6-30 所示。

选区绘制完成后，将光标移动至选区内，按住鼠标左键向样本区域（干净的海面）拖动，如图 6-31 所示。

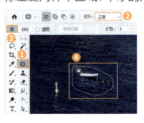

图 6-30　　　　　图 6-31

释放鼠标按键后,可以看到样本区域的像素替换了原来选区中的像素,如图 6-32 所示。

继续使用"修补工具"去除海面上的其他杂物,如图 6-33 所示。

图 6-32

图 6-33

常用参数解读:
- 源:在选择"源"选项时,拖动选区到目标区域并释放鼠标按键后,目标区域的像素会替换选区原来的像素。
- 目标:在选择"目标"选项时,选中的图像将会复制到目标区域。

6.1.7 内容识别填充

功能概述:

"内容识别填充"是一种智能填充方法,可以智能地分析图像,并从合适的区域取样,然后填充到选定的区域中,如图 6-34 所示。

图 6-34

使用方法:

第 1 步 绘制需要去除区域的选区

将素材图片打开,如图 6-35 所示,❶ 选择工具箱中的"套索工具",❷ 沿着小狗边缘绘制选区。

图 6-35

第 2 步 设置取样区域

在选区内部右击,在弹出的快捷菜单中执行"内容识别填充"命令,或者执行"编辑">"内容识别填充"命令,进入"内容识别填充"工作区。在界面右侧勾选"显示取样区域"复选框,此时画面中出现了半透明的绿色区域,这部分为用于取样的区域,如图 6-36 所示。

图 6-36

第 3 步 调整填充区域

通过右侧预览图能够查看填充效果,如果有残余的像素,可以在左侧原图区域通过"套索工具"绘制出未被纳入修复选区范围内的部分,如图 6-37 所示。

图 6-37

❶ 选择工具箱中的"套索工具"，❷ 在没有被选中的位置按住鼠标左键拖动绘制选区，如图 6-38 所示。

选区添加完成后，可以在右侧缩览图中看到预览效果，如图 6-39 所示。

图 6-38　　　　图 6-39

第 4 步　自定义取样区域

在默认情况下，"取样区域选项"为"自动"，选择该选项可以自动识别相似区域，并进行智能填充。❶ 单击"自定"按钮，❷ 选择工具箱中的"取样画笔工具"，设置合适的笔尖大小，❸ 在画面中按住鼠标左键拖动涂抹，可以指定某一区域为用于填充的取样区域。涂抹完成后，❹ 可以在右侧的预览图中看到填充效果是否适合，如图 6-40 所示。

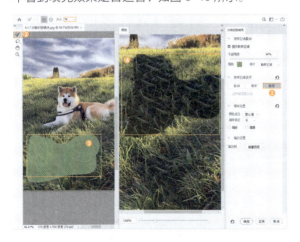
图 6-40

第 5 步　填充设置

在"填充设置"时，可以设置填充区域的"颜色适应""旋转适应""缩放""镜像"，并且需要随时观察预览效果，如图 6-41 所示。

图 6-41

第 6 步　输出设置

填充完成后，最后进行"输出设置"。单击"输出到"下拉按钮，选择"当前图层"选项，可以将填充效果直接作用于所选图层；选择"新建图层"选项，可以将填充效果添加到新建图层；选择"复制图层"选项，可以将原图层中的内容和填充内容创建为新的图层，如图 6-42 所示。

最后单击"确定"按钮，完成内容识别填充的操作，如图 6-43 所示。

图 6-42　　　　图 6-43

6.1.8　轻松去除"红眼"

功能概述：

当环境较暗时，需要开启闪光灯拍照，人/动物眼睛被闪光灯照射到时，瞳孔会放大以便让更多的光线通过，视网膜的血管就会在照片上产生泛红现象，即通常所说的"红眼"。通过在红眼位置使用"红眼工具"，可以轻松快速地去除红眼。

快捷操作：

多次使用快捷键 Shift+J 可以切换到"红眼工具"。

使用方法：

将素材图片打开，因为光线较暗，拍摄的小猫有红眼的问题。❶ 选择工具箱中的"红眼工具" ，❷ 将光标移动到"红眼"上单击，如图 6-44 所示。

单击操作完成后，可以看到红眼被去除了，如图 6-45 所示。

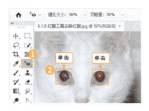
图 6-44

图 6-45

6.1.9 图像局部修饰基础操作

功能概述：

在本节中将会使用"模糊工具""锐化工具""涂抹工具""减淡工具""加深工具""海绵工具"。这些工具从名称上基本能够看出相应的功能，通过这些工具可以对图像进行简单的修饰。

扫一扫，看视频

使用方法：

第1步 对图像进行模糊

"模糊工具"是以涂抹的方式进行局部模糊操作的。❶ 选择工具箱中的"模糊工具" ，❷ 在选项栏中设置合适的笔尖大小。❸ "强度"选项用来控制模糊的强度，数值越大，模糊强度越高。设置完成后，❹ 在画面中按住鼠标左键拖动，被涂抹的区域产生模糊的效果，如图 6-46 所示。

图 6-46

如果在一个位置反复涂抹，则可以增加模糊的强度。模糊前后的对比效果如图 6-47 所示。

模糊前

模糊后

图 6-47

第2步 对图像进行锐化

❶ 选择工具箱中的"锐化工具" ，❷ 在选项栏中设置合适的笔尖大小，❸ "强度"选项用来控制锐化的强度，数值越大，锐化效果越强。设置完成后，❹ 在画面中按住鼠标左键拖动涂抹进行锐化操作，如图 6-48 所示。

图 6-48

在一个位置反复涂抹可以增加锐化的强度。锐化前后的对比效果如图 6-49 所示。

锐化前

锐化后

图 6-49

第3步 使用"涂抹工具"

"涂抹工具"可以使像素产生推移的变形效果。

❶选择工具箱中的"涂抹工具"，❷在选项栏中设置合适的笔尖大小，❸"强度"选项用来设置涂抹变形效果的强弱，数值越大，变形效果越明显。设置完成后，❹在画面中按住鼠标左键拖动涂抹，如图6-50所示。

图 6-50

常用参数解读：

手指绘图：勾选"手指绘画"复选框后，可以通过前景色进行涂抹变形，像用手指蘸取颜料后在画面中绘画一样。

第4步 使用"减淡工具"

"减淡工具"可以手动提高画面局部的亮度。可以在选项栏中选择针对"亮部""中间调""阴影"位置的提亮。

❶选择工具箱中的"减淡工具"，❷设置合适的笔尖大小，❸在选项栏中单击"范围"下拉按钮，选择用于提亮的范围，有"阴影""中间调""高光"3个选项。

例如，要提亮高光位置，那么设置"范围"为"高光"。❹"曝光度"选项用来设置减淡效果的强度。设置完成后，❺在画面中高光位置按住鼠标左键拖动涂抹，光标经过的区域中比较亮的区域被明显提亮，如图6-51所示。

图 6-51

常用参数解读：

保护色调：可以保护图像的色调不受影响。如果取消勾选"保护色调"复选框，那么减淡程度过大时，原本的色相可能发生变化。

第5步 使用"加深工具"

"加深工具"能够通过涂抹的方式降低画面局部的明度，同样可以在选项栏中选择"亮部""中间调""阴影"进行压暗操作。

❶选择工具箱中的"加深工具"，❷在选项栏中设置合适的笔尖大小，❸单击"范围"下拉按钮，在选项栏中选择加深的范围。例如，选择"阴影"。❹"曝光度"选项用来设置压暗的强度。设置完成后，❺在画面中阴影的位置按住鼠标左键拖动，可以看到光标经过的区域中比较暗的部分明显变暗了，如图6-52所示。

图 6-52

第6步 使用"海绵工具"

"海绵工具"能够增加或降低画面色彩的饱和度。

❶选择工具箱中的"海绵工具"，在选项栏中设置合适的笔尖大小，❷将"模式"设置为"去色"。❸"流量"用来设置增加/降低饱和度的强度，数值越大，效果越强。设置完成后，❹在画面中按住鼠标左键拖动，光标经过的位置的颜色饱和度会降低，如图6-53所示。

图 6-53

下面尝试增强饱和度模式。❶设置"模式"为"加色"，并设置合适的"流量"，❷在画面中按住鼠标左键拖动涂抹，光标经过位置的颜色饱和度会增加，如图 6-54 所示。

图 6-54

常用参数解读：

自然饱和度：勾选此复选框，可以在"加色"模式下，增加颜色饱和度的同时防止出现溢色现象，如图 6-55 所示。

未勾选"自然饱和度"复选框　　勾选"自然饱和度"复选框

图 6-55

6.1.10 液化：轻松瘦身美形

功能概述：

"液化"滤镜用于对画面局部进行推、拉、旋转、反射、折叠和膨胀等操作，常用于人像修图中调整面部轮廓、调整五官形态、美化身形等操作。

扫一扫，看视频

快捷操作：

液化：快捷键 Shift+Ctrl+X。

使用方法：

第1步 打开"液化"工作区

将人物素材图片打开，然后执行"滤镜">"液化"命令，进入"液化"工作区。工作区的左侧为可以进行液化变形的工具列表，右侧为辅助工具使用的参数设置区域，如图 6-56 所示。

在使用过程中，首先在左侧选择合适的工具，然后在右侧设置工具参数，接着在图像预览区域中进行涂抹调整。

图 6-56

第2步 缩放画布与平移画布

❶ 选择工具箱底部的"缩放工具"，❷ 将光标移动到画面中单击，即可放大画面的显示比例；按住 Alt 键单击，可以缩小画面的显示比例。配合"抓手工具"可以进行画布的平移，如图 6-57 所示。

图 6-57

第3步 使用"向前变形工具"瘦上臂

❶ 选择工具箱中的"向前变形工具"，❷ 在窗口右侧的"属性"面板中设置"大小"选项，以调整笔尖的大小。设置完成后，❸ 在人物手臂的外侧按住鼠标左键向人物的内侧拖动。在拖动的过程中注意拖动的距离不要过大，保持线条流畅，如图 6-58 所示。

图 6-58

小技巧

在使用"向前变形工具"进行变形时，会将笔尖大小设置稍大一些，这样变形的效果会更加自然。

常用参数解读：
- 画笔大小：用来设置笔尖的大小。
- 画笔密度：控制画笔边缘的柔和程度。
- 画笔压力：控制画笔在像素上产生变形的速度。
- 画笔速率：设置使用旋转扭曲工具时，在预览图像中保持静止时，扭曲工具所应用的速度。
- 光笔压力：当存在外接压感笔或数位板时，勾选该复选框能够通过压感笔的压力来控制工具。

第 4 步 使用"平滑工具"平滑边缘

变形完成后，如果边缘不够平滑，则可以 ❶ 选择工具箱中的"平滑工具" ，设置合适的笔尖大小，在不够平滑的位置，❷ 按住鼠标左键拖动涂抹进行平滑处理，如图 6-59 所示。

图 6-59

第 5 步 使用"褶皱工具"瘦小臂

❶ 选择工具箱中的"褶皱工具" ，❷ 在窗口右侧的"属性"面板中设置"大小"为 800，❸ 将光标移动到小臂的位置，单击鼠标左键可以看到小臂轮廓向内收缩，产生变瘦的效果，如图 6-60 所示。

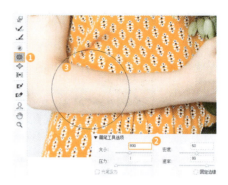

图 6-60

第 6 步 "冻结蒙版工具"和"解冻蒙版工具"

"冻结蒙版工具" 能够保护部分像素不受其他变形操作的影响。❶ 选择工具箱中的"冻结蒙版工具" ，在"属性"面板中设置合适的工具大小。❷ 在人物右脸花朵上方按住鼠标左键拖动，光标经过的位置会被半透明红色覆盖，覆盖的区域将被保护，不受变形的影响，如图 6-61 所示。

图 6-61

选择"向前变形工具"，在拖动鼠标时，即使光标到达花朵位置，花朵也没有发生变形，如图 6-62 所示。

变形操作完成后，不再需要蒙版就可以将其擦除。选择"解冻蒙版工具" ，然后在蒙版位置按住鼠标左键拖动即可将其擦除，如图 6-63 所示。

图 6-62   图 6-63

第 7 步　使用"面部工具"调整面部五官

❶ 选择工具箱中的"面部工具" ，❷ 将光标移动至人物面部边缘，软件自动识别人物的面部，并显示白色的控制线。光标变为 ↔ 形状后，按住鼠标左键拖动，可以对面部进行变形。还可以在对话框右侧的"属性"面板中进行"前额""下巴高度""下颌""脸部宽度"的调整，如图 6-64 所示。

图 6-64

将光标移动到眼睛、鼻子、嘴唇上方，显示控制点，拖动控制点进行变形操作，如图 6-65 所示。

图 6-65

小技巧

对于五官的调整，同样可以在右侧区域通过调整参数滑块实现。

例如，人物的表情稍微有些严肃，可以将光标移动至嘴角处，按住鼠标左键向上拖动，嘴角就会上扬

有微笑的效果，如图 6-66 所示。

设置完成后，单击"确定"按钮完成液化操作，效果如图 6-67 所示。

图 6-66　　　　　图 6-67

常用参数解读：

- 重建工具 ：在画面中涂抹，以恢复变形之前的效果。
- 膨胀工具 ：使用该工具可以让像素产生向外膨胀的效果。
- 顺时针旋转扭曲工具 ：使用该工具可以让像素产生旋转效果。
- 左推工具 ：在画面中按住鼠标左键，自上而下拖动，光标经过位置的像素将向右移动。反之，像素向左移动。

6.2　图像美化案例应用

下面通过多个案例来练习日常工作中常见的图像美化操作。

6.2.1　案例：制作一寸证件照

核心技术：裁剪工具。

案例解析：通常证件照会有指定的尺寸，但是因为在拍照过程中往往没有办法直接达到这种要求，所以就需要对照片进行尺寸调整。本案例练习如何使用"裁剪工具"将照片裁剪制成一寸大小的证件照。案例效果如图 6-68 所示。

扫一扫，看视频

图 6-68

操作步骤：

第1步 打开素材图片

执行"文件">"打开"命令，在"打开"对话框中打开素材文件夹。❶ 选择素材图片1.jpg，❷ 单击"打开"按钮，如图6-69所示。

图6-69

第2步 裁剪照片

首先需要将素材图片裁剪成1寸大小。❶ 选择工具箱中的"裁剪工具"，❷ 在选项栏中设置"比例"为"宽×高×分辨率"，设置 ❸ "宽度"为2.5厘米、❹ "高度"为3.5厘米、❺ "分辨率"为300，如图6-70所示。

将光标移动至裁剪框右下角控制点处，按住鼠标左键拖动，调整裁剪框的大小，然后将人像头部移动到裁剪框内，如图6-71所示。

图6-70　　　　　图6-71

第3步 提交裁剪效果

单击选项栏中的"提交当前裁剪操作"按钮或按Enter键，提交裁剪操作，效果如图6-72所示。

图6-72

6.2.2 案例：裁剪动物照片并突出主体物

扫一扫，看视频

核心技术：裁剪工具、加深工具、海绵工具。

案例解析：本案例使用"裁剪工具"将照片进行裁剪，减少画面过多背景元素的干扰，使画面主体物更加突出。同时使用了"加深工具"制作画面的暗角效果，使用"海绵工具"增加主体物颜色感。案例效果如图6-73所示。

图6-73

操作步骤：

第1步 打开素材图片

首先执行"文件">"打开"命令，打开素材图片。此时可以看到动物位于版面的中心位置，比较呆板，所以可以利用"裁剪工具"调整版面构图，让动物位于三分之一线上，如图6-74所示。

图 6-74

第 2 步 裁剪图像

❶ 选择工具箱中的"裁剪工具",❷ 将光标移动至裁剪框控制点处,按住鼠标左键拖动,调整裁剪框的大小,如图 6-75 所示。按住 Shift 键拖动裁剪框,可以保证原始的图像比例。

图 6-75

小提示

三分法就是将画面从上到下、从左到右分为 3 等分,然后将画面中重要的线放在 4 条三分之一线上,重要的点放在 4 条三分之一线的交点上。

单击选项栏中的"提交当前裁剪操作"按钮 ✓ 或按 Enter 键,提交裁剪操作,如图 6-76 所示。

图 6-76

第 3 步 制作暗角效果

❶ 选择工具箱中的"加深工具",❷ 在选项栏中设置合适的画笔大小,设置"范围"为"中间调","曝光度"为 50%。❸ 在画面四周按住鼠标左键拖动涂抹,使画面四周变暗,如图 6-77 所示。

图 6-77

第 4 步 增强局部饱和度

❶ 选择工具箱中的"海绵工具",❷ 在选项栏中设置"画笔大小"为 65 像素、"模式"为"加色"、"流量"为 50%,并勾选"自然饱和度"复选框。❸ 在动物位置按住鼠标左键拖动进行涂抹,增强动物部分的饱和度,如图 6-78 所示。

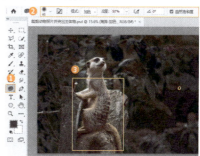

图 6-78

至此,本案例制作完成,效果如图 6-79 所示。

图 6-79

6.2.3 案例：扩充画面并调整构图

扫一扫，看视频

核心技术：裁剪工具、仿制图章工具。

案例解析：本案例使用"裁剪工具"对画面的显示区域进行调整，以此达到调整构图的目的。在裁剪过程中需要扩大画面显示区域，所以运用了"内容识别"选项，该选项可以自动根据周围像素的内容对空缺部分进行填补。同时使用了"仿制图章工具"修复在调整过程中出现的瑕疵。案例效果如图 6-80 所示。

图 6-80

操作步骤：

第1步 打开素材图片

执行"文件">"打开"命令，打开素材图片。可以看到主体物马的位置有些偏左，整个画面的构图不够美观，如图 6-81 所示。

图 6-81

第2步 将背景图层转换为普通图层

单击"图层"面板中"背景"图层右侧的 按钮，将背景图层转换为普通图层，如图 6-82 所示。

图 6-82

第3步 使用"裁剪工具"放大图像

❶ 选择工具箱中的"裁剪工具"，❷ 在选项栏中勾选"删除裁剪的像素"复选框与"内容识别"复选框，然后向右拖动调整图像的位置，如图 6-83 所示。

图 6-83

单击选项栏中的"提交当前裁剪操作"按钮或按 Enter 键，提交裁剪操作。经过此次裁剪，可以看到画面左部空缺的部分被自动填充了与环境较为相似的内容，如图 6-84 所示。

图 6-84

第4步 修复画面的瑕疵

经过修复的区域，有部分内容看起来基本一致，还有部分内容不够美观，需要进行修复，如图 6-85 所示。

图 6-85

首先，❶ 选择工具箱中的"仿制图章工具"，❷ 在选项栏中设置"画笔大小"为 50 像素、"流量"为 100%、"模式"为"正常"、"不透明度"为 72%。设置完成后，❸ 在画面中绿树处按住 Alt 键单击进行取样，如图 6-86 所示。

图 6-86

其次，❶ 在瑕疵位置按住鼠标左键拖动涂抹。❷ 使用同样的方法继续取样，将草地上的瑕疵进行修复，如图 6-87 所示。

图 6-87

第 5 步　再次放大图像

❶ 选择工具箱中的"裁剪工具"，❷ 在选项栏中勾选"内容识别"复选框，❸ 继续调整控制框的大小，将画布放大，如图 6-88 所示。

图 6-88

单击选项栏中的"提交当前裁剪操作"按钮或按 Enter 键，提交裁剪操作。此时放大的画布区域被自动填充了与附近环境相似的像素，画面效果更加完整、丰富。至此，本案例制作完成，效果如图 6-89 所示。

图 6-89

6.2.4　案例：去除痘印与皱纹

核心技术：污点修复画笔工具。

案例解析："污点修复画笔工具"是 Photoshop 中常用的去瑕疵工具，使用该工具可以轻松且迅速地去除画面中的污点、瑕疵。本案例使用了"污点修复画笔工具"去除人物面部的痘印与皱纹。案例效果如图 6-90 所示。

图 6-90

操作步骤：

第 1 步　打开素材图片

执行"文件">"打开"命令，打开素材图片。可以看到人物皮肤上有较多的痘印和皱纹，如图 6-91 所示。

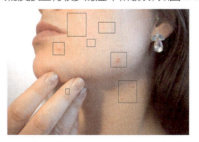

图 6-91

第 2 步　去除痘印

❶ 选择工具箱中的"污点修复画笔工具"，❷ 在

选项栏中设置"画笔大小"为 200 像素、"模式"为"正常"、"类型"为"内容识别"。设置完成后，❸ 在人物嘴角下方的痘印处单击，即可去除，如图 6-92 所示。

使用同样的方法将人物面部、脖子、手指上的痘印去除，如图 6-93 所示。

 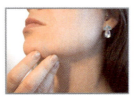

图 6-92　　　　　图 6-93

第 3 步　去除皱纹

❶ 继续使用"污点修复画笔工具"，❷ 在选项栏中调整"画笔大小"为 100 像素，❸ 在人物面部的左侧皱纹处按住鼠标左键拖动进行去除，如图 6-94 所示。

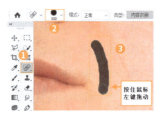

图 6-94

小技巧

画笔大小设置为刚好能够覆盖污点即可。如果处理的是线条型的瑕疵，则可以通过按住鼠标左键拖动去除的方式，沿着瑕疵的走向涂抹。

去除皱纹效果如图 6-95 所示。

使用同样的方法去除其他位置的皱纹。至此，本案例制作完成，效果如图 6-96 所示。

图 6-95　　　　　图 6-96

6.2.5　案例：美化水面色彩

扫一扫，看视频

核心技术：减淡工具、海绵工具。

案例解析：本案例使用"减淡工具"在保护色调的情况下，将水面的颜色进行提亮。同时使用"海绵工具"提高水面的色彩饱和度，使水面看起来更加清澈。案例效果如图 6-97 所示。

图 6-97

操作步骤：

第 1 步　打开素材图片

打开素材图片，从画面中可以看到图片中水面的色彩比较暗淡，为了让水看起来更加清澈，需要先提亮水面的明度，再适当提高色彩饱和度，如图 6-98 所示。

图 6-98

第 2 步　提高水面亮度

❶ 选择工具箱中的"减淡工具"，❷ 在选项栏中设置合适的"画笔大小"、"范围"为"中间调"、"曝光度"为 50%，并勾选"保护色调"复选框。设置完成后，❸ 在水面处按住鼠标左键拖动进行涂抹，光标经过位置的亮度明显被提高，如图 6-99 所示。

继续在水面位置进行涂抹，需要注意的是，在涂抹过程中不要涂抹到人物。涂抹完成后，可以很清楚地看到水面部分的颜色被提亮了，如图 6-100 所示。

图 6-99　　　　　　　图 6-100

第3步　提高水面的色彩饱和度

❶ 选择工具箱中的"海绵工具"，❷ 在选项栏中设置合适的"画笔大小"、"硬度"为 0、"模式"为"加色"、"流量"为 50%，并勾选"自然饱和度"复选框。设置完成后，❸ 按住鼠标左键拖动，在水面部分进行涂抹以提高水面的色彩饱和度，如图 6-101 所示。

继续在水面位置涂抹。至此，本案例制作完成，效果如图 6-102 所示。

 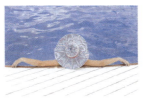

图 6-101　　　　　　　图 6-102

6.2.6　案例：使书籍上的文字更清晰

核心技术：加深工具。

案例解析："加深工具"是 Photoshop 中调整明暗程度的工具，它可以加深画面中的颜色。该工具的操作比较简单，只需在选项栏中设置合适的数值，确定需要加深的部位，然后在需要加深的地方按住鼠标左键拖动进行涂抹即可加深颜色。本案例使用"加深工具"加深书上文字的颜色，使文字变得更加清晰。案例效果如图 6-103 所示。

图 6-103

操作步骤：

第1步　打开素材图片

打开素材图片，从画面中可以看到文字的明度比较高，根本没办法被清晰地识别。为了提高文字的清晰度，需要对文字部分的颜色进行加深，如图 6-104 所示。

图 6-104

第2步　加深文字颜色

❶ 选择工具箱中的"加深工具"，❷ 在选项栏中设置"画笔大小"为 150 像素、"范围"为"阴影"、"曝光度"为 100%，并取消勾选"保护色调"复选框。设置完成后，❸ 在文字上按住鼠标左键拖动进行涂抹。可以清楚地看到光标所经过的文字颜色明显被加深，而且看上去也更加清晰，如图 6-105 所示。

图 6-105

小技巧

由于需要加深颜色的文字部分相对于白色的纸张明度要低一些，所以需要将"范围"设置为"阴影"，以免在加深过程中过多影响到白色的纸张。

继续在文字位置进行涂抹。涂抹完成后，可以很清楚地看到文字部分更加清晰了。至此，本案例制作完成，效果如图 6-106 所示。

图 6-106

小技巧

在使用"加深工具"时,可以将画笔的大小适当调大一些,通过简单的几次涂抹,快速且均匀地完成压暗效果,如果画笔尺寸过小,就需要进行多次涂抹,而多次涂抹很容易造成不同区域涂抹不匀的情况。

6.2.7 案例:美食照片修饰

扫一扫,看视频

核心技术:海绵工具、减淡工具。

案例解析:本案例使用"海绵工具"增加食物的色彩饱和度,使其看起来更加可口、诱人、美味。同时使用"减淡工具"将背景颜色提亮,使背景看起来更加干净,也使食物变得更加突出。案例效果如图 6-107 所示。

图 6-107

操作步骤:

第 1 步 打开素材图片

打开素材图片,可以看到整个画面颜色比较暗淡,如图 6-108 所示。

图 6-108

第 2 步 加强食物的色彩饱和度

❶ 选择工具箱中的"海绵工具",❷ 在选项栏中设置"画笔大小"为 400 像素、"模式"为"加色"、"流量"为 50%,并勾选"自然饱和度"复选框。设置完成后,❸ 在画面中面包的位置按住鼠标左键拖动进行涂抹,可以清楚地看到面包的色彩饱和度增加了,如图 6-109 所示。

在画面中的其他位置继续进行涂抹,涂抹结束后,可以明显看到食物的颜色变得更加鲜艳,很容易让人产生垂涎欲滴的感受,如图 6-110 所示。

图 6-109   图 6-110

第 3 步 提亮背景颜色

❶ 选择工具箱中的"减淡工具",❷ 在选项栏中设置"画笔大小"为 400 像素、"范围"为"中间调"、"曝光度"为 100%,勾选"保护色调"复选框。设置完成后,❸ 在背景的位置按住鼠标左键拖动进行涂抹,如图 6-111 所示。

图 6-111

继续在背景与盘子边缘进行涂抹。需要注意的是,在涂抹过程中,要为盘子留有合适的阴影。至此,本案例制作完成,效果如图 6-112 所示。

图 6-112

6.2.8 案例：使图像中的小蜜蜂更清晰

核心技术：模糊工具、锐化工具。

案例解析：本案例使用"模糊工具"对向日葵进行模糊，同时使用"锐化工具"对小蜜蜂进行锐化，增加其清晰度，以达到突出小蜜蜂的效果。案例效果如图 6-113 所示。

扫一扫，看视频

图 6-113

操作步骤：

第1步 打开素材图片

打开素材图片，可以看到整个画面中向日葵占据了较大的面积，而且向日葵与蜜蜂的颜色非常相近。为了更好地突出主体物蜜蜂，需要先将向日葵进行模糊，如图 6-114 所示。

图 6-114

第2步 模糊向日葵

❶ 选择工具箱中的"模糊工具"，❷ 在选项栏中设置"画笔大小"为 200 像素、"硬度"为 0%、"模式"为"正常"、"强度"为 100%。设置完成后，❸ 在后方的向日葵花瓣位置按住鼠标左键拖动进行涂抹，将其模糊，如图 6-115 所示。

花瓣与花蕊位于画面前方，模糊应该稍弱一些，这样才能让画面层次感丰富。❶ 将模糊的"强度"设置为 60%，然后 ❷ 进行涂抹，如图 6-116 所示。

图 6-115　　　　图 6-116

第3步 锐化蜜蜂

❶ 选择工具箱中的"锐化工具"，❷ 在选项栏中设置"画笔大小"为 50 像素、"硬度"为 0%、"模式"为"正常"、"强度"为 25%，勾选"保护细节"复选框。设置完成后，❸ 在左侧的蜜蜂位置按住鼠标左键拖动进行涂抹，将其锐化，如图 6-117 所示。

使用同样的方法对右侧的蜜蜂进行锐化操作。至此，本案例制作完成，效果如图 6-118 所示。

图 6-117　　　　图 6-118

6.2.9 案例：恢复小狗的毛色

核心技术：海绵工具、减淡工具。

案例解析：本案例中的小狗原本应该是纯白色的，但在当前的效果中显得有些偏黄。为了使偏黄的毛色变为白色，需要降低它的色彩饱和度并提高亮度。本案例使用"海绵工具"降低色彩饱和度，同时使用"减淡工具"提亮小狗的毛色，使其毛色看起来更加雪白、干净。案例效果如图 6-119 所示。

扫一扫，看视频

图 6-119

操作步骤：

第1步 打开素材图片

打开素材图片，如图 6-120 所示。

图 6-120

第2步 校正小狗的毛色

❶ 选择工具箱中的"海绵工具"，❷ 在选项栏中选择一个柔边圆画笔，设置"画笔大小"为 300 像素、"模式"为"去色"、"流量"为 50%，并勾选"自然饱和度"复选框。设置完成后，❸ 在小狗的头部位置按住鼠标左键拖动进行涂抹，可以看到光标经过区域的毛色发生了明显的改变。如图 6-121 所示。

使用同样的方法在其他毛色偏黄的位置涂抹。涂抹结束后，可以看到小狗的黄色毛发均得到了校正，如图 6-122 所示。

图 6-121

图 6-122

第3步 提亮小狗的毛色

❶ 选择工具箱中的"减淡工具"，❷ 在选项栏中设置"画笔大小"为 400 像素、"硬度"为 0%、"范围"为"中间调"、"曝光度"为 20%，并勾选"保护色调"

复选框。设置完成后，❸ 在画面上按住鼠标左键拖动进行涂抹，可以看到光标经过区域的毛色明显被提亮，如图 6-123 所示。

使用同样的方法对其他部分的毛发进行涂抹。至此，本案例制作完成，可以看到狗狗的毛发变成了雪白色，既干净又漂亮，效果如图 6-124 所示。

图 6-123

图 6-124

6.3 图像美化项目实战：写真照片快速美化

扫一扫，看视频

核心技术：
- 使用"减淡工具"调整人像的肤色。
- 使用"液化"滤镜调整人像的身形。
- 使用"污点修复画笔工具"修复人物皮肤上的瑕疵。
- 使用"减淡工具"与"加深工具"增强人物立体感。

案例效果如图 6-125 所示。

图 6-125

6.3.1 设计思路

本案例中的人物写真照片存在一些问题，如人像肤色过暗、皮肤有瑕疵、身形不够精致等问题。需要利用 Photoshop 对人像进行一系列的美化操作，如提亮人像的肤色，减少皮肤瑕疵，瘦身，通过加深和减淡增强人物的立体感，使人像看起来更加美观。

6.3.2 配色方案

本案例以黑色作为背景色，既与人物的黑色服装产生了呼应，同时深沉的背景也更容易让视线聚焦到人物身上。原图人物皮肤和头发都倾向于土黄色。为了进行区分，可以将人物的肤色调整到倾向于粉嫩的色调，将头发调整到倾向于金黄的色调，如图6-126所示。

图 6-126

6.3.3 版面构图

本案例的画面中着重展现人像本身。横幅的人物半身像中想要展现出空间感并不容易，本案例将人物布置在画面靠左侧的位置，人物面部朝向右侧，在画面右侧保留了更大的空间，以便于给画面延伸感，如图6-127所示。

图 6-127

6.3.4 制作流程

首先利用"减淡工具"对肤色提亮，再使用"液化"滤镜调整身形，接下来使用"污点修复画笔工具"去除人像皮肤上的瑕疵，然后利用"减淡工具"与"加深工具"增强人像的立体感，最后利用"海绵工具"与"模糊工具"调整人像发色与肤质，如图6-128所示。

图 6-128

6.3.5 操作步骤

第1步 打开素材图片

执行"文件">"打开"命令，打开素材图片，如图6-129所示。选择背景图层，使用快捷键Ctrl+J将其复制一份。

图 6-129

第2步 提亮人像的肤色

❶ 选择工具箱中的"减淡工具"，❷ 在选项栏中选择柔边圆画笔，设置"画笔大小"为500像素、"范围"为"中间调"、"曝光度"为50%，取消勾选"保护色调"复选框。设置完成后，❸ 在人像的皮肤上按住鼠标左键涂抹，提亮人物的肤色、如图6-130所示。

图 6-130

然后，❶ 继续使用"减淡工具"，❷ 在选项栏中减小"画笔大小"为100像素、"曝光度"为15%。❸ 在人像皮肤较暗的位置进行涂抹，进一步调整人物的肤色，如图6-131所示。

图 6-131

第3步 调整人像的身形

执行"滤镜">"液化"命令，打开"液化"对话框。❶ 在该对话框中选择左侧工具箱中的"向前变形工具",❷ 在对话框右侧设置"大小"为 350 像素、"密度"为 50、"压力"为 100。设置完成后,❸ 在人像面部轮廓和手臂轮廓处按住鼠标左键向内拖动,使相应部位变瘦,如图 6-132 所示。

图 6-132

完成操作后,单击"确定"按钮,如图 6-133 所示。

图 6-133

第 4 步　去除人像皮肤上的瑕疵

❶ 选择工具箱中的"污点修复画笔工具",❷ 在选项栏中选择柔边圆画笔,设置"画笔大小"为 100 像素、"模式"为"正常"、"类型"为"内容识别"。设置完成后,❸ 在肩膀的斑点位置单击即可去除,如图 6-134 所示。

图 6-134

继续使用同样的方法去除画面中的其他斑点。在去除一些比较小的斑点时,可以适当调整画笔的大小。效果如图 6-135 所示。

接着,❶ 继续使用"污点修复画笔工具",❷ 在选项栏中调整"画笔大小"为 25 像素。设置完成后,❸ 在人像的脖子位置按住鼠标左键拖动,去除皮肤褶皱,如图 6-136 所示。

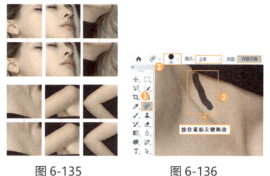

图 6-135　　　　图 6-136

继续使用同样的方法去除画面中的其他褶皱。效果如图 6-137 所示。

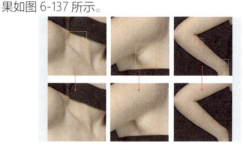

图 6-137

第 5 步　增强人像立体感

❶ 选择工具箱中的"减淡工具",❷ 在选项栏中选择柔边圆画笔,设置"画笔大小"为 200 像素、"范围"为"中间调"、"曝光度"为 30%。设置完成后,❸ 在人像手臂位置按住鼠标左键拖动涂抹,提亮人像手臂皮肤的高光区域,如图 6-138 所示。

图 6-138

❶继续使用"减淡工具",❷调整画笔大小为150像素,❸在脖子、脸部、胸前位置按住鼠标左键拖动涂抹,提亮人像皮肤的高光区域,如图6-139所示。

图 6-139

❶选择工具箱中的"加深工具",❷在选项栏中选择一种柔边圆画笔,设置"画笔大小"为150像素,"范围"为"中间调"、"曝光度"为15%。设置完成后,❸在人像手臂边缘的位置按住鼠标左键拖动加深阴影,如图6-140所示。

图 6-140

❶继续使用"加深工具",❷调整画笔大小为150像素,❸在脖子、脸部、胸前的阴影位置按住鼠标左键拖动进行加深,使阴影效果更加明显。此时人像面部和身体部分的明暗反差增大,立体感明显增强,如图6-141所示。

图 6-141

第6步 增加头发的色彩饱和度

❶选择工具箱中的"海绵工具",❷在选项栏中选择柔边圆画笔,设置"画笔大小"为250像素、"模式"为"加色"、"流量"为15%,并勾选"自然饱和度"复选框。设置完成后,❸在人像头发的位置按住鼠标左键拖动,提高头发的色彩饱和度,如图6-142所示。

图 6-142

第7步 柔化肌肤质感

❶选择工具箱中的"模糊工具",❷在选项栏中选择柔边圆画笔,设置"画笔大小"为300像素、"模式"为"正常"、"强度"为30%。设置完成后,❸在人像手臂位置按住鼠标左键拖动。这样可以使皮肤看起来更加柔和细腻,如图6-143所示。

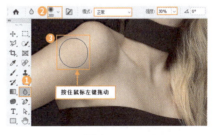

图 6-143

继续使用同样的方法在人像面部与胸前位置进行涂抹。至此,本案例制作完成,效果如图6-144所示。

图 6-144

常用调色技法

Chapter 7

第 7 章

色彩是非常重要的设计语言，画面色调的变化可以表现出不同的情感。例如，青绿色调能够让人感觉清爽、活泼，暗红棕色调让人感觉复古、厚重。调色大致有两方面的作用："矫正"画面不合理的色彩；根据画面的主题制作出符合其风格的色调。

核心技能

- 调整画面明暗
- 调整画面颜色倾向
- 使画面更鲜艳
- 解决画面偏色问题
- 风格化调色

7.1 调色基础操作

Photoshop 具有十分强大的调色功能,不仅有十几种调色命令可供使用,还可以结合图层混合模式、滤镜等不同的功能实现画面色彩的改变。

本节将学习十余种调色命令的使用,通过学习这些调色命令,能够矫正画面偏色、曝光问题,如画面明度过暗或过亮(图 7-1)、偏红或偏绿(图 7-2)、色彩不够鲜艳(图 7-3)等问题。

图 7-1

图 7-2

图 7-3

还可以使用这些命令打造照片不同的色彩风格,如常见的复古风格、电影色调、小清新色调等,如图 7-4~ 图 7-7 所示。

图 7-4

图 7-5

图 7-6

图 7-7

"调色"既是感性的,也是理性的,理性在于要充分熟悉每个调色命令的不同特点,针对不同的情况选择不同的调色命令。感性在于每个人对色彩感觉是不同的。

7.1.1 使用调色命令

功能概述:

"图像">"调整"命令中包括十余种调色命令,执行该命令,可以在子菜单中看到这些调色命令,如图 7-8 所示。

图 7-8

使用该命令时,首先要选中需要调色的图层,然后执行命令,即可将调色效果应用于选中图层。

第1步 打开图片

首先将图片打开,如图 7-9 所示。

第2步 执行命令

虽然调色命令有很多,但其使用方法大致分为两类:一类是执行命令后,无须设置参数,即可显示效果。例如,执行"图像">"调整">"去色"命令,画面的颜色被去除,如图 7-10 所示。

图 7-9

图 7-10

小技巧

需要注意的是，这种调色命令是一种"破坏性"的调色方式，如果在后续想要"复原"原始图片的效果，将会是很麻烦的一件事情，所以在调色之前可以复制一份原始图层。

另外一类是执行命令后会打开对话框，需要进行参数的设置。例如，执行"图像">"调整">"亮度/对比度"命令，随即会打开"亮度/对比度"对话框。在该对话框中，❶拖动三角形滑块可以调整数值，❷也可以在数值框内直接进行数值的设置，如图 7-11 所示。

勾选"预览"复选框，可以一边进行参数调整，一边查看调色效果，如图 7-12 所示。

图 7-11　　　　　　图 7-12

小技巧

如果要将参数还原到默认值，可以按住 Alt 键，"取消"按钮将会变为"复位"按钮，接着单击"复位"按钮，即可将参数还原到默认值，如图 7-13 所示。

图 7-13

参数设置完成后单击"确定"按钮可以完成调色操作，效果如图 7-14 所示。

图 7-14

小技巧

在"图像"菜单下还有 3 个用于自动调整画面明暗和色彩的命令：自动颜色、自动对比度、自动色调。这 3 个命令无须参数设置，会自动根据图像色彩及明暗关系进行校正，如图 7-15~ 图 7-17 所示。

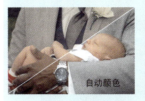 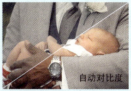

图 7-15　　　　　　图 7-16

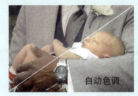

图 7-17

7.1.2　使用调整图层

功能概述：

执行"图层">"新建调整图层"命令，在子菜单中可以看到调色命令。这些调色命令与"图像">"调整"命令下的调色命令基本相同。但是，使用"新建调整图层"命令会新建一个调整图层，通过调整图层可以随时修改参数，如图 7-18 所示。

扫一扫，看视频

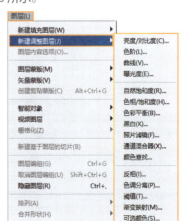

图 7-18

这是一种"非破坏性"的调色方式,因为调色效果没有直接作用于某一个图层,而是会影响该图层以下的所有图层。如果将该调整图层隐藏,调色效果就会被隐藏。

使用方法:

第1步 打开图片

将素材文件打开,当前文件包含两个图层,如果使用调色命令,只能一次对一个图层进行操作,而使用调整图层可以针对其下方所有图层起作用。接下来将以创建"色相/饱和度"调整图层为例进行讲解,如图 7-19 所示。

图 7-19

第2步 创建调整图层

执行"图层">"新建调整图层">"色相/饱和度"命令,会打开"新建图层"对话框,在该对话框中可以设置图层的名称、颜色、模式和不透明度。设置完成后,单击"确定"按钮,如图 7-20 所示。

❶ 在"图层"面板中出现一个新的图层,❷ 在"属性"面板中能够看到"色相/饱和度"参数设置选项,如图 7-21 所示。

图 7-20　　　　图 7-21

执行"窗口">"调整"命令,打开"调整"面板,单击相应的按钮即可新建调整图层,如图 7-22 所示。

或者单击"图层"面板下方的"创建新的填充或调整图层"按钮,在弹出的菜单中执行命令,也可以新建调整图层,如图 7-23 所示。

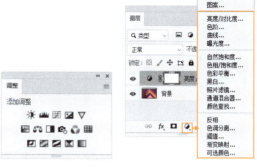

图 7-22　　　　图 7-23

第3步 选择需要处理的调整图层

在一个文档中可以创建多个调整图层,如果需要更改某一个调整图层的参数,则只需 ❶ 单击调整图层的图层缩览图,❷ 在"属性"面板中可以进行参数设置,如图 7-24 所示。

图 7-24

第4步 编辑调整图层的图层蒙版

通过调整图层的图层蒙版可以控制调色的范围。蒙版中白色为受影响,黑色为不受影响,灰色为受到部分影响,如图 7-25 所示。

图 7-25

第5步 使调整图层只对某一图层操作

如果想要使调整图层只对其中一个图层操作,那么需要将调整图层放置到需要处理的图层上方。然后在调整图层上右击,在弹出的快捷菜单中执行"创建剪贴蒙版"命令,如图 7-26 所示。

图 7-26

随后该调整图层只会对下方的一个图层起作用,如图 7-27 所示。

图 7-27

7.1.3 亮度/对比度

功能概述:

"亮度"是指画面的明暗程度;"对比度"是指颜色明暗反差的强弱。使用"亮度/对比度"命令,可以增加或降低画面的亮度,也可以矫正图像对比度过低的问题。

使用方法:

第1步 打开图片

将图片打开,可以看到画面中近景的山峰太暗,画面整体偏灰,如图 7-28 所示。

图 7-28

第2步 调整画面亮度

执行"图像">"调整">"亮度/对比度"命令,在打开的"亮度/对比度"对话框中向右侧拖动"亮度"

滑块,可以增加画面的亮度,如图 7-29 所示。

勾选"预览"复选框,可以看到画面的亮度提高,暗部的细节看得更明显,如图 7-30 所示。

图 7-29　　　　　　图 7-30

第3步 调整画面对比度

向右侧拖动"对比度"滑块,可以增加画面的亮度对比,如图 7-31 所示。

设置完成后,可以看到整个画面的对比更强,画面更具有感染力,如图 7-32 所示。

图 7-31　　　　　　图 7-32

第4步 通过调整图层调整"亮度/对比度"

还可以通过"亮度/对比度"调整图层进行调色。执行"图层">"新建调整图层">"亮度/对比度"命令,在打开的"新建图层"对话框中单击"确定"按钮,完成调整图层的新建操作。然后在"属性"面板中进行参数设置,也可以达到与"图像">"调整">"亮度/对比度"命令相同的调色效果,如图 7-33 所示。

图 7-33

7.1.4 色阶

功能概述:

"色阶"就是用直方图描述整张图片的明暗信息。

用户可以通过拖动滑块来调整不同区域的明暗程度，如图 7-34 所示。

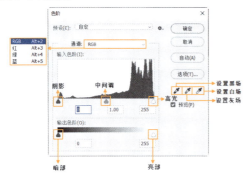

图 7-34

快捷操作：
色阶：快捷键 Ctrl+L。

使用方法：

第 1 步 打开图片

首先将图片打开，如图 7-35 所示。

第 2 步 调整暗部

执行"图像">"调整">"色阶"命令或者使用快捷键 Ctrl+L 打开"色阶"对话框。将"阴影"滑块向右拖动，可以让画面暗部区域更暗，如图 7-36 所示。

图 7-35   图 7-36

第 3 步 调整亮部

向左拖动"高光"滑块，可以提高画面亮部区域的亮度，如图 7-37 所示。

图 7-37

第 4 步 调整中间调

向左拖动"中间调"滑块，可以让中间调区域的亮度提高，如图 7-38 所示。

向右拖动"中间调"滑块，可以让中间调区域的亮度变暗，如图 7-39 所示。

图 7-38   图 7-39

第 5 步 使用色阶调整画面色彩

"色阶"命令还可以进行画面色彩的调整。❶ 在通道列表中选择某一通道，❷ 调整"输入色阶"或"输出色阶"滑块。在影响到通道明暗的同时，画面颜色也会跟着发生变化。例如，使红色通道明度变高，那么画面中红色成分就会增加，如图 7-40 所示。效果如图 7-41 所示。

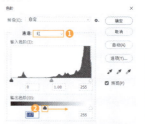   

图 7-40   图 7-41

反之，❶ 降低红色通道的明度，画面中红色的成分会减少，❷ 蓝绿色成分会增加，如图 7-42 所示。效果如图 7-43 所示。

图 7-42   图 7-43

常用参数解读：

● 设置黑场 ✏️：单击该按钮后，在画面中单击，可以将单击位置的像素调整为黑色，同时图像中比该单击位置暗的像素也会变成黑色。
- 设置灰场 ：单击该按钮后，在画面中单击，可以将单击位置的像素的亮度调整为其他中间调的平均亮度。
- 设置白场 ：单击该按钮后，在画面中单击，可以将单击位置的像素调整为白色，同时图像中比该单击位置亮的像素也会变成白色。

7.1.5 曲线

功能概述：

"曲线"命令是使用频率较高的调色命令，使用该命令可以对画面明暗进行调整，还可以对色调进行调整，如图 7-44 所示。

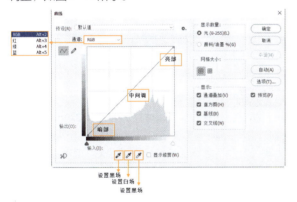

图 7-44

快捷操作：

曲线：快捷键 Ctrl+M。

使用方法：

第1步 打开图片

选中需要调整的图层，画面如图 7-45 所示。

第2步 提高画面整体亮度

当前图像影调适中，所以对中间调区域进行明暗调整，对图像整体影响比较大。执行"图像">"调整">"曲线"命令，打开"曲线"对话框。然后在曲线中间调的位置单击添加控制点，按住鼠标左键向上拖动，让曲线形态向上扬起，此时整体的亮度将被提亮，如图 7-46 所示。

图 7-45　　　　图 7-46

第3步 压暗画面整体亮度

在曲线中间调的位置单击添加控制点，并向下拖动，让曲线形态向下凹，此时画面整体的亮度变暗，如图 7-47 所示。

第4步 增加画面明暗对比度

在曲线高光的位置添加控制点将其向上拖动，在阴影位置添加控制点向下拖动，让曲线呈现出 S 形。可以提高画面亮部区域的亮度，降低暗部区域的亮度，从而增加画面明暗反差，如图 7-48 所示。

图 7-47　　　　图 7-48

第5步 通过通道调整颜色

想要调整画面的色彩，就需要对单独的通道进行调整。❶ 将"通道"设置为"绿"，❷ 在曲线上添加控制点向下拖动，如图 7-49 所示。

可以减少画面中绿色的数量，同时就增加了画面中洋红色的成分，如图 7-50 所示。

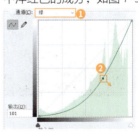

图 7-49　　　　图 7-50

7.1.6 曝光度

功能概述：

"曝光度"命令通常用来矫正图片曝光过度或曝光不足的问题。

使用方法：

第 1 步 打开图片

将图片打开，这张风景照片整体偏暗，属于典型的曝光不足的情况，如图 7-51 所示。

图 7-51

第 2 步 增加曝光度

执行"图像">"调整">"曝光度"命令，在打开的"曝光度"对话框中，"曝光度"选项用来调整图像的曝光度，向右调整"曝光度"值可以提高曝光度，如图 7-52 所示。

"曝光度"数值提高后，画面的明度被提高，如图 7-53 所示。

图 7-52　　　　　图 7-53

向左调整"曝光度"数值则会使画面变暗，如图 7-54 和图 7-55 所示。

图 7-54　　　　　图 7-55

常用参数解读：
- 位移：该选项主要对阴影和中间调起作用，可以使其变暗，但对高光基本不会产生影响。
- 灰度系数校正：使用一种乘方函数来调整图像灰度系数。

7.1.7 自然饱和度

功能概述：

"自然饱和度"命令可以智能地增加或减少色彩的饱和度。使用该命令能够得到鲜艳且不会出现溢色问题的图像。

使用方法：

第 1 步 打开图片

将图片打开，这张图片颜色偏灰，色彩不够鲜艳，如图 7-56 所示。

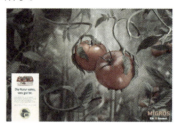

图 7-56

第 2 步 增加自然饱和度

执行"图像">"调整">"自然饱和度"命令，打开"自然饱和度"对话框，"自然饱和度"选项能够比较"自然"地增加或降低画面色彩的饱和度，向右拖动滑块，如图 7-57 所示。

将"自然饱和度"数值设置为最大，可以看到画面色彩饱和度增加，而且画面调色效果自然，并没有出现溢色问题，如图 7-58 所示。

图 7-57　　　　　图 7-58

第 3 步 增加饱和度

如果觉得颜色的鲜艳程度仍然不足，可以向右拖动"饱和度"滑块，继续增加画面颜色的饱和度，如图 7-59 所示。

单击"确定"按钮完成调色操作，可以看到"饱和度"的调整效果要比"自然饱和度"更强烈，如图 7-60 所示。

图 7-59　　　　　　图 7-60

7.1.8　色相/饱和度

功能概述：

色彩的三大属性是色相、明度和纯度。通过"色相/饱和度"命令可以同时对这三个属性进行调整。不仅可以更改整个画面的色彩，还可以单独更改某种颜色的属性。

快捷操作：

色相/饱和度：快捷键 Ctrl+U。

使用方法：

第1步　打开图片

将图片打开，如图 7-61 所示。

图 7-61

第2步　使用"色相/饱和度"命令

执行"图像">"调整">"色相/饱和度"命令，在打开的"色相/饱和度"对话框中，❶ 勾选"预览"复选框，这样可以在调整参数的同时看到调整效果。

通过各个选项的名称很容易判断其功能，"色相"选项用来更改颜色；"饱和度"选项用来更改颜色的纯度；"明度"选项用来更改颜色的明暗程度。❷ 随意拖动滑块即可调整参数，如图 7-62 所示。

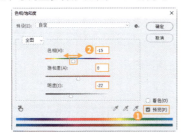

图 7-62

随着滑块的移动，画面整体的颜色都会发生改变，如图 7-63 所示。

图 7-63

第3步　对单独通道进行颜色更改

如果需要对画面中某一种颜色进行单独调整，可以单击对话框左上角的 全图 按钮，在下拉列表中有全图、红色、黄色、绿色、青色、蓝色和洋红 7 个通道选项。当选择"全图"时，会对整个画面进行更改，当选择某一颜色通道时，只对选中通道的颜色起作用。例如，❶ 选择"蓝色"，❷ 拖动"色相"滑块，如图 7-64 所示。

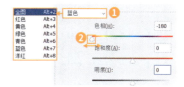

图 7-64

此时可以发现画面蓝色的区域发生了颜色的变化，如图 7-65 所示。

图 7-65

7.1.9　色彩平衡

功能概述：

"色彩平衡"命令根据颜色的补色原理进行调色，减少某个颜色就会增加其补色的数量。在调色时，先选择调色的范围，然后拖动滑块调整参数，如图 7-66 所示。

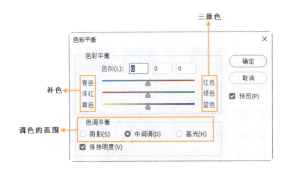

图 7-66

快捷操作：
色彩平衡：快捷键 Ctrl+B。

使用方法：

第1步 打开图片

将图片打开，如图 7-67 所示。

图 7-67

第2步 更改阴影区域的色调

执行"图像">"调整">"色彩平衡"命令，在打开的"色彩平衡"对话框中，首先设置调色的范围。❶ 选中"阴影"单选按钮设置调色的范围为阴影，❷ 向"蓝色"方向拖动滑块，如图 7-68 所示。

可以看到画面中阴影区域蓝色的含量有所增加，整个画面看上去更"冷"，如图 7-69 所示。

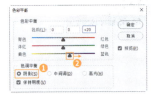

图 7-68

图 7-69

第3步 更改高光区域的色调

❶ 选择调色的范围为"高光"，❷ 向"黄色"方向拖动滑块，减少高光区域的蓝色，从而增加画面高光区域中黄色的数量，如图 7-70 所示。

此时画面中高光区域的黄色成分增加，使画面产生了冷暖对比。设置完成后，单击"确定"按钮提交操作，如图 7-71 所示。

图 7-70

图 7-71

常用参数解读：
保持明度：勾选该复选框，可以保持图像的色调不变，以防止亮度值随着颜色的改变而改变。

7.1.10 黑白

功能概述：
"黑白"命令可以将图片中的颜色去除，制作黑白图像，同时可以控制某一种颜色转换为灰度后的明度。使用该命令还可以制作单色图像效果。

快捷操作：
色彩平衡：快捷键 Shift+Ctrl+Alt+B。

使用方法：

第1步 打开图片

将图片打开，如图 7-72 所示。

图 7-72

第2步 使用黑白命令

执行"图像">"调整">"黑白"命令，打开"黑白"对话框，如图 7-73 所示。

在没有进行任何参数调整时，画面会直接变为灰度图像，如图 7-74 所示。

图 7-73　　　　　　图 7-74

第 3 步　调整各部分的明度

在"黑白"对话框中，可以看到红色、黄色、绿色、青色、蓝色、洋红选项。向左侧拖动滑块，可以压暗选中颜色的亮度；向右侧拖动滑块，可以提高选中颜色的亮度。例如，将"红色"滑块向右侧拖动，如图 7-75 所示。

此时画面中红色部分（嘴唇部分）的亮度被提高，如图 7-76 所示。

图 7-75　　　　　　图 7-76

第 4 步　制作单色照片

"色调"选项可以为灰度图像着色，以创建单色图像。❶ 勾选对话框底部的"色调"复选框，❷ 拖动"色相"滑块能够更改画面的颜色；❸ 拖动"饱和度"滑块能够更改颜色的饱和度，如图 7-77 所示。

图 7-77

也可以直接单击"着色"右侧的颜色按钮，在打开的"拾色器"对话框中选择某一种颜色，如图 7-78 所示。

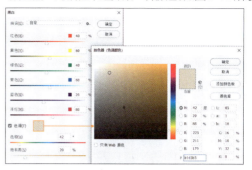

图 7-78

7.1.11　照片滤镜

功能概述：

"照片滤镜"命令通过模拟相机镜头前滤镜的效果进行色彩调整。

使用方法：

第 1 步　打开图片

将图片打开，如图 7-79 所示。

图 7-79

第 2 步　使用照片滤镜

执行"图像">"调整">"照片滤镜"命令，在打开的"照片滤镜"对话框中 ❶ 选中"滤镜"单选按钮，在下拉列表中可以选择预设的滤镜；❷ "密度"选项用来设置滤镜颜色的浓度，数值越大，颜色效果越浓郁，如图 7-80 所示。

设置完成后，可以勾选"预览"复选框查看效果，如图 7-81 所示。

图 7-80　　　　　　图 7-81

第3步 自定义照片滤镜颜色

❶ 选中"颜色"单选按钮，❷ 单击右侧的色块，在打开的"拾色器"对话框中选择照片滤镜的颜色，如图7-82所示。效果如图7-83所示。

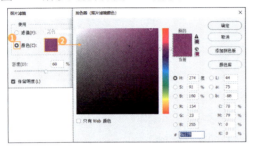

图 7-82

图 7-83

7.1.12 通道混合器

功能概述：

"通道混合器"通过借用其他通道的亮度来改变源通道的颜色，以创建出各种不同色调的图像。同时可以创建高品质的灰度图像。

使用方法：

第1步 打开图片

将图片打开，如图7-84所示。

图 7-84

第2步 使用"通道混合器"

单击"输出通道"按钮，在下拉列表中可以选择一种通道来对图像的色调进行调整，如图7-85所示。

"源通道"用来设置其在输出通道中所占的百分比。将一个源通道的滑块向左拖曳，可以减小该通道在输出通道中所占的百分比；向右拖动，则可以增加其百分比，如图7-86所示。

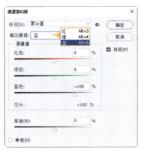 

图 7-85　　　　　图 7-86

设置完成后，单击"确定"按钮完成操作，效果如图7-87所示。

图 7-87

常用参数解读：

- 总计：显示源通道的计数值。如果计数值大于100%，则有可能会丢失一些阴影和高光细节。
- 常数：用来设置输出通道的灰度值，负值可以在通道中增加黑色；正值可以在通道中增加白色。
- 单色：勾选该复选框以后，图像将变成黑白效果的。

7.1.13 颜色查找

功能概述：

"颜色查找"可以通过调用预设文件，快速地将图像更改为某种特定色彩。不仅可以使用Photoshop内置的几种调色预设，还可以载入外部下载的颜色查找表文件。

使用方法：

第1步 打开图片

将图片打开，如图7-88所示。

图 7-88

第2步 "颜色查找"的使用方法

执行"图像">"调整">"颜色查找"命令，在打开的"颜色查找"对话框中，在"3DLUT 文件"下拉列表中选择合适的类型，如图 7-89 所示。

图 7-89

设置完成后，单击"确定"按钮，可以看到图像色调发生了改变，如图 7-90 所示。

图 7-90

小技巧

在使用"颜色查找"进行调色时，由于调色效果较多，如果想快速浏览效果，可以先选一个"3D LUT 文件"选项，然后按"向上"或"向下"键进行快速切换。

7.1.14 反相

功能概述：

使用"反相"命令可以将图像中的颜色转换为它的补色。如果画面是黑白色，执行该命令后，黑色会变为白色，白色则变为黑色。

快捷操作：

反相：快捷键 Ctrl+I。

使用方法：

第1步 打开图片

将图片打开，如图 7-91 所示。

第2步 使用"反向"命令

执行"图像">"调整">"反相"命令，此时画面将会变为负片效果，如图 7-92 所示。

图 7-91　　　　　图 7-92

小技巧

"反相"命令是可逆的操作，执行两次该命令，画面会恢复到最初的效果。

7.1.15 色调分离

功能概述：

"色调分离"命令可以减少画面颜色数量，使画面形成色块效果。

使用方法：

第1步 打开图片

将图片打开，如图 7-93 所示。

图 7-93

第2步 使用"色调分离"命令

执行"图像">"调整">"色调分离"命令，打开"色调分离"对话框，其中的"色阶"选项用来设置颜色分离的数量，数值越小，分离的色调越多；数值越大，分离的色调越少，如图 7-94 所示。

设置完成后，单击"确定"按钮提交操作，效果如图 7-95 所示。

图 7-94

图 7-95

7.1.16 阈值

功能概述：

"阈值"命令可以将画面的色彩去除，让画面变为由纯黑色和纯白色构成的效果。

使用方法：

第1步 打开图片

将图片打开，如图 7-96 所示。

图 7-96

第2步 使用"阈值"命令

执行"图像">"调整">"阈值"命令，在打开的"阈值"对话框中拖动"阈值色阶"滑块或者输入数值，可以指定一个色阶作为阈值，如图 7-97 所示。

所有比阈值色阶亮的像素转换为白色，而所有比阈值色阶暗的像素转换为黑色。设置完成后，单击"确定"按钮提交操作，效果如图 7-98 所示。

图 7-97

图 7-98

7.1.17 渐变映射

功能概述：

使用"渐变映射"命令会将设置好的渐变颜色按照图像中暗部、中间调和高光的顺序，逐一映射在画面中，使画面产生渐变色的效果。

渐变色条从左到右对应着画面的暗部、中间调和高光，即在渐变色条上越靠近左侧的颜色将成为照片的暗部，越靠近右侧的颜色将成为照片的亮部，如图 7-99 所示。

图 7-99

使用方法：

第1步 打开图片

将图片打开，如图 7-100 所示。

图 7-100

第2步 "渐变映射"的使用方法

执行"图像">"调整">"渐变映射"命令，在打开的"渐变映射"对话框中单击渐变色条，然后在打开的"渐变编辑器"对话框中编辑渐变颜色，如图 7-101 所示。

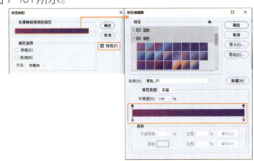
图 7-101

勾选"预览"复选框,可以看到左侧色标的颜色映射到了画面的暗部,右侧色标的颜色映射到了画面的亮部,如图7-102所示。

再次打开"渐变编辑器"对话框,在渐变色条中间位置添加色标,可以看到新添加的颜色映射到了画面中间调的区域,如图7-103所示。

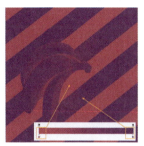 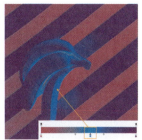

图 7-102　　　　　　图 7-103

常用参数解读:
- 仿色:勾选该复选框后,Photoshop会添加一些随机的杂色来平滑渐变效果。
- 反向:勾选该复选框后,可以将渐变颜色反转。

7.1.18　可选颜色

功能概述:

使用"可选颜色"命令可以选择某一个颜色,对它进行细致的颜色倾向的调整。

使用方法:

第1步 打开图片

将图片打开,如图7-104所示。

图 7-104

第2步 调整颜色

执行"图像">"调整">"可选颜色"命令,打开"可选颜色"对话框。❶ 将"颜色"设置为"黄色",❷ 向左拖动"青色"滑块,可以看到画面中黄色部分颜色变得更鲜艳,这是因为其青色的数量减少了,如图7-105所示。

将"青色"滑块向右拖动,可以增加画面中黄色部分的青色,此时画面黄色区域呈现偏绿的效果,如图7-106所示。

图 7-105　　　　　　图 7-106

7.1.19　阴影/高光

功能概述:

使用"阴影/高光"命令可以修复画面中过亮或过暗的区域,使画面中显示更多的细节。常用于矫正逆光拍摄的照片的暗部细节,或者过于接近闪光灯而发白的照片。

使用方法:

第1步 打开图片

将图片打开,可以看到画面中亮部区域曝光基本正常,但是暗部较暗,导致细节缺失,如图7-107所示。

图 7-107

第2步 使用"阴影/高光"命令

执行"图像">"调整">"阴影/高光"命令,打开"阴影/高光"对话框。"阴影"选项用来调整阴影变亮的程度,向右拖动滑块或在数值框内输入数值,如图7-108所示。

图 7-108

提高画面阴影区域的亮度，如图 7-109 所示。

"高光"选项用来设置高光区域变暗的程度，向右拖动滑块，可以将画面亮部区域变暗，如图 7-110 所示。

图 7-109　　　　　　图 7-110

小技巧

勾选"阴影/高光"对话框左下角的"显示更多选项"复选框，可以显示"阴影/高光"的完整选项，如图 7-111 所示。

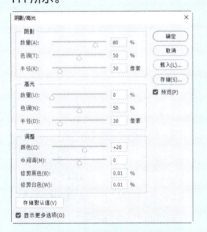

图 7-111

7.1.20　HDR 色调

功能概述：

使用"HDR 色调"命令可以修补太亮或太暗的图像，制作出高动态范围的图像效果，常用于风景的处理。

使用方法：

第 1 步　打开图片

将图片打开，画面整体明度偏低，暗部细节缺失，整体色彩缺乏感染力，如图 7-112 所示。

图 7-112

第 2 步　使用"HDR 色调"命令

执行"图像">"调整">"HDR 色调"命令，会打开"HDR 色调"对话框，如图 7-113 所示。

勾选"预览"复选框，可以看到"默认值"的调色效果，如图 7-114 所示。

图 7-113　　　　　　图 7-114

小提示

如果文档中包含多个图层，执行该命令后会弹出"脚本警告"提示框，单击"是"按钮，将合并所有图层，然后对合并的图层进行调色，如图 7-115 所示。

图 7-115

第 3 步　使用预设

在"HDR 色调"对话框中，可以通过"预设"选项进行调色。单击"预设"按钮，在下拉列表中显示多个预设选项，如图 7-116 所示。

选择其中一种预设方式，即可快速进行调色，如图 7-117 所示。

图 7-116　　　　　　图 7-117

常用参数解读：

- 边缘光：该选项组用于调整图像边缘光的强度。"半径"选项用来设置发光的大小；"强度"选项用来设置发光的对比度。
- 色调和细节：调节该选项组中的选项可以使图像的色调和细节更加丰富细腻。
- 高级：在该选项组中可以控制画面整体阴影、高光及自然饱和度。
- 色调曲线和直方图：展开该选项组，可以看到曲线，其使用方法与"曲线"命令的使用方法相同。

7.1.21　去色

功能概述：

使用"去色"命令可以去除画面的色彩，使其变为灰度图像。

快捷操作：

去色：快捷键 Shift+Ctrl+U。

使用方法：

【第1步】打开图片

将图片打开，如图 7-118 所示。

【第2步】使用"去色"命令

执行"图像">"调整">"去色"命令，此时画面会变为灰度效果，如图 7-119 所示。

图 7-118　　　　　　图 7-119

7.1.22　匹配颜色

功能概述：

使用"匹配颜色"命令，可将图像 A 作为"源"与目标图像 B 的颜色相匹配，使图像 A 呈现出与图像 B 相似的色调。

使用方法：

【第1步】打开图片

将图片打开，在该文档中有两个图层，在本小节中将花朵（背景图层）的颜色匹配到"儿童"图层中，如图 7-120 所示。

选中"儿童"图层，如图 7-121 所示。

图 7-120　　　　　　图 7-121

【第2步】匹配颜色

执行"图像">"调整">"匹配颜色"命令，在打开的"匹配颜色"对话框中，❶ 先设置"源"为本文档，❷ 设置"图层"为背景图层，如图 7-122 所示。

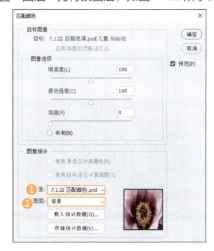

图 7-122

勾选"预览"复选框，可以看到"儿童"图层的色调发生了改变，如图 7-123 所示。

通过"图像选项"可以更改画面颜色的明亮度、

色彩强度和颜色渐隐效果，如图 7-124 所示。

图 7-123

图 7-124

7.1.23 替换颜色

功能概述：

"替换颜色"命令可以对画面中指定的色彩更改颜色。执行"图像">"调整">"替换颜色"命令，打开"替换颜色"对话框，如图 7-125 所示。

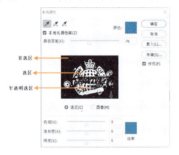
图 7-125

使用方法：

第1步 打开图片

将图片打开，接下来对画面中的黄色部分更改颜色，如图 7-126 所示。

图 7-126

第2步 设置取样范围

执行"图像">"调整">"替换颜色"命令，❶ 在打开的"替换颜色"对话框中单击"吸管工具"按钮 ，❷ 在画面中的黄色位置单击，❸ 此时缩览图中单击位置的颜色显示为白色，如图 7-127 所示。

图 7-127

小技巧

在该对话框中需要通过缩览图查看取样的范围，缩览图中白色的区域是取样选定的范围（选区内部），黑色区域是非选区，灰色区域是半透明的选区。确定选区后才能进行颜色的替换。

通过观察缩览图，可以发现画面中的黄色区域有部分没有变为白色，此时需要添加到取样范围。❶ 单击"添加到取样"按钮 ，❷ 在画面中的黄色区域单击添加取样范围，❸ 单击后可以发现缩览图中白色区域扩大了，如图 7-128 所示。

图 7-128

第3步 更改取样颜色

通过观察缩览图，可以发现此时画面中的黄色区域变为白色，接下来可以通过对话框底部的"色相""饱和度""明度"选项调整选定区域的颜色，如图 7-129 所示。

图 7-129

第4步 调整"颜色容差"数值

颜色更改完成后，可以看到仍有部分的颜色没有改变。❶可以将"颜色容差"的数值增大，❷通过观察缩览图，可以看到"颜色容差"数值增大后，范围也会增大，如图 7-130 所示。

设置完成后，单击"确定"按钮提交操作，效果如图 7-131 所示。

图 7-130

图 7-131

7.1.24 色调均化

功能概述：

"色调均化"命令能够平衡画面黑白灰调，让图像的像素影调平均分布。

使用方法：

第1步 打开图片

将图片打开，如图 7-132 所示。

第2步 使用色调均化

执行"图像">"调整">"色调均化"命令，即可完成调色操作，如图 7-133 所示。

图 7-132

图 7-133

小技巧

在画面中存在选区时，执行"图像">"调整">"色调均化"命令，打开"色调均化"对话框。选中"仅色调均化所选区域"单选按钮，则仅均化选区内的像素；选中"基于所选区域色调均化整个图像"单选按钮，则可以按照选区内的像素均化整个图像的像素，如图 7-134 所示。

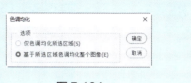
图 7-134

7.1.25 利用图层功能调色

功能概述：

"混合模式"可以将上方图层的色彩叠加到下一图层中，在图像内容和色彩的混合过程中，画面整体的颜色会发生改变。

扫一扫，看视频

"混合模式"功能的这一特点也经常被运用到调色操作中。例如，通过对纯色图层或渐变图层设置混合模式，来改变画面整体的颜色倾向，如图 7-135 所示。

图 7-135

也可以运用混合模式对画面局部进行颜色更改，如图 7-136 所示。

图 7-136

快捷操作：

选择其中一种混合模式，然后滚动鼠标中轮，即可快速预览各种模式产生的效果。

使用方法：

第1步 打开图片

将图片打开，接下来尝试将暖色调图片调整为冷色调，如图 7-137 所示。

第 2 步 新建图层

新建图层，然后将其填充为蓝色，如图 7-138 所示。

图 7-137

图 7-138

第 3 步 设置混合模式

选择蓝色图层，将图层的"混合模式"设置为"柔光"，此时画面的色调变成了冷色调，如图 7-139 所示。

第 4 步 设置不透明度

为了得到更加自然的效果，可以降低图层的"不透明度"数值，减弱调色效果，如图 7-140 所示。

图 7-139

图 7-140

小技巧

也可以为渐变颜色图层设置"混合模式"和"不透明度"，实现更加奇妙的调色效果，如图 7-141 所示。

图 7-141

7.2 调色案例应用

下面通过多个案例来练习 Photoshop 的调色操作。

7.2.1 案例：改变照片背景颜色

扫一扫，看视频

核心技术：色相 / 饱和度。

案例解析：本案例主要通过创建"色相 / 饱和度"调整图层，将图片中的红色背景替换为其他颜色。案例效果如图 7-142 所示。

图 7-142

操作步骤：

第 1 步 打开照片文件

执行"文件">"打开"命令，将照片文件打开。可以看到当前画面的背景为单一的红色，如图 7-143 所示。

图 7-143

第 2 步 制作蓝色背景

❶ 单击"图层"面板底部的"创建新建的填充或调整图层"按钮，❷ 在弹出的菜单中执行"色相 / 饱和度"命令，如图 7-144 所示。

创建一个"色相 / 饱和度"调整图层，如图 7-145 所示（同时可以执行"图像">"调整">"色相 / 饱和度"命令，直接对背景图层进行调整）。

图 7-144

图 7-145

❶ 由于需要对红色的背景进行颜色调整，所以需要将"通道"设置为红色，❷ 设置"色相"为 –150、❸ "饱和度"为 –15、❹ "明度"为 40。此时背景被调整为蓝色，如图 7-146 所示。

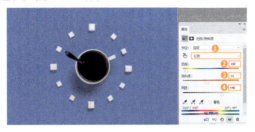

图 7-146

第 3 步 制作橙色背景

下面尝试制作其他颜色的背景。将蓝色调整图层选中，❶ 使用快捷键 Ctrl+J 复制，❷ 将之前的调整图层隐藏，如图 7-147 所示。

图 7-147

然后，❶ 在打开的"属性"面板中选择"红色"，❷ 设置"色相"为 31、❸ "饱和度"为 –15、❹ "明度"为 40。此时即将背景替换为橙色，如图 7-148 所示。

图 7-148

第 4 步 制作绿色背景

使用同样的操作方式，更改红色通道中的"色相"为 135、"饱和度"为 –30、"明度"为 50。红色背景变为绿色，如图 7-149 所示。

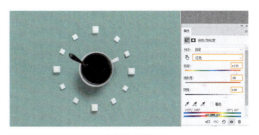

图 7-149

第 5 步 制作粉色背景

设置"色相"为 –30、"明度"为 60，得到粉色背景，如图 7-150 所示。

图 7-150

至此，此时本案例制作完成，将红色背景分别替换为蓝色、橙色、绿色和粉色。效果如图 7-151 所示。

图 7-151

7.2.2 案例：提亮偏暗的照片

核心技术：阴影/高光、自然饱和度、曲线。

扫一扫，看视频

案例解析：本案例首先执行"阴影/高光"命令，提亮画面的暗部；接着创建"自然饱和度"调整图层，提升颜色饱和度；然后创建"曲线"调整图层，增强明暗对比。案例效果如图 7-152 所示。

图 7-152

操作步骤：

第1步 打开照片文件

执行"文件">"打开"命令，将照片文件打开。本案例中的照片存在整体偏暗、色彩黯淡等问题，如图7-153所示。

图 7-153

第2步 提高阴影部分的亮度

将背景图层选中，使用快捷键Ctrl+J将其快速复制。执行"图像">"调整">"阴影/高光"命令，❶ 在打开的"阴影/高光"对话框中设置"阴影"数量为50%。设置完成后，❷ 单击"确定"按钮，如图7-154所示。

图 7-154

此时画面的暗部区域变亮了一些，如图7-155所示。

图 7-155

第3步 增强画面的饱和度

在"调整"面板中单击"自然饱和度"按钮，创建一个"自然饱和度"调整图层，如图7-156所示。

在"属性"面板中设置"自然饱和度"为86。此时照片的颜色变得更加饱满，如图7-157所示。

图 7-156

图 7-157

第4步 增强画面对比度

使用同样的方式创建一个"曲线"调整图层。在"属性"面板中，❶ 在曲线上段按住鼠标左键向左上方拖动，提高亮部的亮度；❷ 在曲线下段按住鼠标左键向右拖动，使暗部变得更暗，如图7-158所示。

照片的亮度得到提升，同时增强了整体的明暗对比。至此，本案例制作完成，效果如图7-159所示。

图 7-158　　　　图 7-159

7.2.3 案例：制作柔美典雅紫色调照片

扫一扫，看视频

核心技术：色相/饱和度、曲线。

案例解析：本案例主要使用"色相/饱和度"和"曲线"命令，调整照片整体色调倾向与明暗对比。案例效果如图7-160所示。

图 7-160

操作步骤：

第1步　打开照片文件

执行"文件">"打开"命令，将照片文件打开。本案例的照片色调偏向于蓝色，且亮度不够。因此需要通过操作将其调整为典雅柔和的紫色调，同时提高整体亮度，如图7-161所示。

图 7-161

第2步　调整人物唇色

将背景图层复制，在"调整"面板中单击"色相/饱和度"按钮，创建一个"色相/饱和度"调整图层，如图7-162所示。

图 7-162

❶ 在弹出的"属性"面板中选择"全图"、❷ 设置"色相"为–50、❸ "饱和度"为30、❹ "明度"为–20。此时即将人物唇色调整为冷艳的深紫色调，如图7-163所示。

图 7-163

由于调整效果应用到了整个照片，因此要将不需要的区域进行隐藏。选择"色相/饱和度"调整图层的蒙版，同时设置前景色为黑色，然后使用快捷键Alt+Delete将蒙版填充为黑色。照片的调整效果被隐藏，恢复到最原始状态，如图7-164所示。

图 7-164

接下来，需要将调整的人物唇色单独显示出来。在图层蒙版选中状态下，❶ 设置前景色为白色，❷ 选择工具箱中的"画笔工具"，❸ 在选项栏中设置一个较小笔尖的柔边圆画笔。设置完成后，❹ 在图层蒙版中嘴唇的位置涂抹，将调整效果显示出来。"图层"面板效果如图7-165所示。画面效果如图7-166所示。

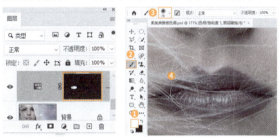

图 7-165　　　　　图 7-166

❶ 将该调整图层选中，❷ 设置"混合模式"为"叠加"。人物唇色变得更加自然、饱满一些，如图7-167所示。

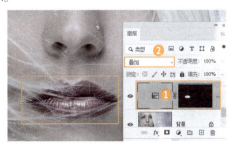

图 7-167

第3步　在画面中增加红色成分

新建一个"曲线"调整图层，❶ 在"属性"面板中选择"红"通道，❷ 将上段曲线向左上角拖动，❸ 将下段曲线向右下角拖动。照片呈现出明显的紫色调倾向，如图7-168所示。

第7章　常用调色技法

图 7-168

第 4 步 提高整体亮度

❶ 选择 RGB 通道，❷ 将曲线向左上角拖动。照片亮度得到明显提升，如图 7-169 所示。

图 7-169

第 5 步 提高眼睛亮度

继续新建一个"曲线"调整图层，在"属性"面板中把曲线向左上角拖动。人物眼睛的亮度得到提高，如图 7-170 所示。

图 7-170

在该调整图层蒙版中填充黑色，使用白色涂抹眼睛部分，使该调整图层只对眼睛部分起作用。"图层"面板效果如图 7-171 所示。画面效果如图 7-172 所示。

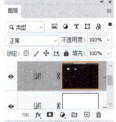

图 7-171　　　　图 7-172

第 6 步 添加光效

执行"文件">"置入嵌入对象"命令，将光效素材图片置入，调整大小使其充满整个版面，并将该图层进行栅格化处理，如图 7-173 所示。

接着，❶ 在光效素材图层选中状态下，❷ 设置"混合模式"为"滤色"，如图 7-174 所示。

图 7-173　　　　图 7-174

至此，本案例制作完成，效果如图 7-175 所示。

图 7-175

7.2.4 案例：双色风光照片排版

扫一扫，看视频

核心技术：黑白、曲线。

案例解析：本案例主要创建"黑白"调整图层和"曲线"调整图层，对素材进行去色操作及红、蓝双色调的增加，以制作出双色图像效果。

背景虚化的照片排版效果主要通过对背景图层使用"高斯模糊"滤镜得到模糊的背景，并且使用"矩形工具"和"横排文字工具"添加一些版面装饰元素。案例效果如图 7-176 所示。

图 7-176

操作步骤：

第1步　打开照片文件

创建一个横版的空白文档，将风光照片文件置入画面中，并调整到合适位置，如图7-177所示。

图7-177

第2步　制作模糊效果

执行"滤镜">"模糊">"高斯模糊"命令，❶在打开的"高斯模糊"对话框中设置"半径"为10像素。设置完成后，❷单击"确定"按钮，如图7-178所示。

此时背景变得模糊，效果如图7-179所示。

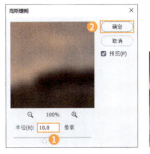 

图7-178　　　　　图7-179

第3步　制作黑白效果

创建一个"黑白"调整图层，此时打开的"属性"面板中的数值为默认状态，无须进行调整。此时照片被调整为黑白状态，如图7-180所示。

图7-180

第4步　在左上角增加红色调

创建一个"曲线"调整图层。在"属性"面板中选择"红"通道，在曲线中段按住鼠标左键向左上角拖动，增加照片中红色色调的含量，如图7-181所示。

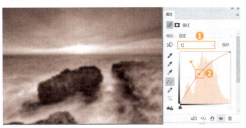

图7-181

由于只需照片左上的大部分区域呈现红色，因此需要将多余效果隐藏。将该调整图层的蒙版选中，❶选择工具箱中的"渐变工具"，❷在选项栏中编辑一个黑色到白色的线性渐变。设置完成后，❸在调整图层蒙版中自左上向右下拖动，将右下角多余的红色效果隐藏，如图7-182所示。画面效果如图7-183所示。

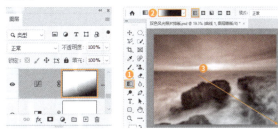

图7-182　　　　　图7-183

第5步　在右下角增加蓝色调

新建一个"曲线"调整图层，❶在"属性"面板中选择"蓝"通道，❷将曲线向左上角拖动，增加照片蓝色色调的含量。此时照片右下角呈现出明显的蓝色调倾向，如图7-184所示。

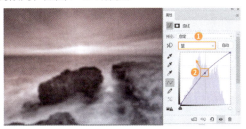

图7-184

由于只需将照片右下角的小部分区域调整为蓝色，因此使用制作局部红色调效果的方式将多余的蓝色调效果隐藏。"图层"面板效果如图 7-185 所示。画面效果如图 7-186 所示。

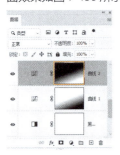 

图 7-185　　　　图 7-186

第 6 步　绘制矩形

❶ 选择工具箱中的"矩形工具"，❷ 在选项栏中设置"绘制模式"为"形状"、❸ "填充"为白色、❹ "描边"为无。设置完成后，❺ 在版面中间绘制图形，如图 7-187 所示。

图 7-187

第 7 步　再次置入照片文件

再次置入风光照片文件，缩小后放在白色矩形上方，并栅格化，如图 7-188 所示。

第 8 步　复制调色效果

将制作背景的一个"黑白"调整图层和两个"曲线"调整图层选中，复制，放在风光照片图层的上方。选中这三个调整图层，右击，在弹出的快捷菜单中执行"创建剪贴蒙版"命令，如图 7-189 所示。

图 7-188　　　　图 7-189

需要使上方照片的色彩显示范围对调。选中其中一个"曲线"调整图层的蒙版，使用"反相"命令快捷键 Ctrl+I，调整图层蒙版中的黑白关系产生反转，同时色彩调整的区域也发生了变化，如图 7-190 所示。

图 7-190

继续选择另外一个"曲线"调整图层的蒙版，并进行"反相"操作，效果如图 7-191 所示。

图 7-191

第 9 步　添加文字

❶ 选择工具箱中的"横排文字工具"，❷ 在白色矩形右上角输入文字。文字输入完成后，❸ 在选项栏中设置合适的字体、字号及颜色，如图 7-192 所示。

接着对文字形态进行调整。将文字图层选中，在打开的"字符"面板中单击"全部大写字母"按钮,将文字字母全部调整为大写形式,如图 7-193 所示。

图 7-192　　　　　图 7-193

继续使用"横排文字工具"输入其他文字。至此,本案例制作完成,效果如图 7-194 所示。

图 7-194

7.2.5　案例：电影感色调照片

核心技术：曝光度、曲线、自然饱和度。

案例解析：本案例首先创建"曝光度"调整图层,提高画面的亮度;接着创建"曲线"调整图层,将照片色调调整为极具电影感的灰蓝色调;然后提升画面整体饱和度,增强视觉效果;最后在照片四周添加暗角,让电影感的视觉氛围更加浓厚。案例效果如图 7-195 所示。

图 7-195

操作步骤：

第 1 步　打开照片文件

执行"文件">"打开"命令,打开照片文件。本案例中的照片存在偏暗、颜色饱和度不够等问题,给人的视觉感受也比较压抑,如图 7-196 所示。

图 7-196

第 2 步　提高照片曝光度

在"调整"面板中单击"曝光度"按钮,创建一个"曝光度"调整图层,如图 7-197 所示。

图 7-197

在"属性"面板中设置"曝光度"为 +1.10,画面变亮,如图 7-198 所示。

图 7-198

第 3 步　调整照片颜色倾向

首先降低照片中红色的含量。新建一个"曲线"调整图层, ❶ 选择"红"通道, ❷ 在"属性"面板中将曲线向下拖动,照片中红色的含量降低,如图 7-199 所示。

之后, ❶ 在"属性"面板中选择"蓝"通道, ❷ 将右上角的点向下拖动, ❸ 左下角的点向上拖动,如图 7-200 所示。

图 7-199

图 7-200

接下来提高照片整体亮度。❶ 在"属性"面板中选择 RGB 通道，❷ 将曲线向左上角拖动，此时照片亮度得到提升，如图 7-201 所示。

图 7-201

第 4 步 提高照片自然饱和度

创建一个"自然饱和度"调整图层，在"属性"面板中设置"自然饱和度"为 +85，此时照片颜色饱和度更加饱满，如图 7-202 所示。

图 7-202

第 5 步 制作暗角效果

再次新建一个"曝光度"调整图层，在"属性"面板中设置"曝光度"为 –14.56，将照片曝光度降低到纯黑状态，如图 7-203 所示。

图 7-203

由于要制作暗角效果，因此需要将照片除四角外的图像效果显示出来。选择"曝光度"调整图层的蒙版，如图 7-204 所示，❶ 设置前景色为黑色，❷ 选择工具箱中的"画笔工具"，❸ 在选项栏中设置一个较大的柔边圆画笔。设置完成后，❹ 在版面中间部分涂抹，使画面中心部分还原回之前的亮度。"图层"面板如图 7-205 所示。

 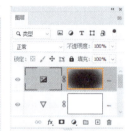

图 7-204　　　　　图 7-205

至此，本案例制作完成，效果如图 7-206 所示。

图 7-206

7.2.6 案例：打造梦幻海景照片

核心技术：曲线、色彩平衡、可选颜色。

案例解析：本案例使用了多种调色操作对画面的整体及局部进行颜色调整，使画面中各部分颜色恢复为正常状态，并使照片看起来更加明艳。案例效果如图 7-207 所示。

扫一扫，看视频

图 7-207

操作步骤：

第 1 步 打开照片文件

执行"文件">"打开"命令，打开照片文件。本案例中的照片存在亮度过高、明暗对比较弱、颜色饱和度不够等问题，如图 7-208 所示。

图 7-208

第 2 步 降低局部亮度

创建一个"曲线"调整图层，将曲线向右下角拖动，降低照片亮度，如图 7-209 所示。

图 7-209

在将照片整体亮度降低的同时，远处的山脉、水天连接处、海浪边缘等位置过暗，需要将其恢复到原始效果。选择"曲线"调整图层的蒙版，❶ 设置前景色为黑色，❷ 选择工具箱中的"画笔工具"，❸ 在选项栏中设置一个大小合适的柔边圆画笔。设置完成后，❹ 在需要调整位置涂抹，将曲线调整效果隐藏，如图 7-210 所示。"图层"面板效果如图 7-211 所示。

图 7-210　　　　图 7-211

第 3 步 调整海水颜色

创建一个"色彩平衡"调整图层，❶ 设置"色调"为"中间调"，❷ 调整"青色－红色"为 –51、❸ "洋红－绿色"为 48、❹ "黄色－蓝色"为 –32，如图 7-212 所示。

图 7-212

接着需要将多余的调整效果隐藏。选择该调整图层的蒙版，将其填充为黑色，隐藏"色彩平衡"调整效果，如图 7-213 所示。

图 7-213

❶ 设置前景色为白色，❷ 选择工具箱中的"画笔工具"，❸ 在选项栏中设置一个大小合适的半透明柔边圆画笔。设置完成后，❹ 在海浪边缘位置涂抹，

将调整效果显示出来。"图层"面板效果如图 7-215 所示。

图 7-214　　　　　图 7-215

第 4 步 可选颜色调整画面

创建一个"可选颜色"调整图层，在"属性"面板中，❶ 设置"颜色"为"黄色"，❷ 调整"青色"为 40、❸ "洋红"为 40、❹ "黄色"为 40，如图 7-216 所示。

接着，❶ "颜色"选择"绿色"、❷ 设置"青色"为 29、❸ "洋红"为 68、❹ "黄色"为 71，如图 7-217 所示。

图 7-216　　　　　图 7-217

然后，❶ "颜色"选择"青色"，❷ 设置"青色"为 64、❸ "洋红"为 25、❹ "黄色"为 43，如图 7-218 所示。

最后，❶ "颜色"选择"蓝色"，设置 ❷ "青色"为 31、❸ "洋红"为 –40、❹ "黄色"为 56，如图 7-219 所示。

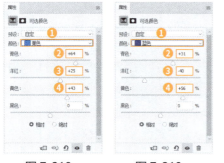

图 7-218　　　　　图 7-219

此时效果如图 7-220 所示。

图 7-220

第 5 步 压暗天空亮度

创建一个"曲线"调整图层，将曲线向右下角拖动，降低画面亮度，如图 7-221 所示。

图 7-221

此时曲线调整效果应用到了整个照片，需将不需要的部分隐藏。将该调整图层的蒙版选中，❶ 选择工具箱中的"渐变工具"，❷ 在选项栏中编辑一个黑白线性渐变。设置完成后，❸ 按住鼠标左键，自中间位置向上拖动，将不需要的调整效果隐藏，如图 7-222 所示。"图层"面板效果如图 7-223 所示。

图 7-222　　　　　图 7-223

第 6 步 调整沙滩颜色

再次创建一个"色彩平衡"调整图层，❶ "色调"选择"中间调"，❷ 设置"洋红 – 绿色"为 –30、❸ "黄色 –

蓝色"为 −50,此时沙滩颜色变得更加饱满,如图 7-224 所示。

图 7-224

将该调整图层的蒙版选中,将其填充为黑色,隐藏调整效果,如图 7-225 所示。

图 7-225

❶ 设置前景色为白色,❷ 选择工具箱中的"画笔工具",❸ 在选项栏中设置一个大小合适的柔边圆画笔,设置完成后,❹ 在沙滩部位涂抹,将调色效果显示出来,如图 7-226 所示。"图层"面板效果如图 7-227 所示。

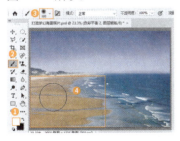   

图 7-226   图 7-227

第7步 增强整体明暗对比

❶❷ 创建一个"曲线"调整图层,调整曲线形态,增强照片的明暗对比度,如图 7-228 所示。

图 7-228

至此,本案例制作完成,效果如图 7-229 所示。

图 7-229

7.3 调色项目实战:改善灰蒙蒙的风景照

核心技术:
- 通过"智能锐化"滤镜增强画面的细节。
- 使用"阴影/高光"命令单独提亮画面暗部。
- 使用"曲线"调整画面明暗、对比度及颜色倾向。
- 在调整图层蒙版中控制调色范围。
- 调整图层和"剪贴蒙版"的协同使用。

案例效果如图 7-230 所示。

图 7-230

7.3.1 设计思路

本案例为典型的自然风光摄影作品，原照片存在一系列的问题，如画面整体偏暗、缺少层次感、色彩暗淡、天空缺少蓝色，被植物覆盖的地面也没有呈现出应有的绿色。本案例需要通过一系列的调色命令，将各部分颜色调整为清晰、通透且接近真实的色彩。除此之外，还需要对天空部分进行更换，案例如图7-231所示。

图 7-231

7.3.2 配色方案

对于自然风光摄影作品的调色，通常需要将画面中的各部分恢复为本该有的颜色，使天空呈现带有层次感的蓝色调，而地面部分可以按照原始照片中的明暗对比进行提亮，使原本接近黑色的植物部分转变为深绿色，使原本黄绿色的植物部分变为翠绿色。根据当前画面的光感，整体色调应为中调或偏冷的色调，这种色调会使画面看起来更加通透，如图7-232所示。

图 7-232

7.3.3 版面构图

大场景的风光摄影作品可以选择的构图方式并不是很多。例如，本案例就是非常典型的分割式构图，

地平线将画面分割为天空和地面两个部分。由于地面具有层次丰富的植被、蜿蜒的小路及错落的民居，很适合作为画面展示的主体，所以地面部分的占比可以稍大一些，如图7-233所示。

民居和道路的区域作为画面的重点展示区域，被放置在中部偏下的位置。近景有草地，中景为画面重点，远一些有森林，最远处还有天空，画面层次非常丰富，如图7-234所示。

图 7-233　　　　　图 7-234

7.3.4 制作流程

首先利用"智能锐化"滤镜增加照片的细节，同时提高暗部的亮度；其次提高整体亮度；然后增加绿色草地的颜色饱和度；再之后提高照片左下角、远方树木及村庄区域的亮度；下面增加草地中绿色色调的含量；最后为画面更换蓝色的天空，如图7-235所示。

图 7-235

7.3.5 操作步骤

第1步　复制背景图层

将照片素材文件打开，如图7-236所示。为了避免破坏原始照片，首先选择背景图层，使用快捷键

Ctrl+J 将其复制。

图 7-236

第 2 步 增强照片细节

由于照片有些模糊，因此需要进行适当的锐化。选择复制得到的图层，执行"滤镜">"锐化">"智能锐化"命令，在打开的"智能锐化"对话框中设置❶"数量"为 66%、❷"半径"为 6.2 像素。设置完成后，单击"确定"按钮，如图 7-237 所示。

图 7-237

此时照片看起来更加清晰，细节也更加突出了。细节效果如图 7-238 所示。

图 7-238

第 3 步 提高暗部区域的亮度

在图层选中状态下，执行"图像">"调整">"阴影/高光"命令，❶ 在打开的"阴影/高光"对话框中设置阴影的"数量"为 40%。设置完成后，❷ 单击"确定"按钮，如图 7-239 所示。

此时照片中处于暗部的区域被提亮，效果如图 7-240 所示。

图 7-239　　图 7-240

第 4 步 增强照片明暗对比度

虽然照片亮度得到了一定的提升，但是明暗对比效果不明显，需要进一步调整。在"调整"面板中单击"曲线"按钮，创建一个"曲线"调整图层，如图 7-241 所示。

图 7-241

打开"属性"面板，❶ 在曲线上按住右上角的控制点，向左上拖动，❷ 在曲线下段按住左下角的控制点，向右拖动，如图 7-242 所示，此时画面明暗反差增大。效果如图 7-243 所示。

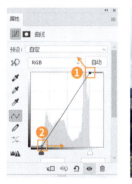

图 7-242　　图 7-243

第 5 步 增强照片饱和度

照片中的草地、树木、鲜花等颜色饱和度不足，给人的感觉比较压抑，因此需要将其颜色饱和度适当提升。如图 7-244 所示，

图 7-244

在"调整"面板中单击创建一个"自然饱和度"调整图层。

在弹出的"属性"面板中设置"自然饱和度"为50,如图7-245所示,此时画面颜色感增强。效果如图7-246所示。

图 7-245　　　　图 7-246

第6步　提高左下角局部的亮度

照片整体的亮度得到提高,但是画面左下部的深色植物区域还是过暗,如图7-247所示。需要进一步提高亮度。

图 7-247

再次新建一个"曲线"调整图层。在曲线中段按住鼠标左键向左上角拖动,如图7-248所示。照片效果如图7-249所示。

图 7-248　　　　图 7-249

由于当前调整图层只需要针对局部区域进行操作,因此需要将其他区域恢复到之前状态。将该"曲线"调整图层的蒙版选中,设置前景色为黑色。设置完成后,

使用快捷键Alt+Delete将蒙版填充为黑色,把曲线调整效果隐藏。"图层"面板效果如图7-250所示。画面效果如图7-251所示。

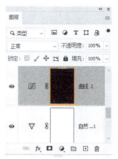 

图 7-250　　　　图 7-251

如图7-252所示,❶设置前景色为白色,❷选择工具箱中的"画笔工具",❸在选项栏中设置一个大小合适的柔边圆画笔,❹将不透明度适当降低。❺设置完成后在照片左下角涂抹。此时只有少部分区域受到了调整图层的影响。"图层"面板效果如图7-253所示。

图 7-252　　　　图 7-253

第7步　压暗远方树木亮度

画面远景有部分区域亮度较低且偏灰,需要单独调整,如图7-254所示。

图 7-254

创建一个"曲线"调整图层，调整曲线形态，压暗暗部区域的同时增强对比度，如图 7-255 所示。效果如图 7-256 所示。

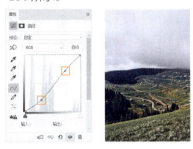

图 7-255　　　　图 7-256

接着需要在该"曲线"调整图层的蒙版选中状态下，将其填充为黑色，如图 7-257 所示。❶ 设置前景色为白色，❷ 选择工具箱中的"画笔工具"，❸ 在选项栏中设置一个大小合适的半透明柔边圆画笔。设置完成后，❹ 在远方树木区域涂抹，将其调整效果显示出来，如图 7-258 所示。

图 7-257　　　　图 7-258

第 8 步　调整画面中部区域

再次创建一个"曲线"调整图层，调整曲线的形态，将画面提亮的同时增强对比度，如图 7-259 所示。画面效果如图 7-260 所示。

图 7-259　　　　图 7-260

使用同样的方式将曲线调整效果全部隐藏。然后借助"画笔工具"绘制白色，将画面中部区域的调整效果单独显示出来。"图层"面板效果如图 7-261 所示。画面效果如图 7-262 所示。

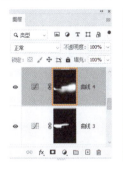
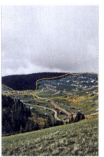

图 7-261　　　　图 7-262

第 9 步　调整草地颜色

当前草地色调偏向于黄色，需要进行调整。在"调整"面板中单击"可选颜色"按钮，创建一个"可选颜色"调整图层，如图 7-263 所示。

图 7-263

❶ 在"属性"面板中设置"颜色"为黄色，❷ 设置"青色"为 70%，增加草地中青色色调的含量，如图 7-264 所示。此时草地变绿，画面效果如图 7-265 所示。

图 7-264　　　　图 7-265

第10步 更换天空

照片中的天空发灰，因此可以置入合适的天空素材图片，将其替换，并放在版面上方，将该图层进行栅格化处理，如图7-266所示。

图7-266

天空素材图片的下半部分多余，需要将其隐藏。将天空图层选中，为其添加一个图层蒙版。❶ 设置前景色为黑色，❷ 选择工具箱中的"画笔工具"，❸ 在选项栏中设置一个较大笔尖的柔边圆画笔。设置完成后，❹ 在图层蒙版下半部分涂抹，如图7-267所示。"图层"面板如图7-268所示。

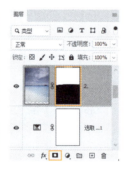

图7-267　　　　图7-268

此时画面效果如图7-269所示。

图7-269

第11步 提高天空下半部分亮度

由于天空素材的下半部分偏暗，需要适当提高其亮度。在天空图层上方创建一个"曲线"调整图层，❶ 调整曲线形态，将画面提亮。❷ 单击底部的"此调整剪切到此图层"按钮，使其调整效果只针对下方天空图层有效，如图7-270所示。画面效果如图7-271所示。

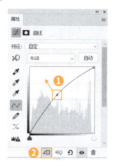

图7-270　　　　图7-271

将"曲线"调整图层的蒙版选中，❶ 选择工具箱中的"渐变工具"，❷ 在选项栏中编辑一个黑白色系的线性渐变。设置完成后，❸ 在画面顶部按住鼠标左键自上向下拖动，将曲线调整效果部分隐藏。此时只有天空的下半部分产生了提亮的效果，如图7-272所示。图层蒙版效果如图7-273所示。

图7-272　　　　图7-273

第12步 调整天空颜色倾向

从画面中可以看出，天空云朵中含有些许的红色成分，需要去除。创建一个"曲线"图层，❶ 选择"红"通道，❷ 在曲线中段按住鼠标左键向右下角拖动，如图7-274所示。此时天空倾向于冷调的青蓝色，画面效果如图7-275所示。

图 7-274　　　　　图 7-275

第 13 步　压暗天空顶部亮度

压暗天空顶部亮度。❶选择 RGB 通道，❷将曲线向右下角拖动，压暗画面，如图 7-276 所示。效果如图 7-277 所示。

图 7-276　　　　　图 7-277

选择"曲线"调整图层的蒙版，使用黑白色系的渐变在蒙版中进行填充，使该调整图层只针对天空的顶部进行操作。"图层"面板如图 7-278 所示。此时本案例制作完成，效果如图 7-279 所示。

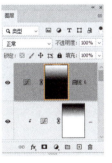

图 7-278　　　　　图 7-279

扫一扫，看视频

高效抠图技法

Chapter
8

第8章

抠图是指将画面中的某一部分从原始图像中分离出来,成为一个单独的图层的过程。在进行广告设计、产品修图、创意合成时经常需要进行抠图操作。具有不同特征的图片适用的抠图方法也是不同的,Photoshop中提供了多种抠图方式以满足不同情况的抠图需求。本章将学习不同的工具和功能的适用情况及使用方法,以便在未来的抠图操作中事半功倍。

核心技能

- 人像抠图
- 长发抠图
- 商品照片更换背景
- 半透明对象抠图
- 快速换天空

8.1 抠图基础操作

抠图也称为"去背"（去除背景），是设计制图过程中常用的操作。抠图与合成是密不可分的，将一张图片中的内容提取出来叫作抠图，将提取出来的对象放置到另外一个画面中叫作合成。

首先了解一下抠图与合成的基本思路。

第1步 找到合适的素材后，首先要制作需要保留的主体物的选区，或者制作需要删除部分的选区。如图 8-1 所示为得到了主体物的选区。

第2步 将主体物从原始的图片中提取出来。这一步可能是将背景部分删除或隐藏，也可能是将主体物复制为独立的图层，如图 8-2 所示。

图 8-1　　　　　图 8-2

第3步 将抠好的主体物添加到新的场景中，或者向当前文档中添加合适的背景，以得到新的画面，如图 8-3 所示。

图 8-3

小技巧

在创建选区之前，首先要分析图像的特征，然后选择合适的抠图方式。

如果主体物与背景颜色反差比较大，则可以使用**快速选择工具、魔棒工具、磁性套索工具**等基于颜色差异的工具进行抠图。

如果主体物与背景颜色差异并不大，或者需要进行非常精确的抠图，则可以使用钢笔工具抠图。

如果需要抠图的对象为长发人像或小动物，则需要使用"选择并遮住"命令。

如果需要对玻璃、云朵、薄纱等带有半透明属性的对象抠图，则需要使用通道抠图。

8.1.1 快速得到对象选区

功能概述：

"对象选择工具"是一款较为智能的抠图工具，使用该工具只需在画面中绘制出需要抠图的对象的范围，系统会自动识别范围中的主体物并创建选区。这款工具操作简单，适用于主体物与环境色差较大，且相对比较清晰的抠图操作。

快捷操作：

多次使用组合键 Shift+W 可以切换到"对象选择工具"。

使用方法：

第1步 使用"矩形"模式创建选区

将素材图片打开。❶选择工具箱中的"对象选择工具" ，❷在选项栏中将"模式"设置为"矩形"，❸在画面中需要抠取对象位置的外侧按住鼠标左键拖动，使选区覆盖主体物，如图 8-4 所示。

释放选区后，选区会自动追踪到抠取对象的边缘，得到其选区，如图 8-5 所示。

图 8-4　　　　　图 8-5

第2步 使用"套索"模式创建选区

当要抠取的对象外边缘不规则时，可以在选项栏中将"模式"设置为"套索"，按住鼠标左键拖动绘制选区，释放鼠标按键后可以得到对象选区，如图 8-6

所示。

图 8-6

8.1.2 快速选择工具抠图

功能概述：

"快速选择工具"能够自动查找颜色接近的区域，并创建出这部分区域的选区，适用于主体图像与背景颜色差别较大的情况。

扫一扫，看视频

快捷操作：

多次使用快捷键 Shift+W 可以切换到"快速选择工具"。

使用方法：

第1步 使用"快速选择工具"创建选区

将素材图片打开，❶ 选择工具箱中的"快速选择工具" ，❷ 在选项栏中单击"添加到选区"按钮 ，将选区的运算模式设置为"添加到选区"，这样就可以在原有选区的基础上添加新创建的选区。❸ 设置合适的笔尖大小。设置完成后，❹ 在需要抠取对象上方按住鼠标左键拖动创建选区，随着鼠标的拖动，选区追踪到抠取对象的边缘，并不断扩大选区，如图 8-7 所示。

图 8-7

🔔 小技巧

画笔笔尖尺寸决定了选区的范围，画笔尺寸大一些时可以提高创建选区的效率；对小块区域或对对象边缘创建选区时，需要将笔尖调小。

第2步 选区的运算

在创建选区的过程中，如果错误地选择了多余的区域，则可以 ❶ 单击选项栏中的"从选区减去"按钮 ，❷ 在需要减选的位置按住鼠标左键拖动进行选区的减选操作，如图 8-8 所示。

最后得到抠取对象的选区，如图 8-9 所示。

图 8-8   图 8-9

常用参数解读：

- 对所有图层取样：勾选该复选框后，在创建选区时，会对当前显示出的所有图层的效果进行选区的创建。如果不勾选该复选框，则只针对所选图层创建选区。
- 增强边缘：用于降低选取范围边界的粗糙度与区块感。

8.1.3 魔棒工具抠图

功能概述：

"魔棒工具"用于获取与取样点颜色相似部分的选区。该工具使用比较简单，只需选择该工具，在画面中单击，就可以得到选区。值得注意的是，光标所在位置就是取样点，而颜色是否相似则是由容差数值控制的，数值越大，可被选择的区域也就越大。

扫一扫，看视频

快捷操作：

多次使用快捷键 Shift+W 可以切换到"魔棒工具"。

使用方法：

第1步 使用"魔棒工具"创建选区

将素材图片打开，❶ 选择工具箱中的"魔棒工具" ，❷ 选项栏中的"容差"选项能够控制选区的选择范围，数值越小，颜色选择范围越小；数值越大，对像素相似程度要求越低，所以选择范围越大，设置合适的"容差"数值。❸ 在画面中单击，单击位置处将作为取样点，此时画面中与取样点颜色相近的范围会被选区选中，如图 8-10 所示。

图 8-10

第 2 步 选区的运算

如果此时有未被选中的区域，则可以 ❶ 单击选项栏中的"添加到选区"按钮，❷ 然后适当增加"容差"数值，❸ 继续在需要选中的位置单击，将没有纳入选区范围的部分添加进来，如图 8-11 所示。

图 8-11

第 3 步 使用"连续"选项

"连续"选项可以对连续像素进行取样。❶ 勾选"连续"复选框，❷ 在画面中单击，与取样点相邻的像素被选中，而不相邻的相似颜色区域没有被选中，如图 8-12 所示。

然后，❶ 取消勾选"连续"复选框，❷ 可以选择与所选像素颜色接近的所有区域，没有连续的区域也会被选择，如图 8-13 所示。

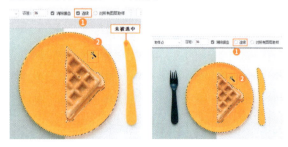

图 8-12　　　　　图 8-13

常用参数解读：

取样大小：用来设置"魔棒工具"的取样范围。选择"取样点"，可以只对光标所在位置的像素进行取样；选择"3×3 平均"，可以对光标所在位置 3 个像素区域内的平均颜色进行取样；其他的以此类推，如图 8-14 所示。

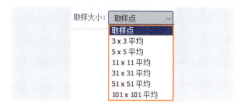

图 8-14

8.1.4　磁性套索工具抠图

功能概述：

"磁性套索工具"能够自动识别颜色的差别，会自动吸附到颜色的交接位置，以沿着某对象外部轮廓创建选区。"磁性套索工具"适用于主体对象边缘与背景颜色反差较大的情况。

快捷操作：

多次使用快捷键 Shift+L 可以切换到"磁性套索工具"。

使用方法：

第 1 步 "磁性套索工具"的使用

将素材图片打开，❶ 选择工具箱中的"磁性套索工具"，❷ 在需要抠取对象的边缘单击，❸ 沿着对象边缘拖动光标，随着光标的移动会自动出现一系列锚点，像有磁力一样在对象边缘位置绘制出轮廓线。为保证选区准确，可以在拖动光标的过程中慢一些、耐心一些，如图 8-15 所示。

第 2 步 删除错误锚点

在拖动光标的过程中，如果出现错误的锚点，可以按 Delete 键删除，然后移动光标位置重新确定锚点，如图 8-16 所示。

图 8-15　　　　　图 8-16

第3步 得到选区

继续沿着抠取对象边缘拖动光标，移动到起始位置后单击，如图8-17所示。得到选区，如图8-18所示。

图8-17　　　　　图8-18

常用参数解读：

- 宽度：该选项决定了光标经过位置的"磁力"范围，数值越大，"磁力"范围越广。当对象边缘清晰时，可以设置较大数值；当对象边缘模糊、复杂时，设置较小数值。
- 对比度：该选项用来设置光标"磁力"的灵敏度。可以输入0~100%的数值，输入的数值越高，识别图像边缘的反差越大，选取的范围也就越准确。
- 控制创建锚点的频率：频率数值越大，创建锚点的速度越快。
- 钢笔压力：如果计算机配有数位板和压感笔，可以单击该按钮，系统会根据压感笔的压力自动调节"磁性套索工具"的检测范围。

8.1.5 色彩范围抠图

功能概述：

"色彩范围"命令可以根据选定的图像中的颜色创建选区。在确定颜色范围时，既可以通过"吸管工具"进行颜色的取样，也可以按指定的某一种颜色获得选区，或者选定高光、阴影、中间调、肤色、溢色等区域。

使用方法：

第1步 打开素材图片

将素材图片打开，接下来将制作蓝色背景的选区，如图8-19所示。

图8-19

第2步 通过取样颜色得到选区

执行"选择">"色彩范围"命令，❶设置"选择"为"取样颜色"，❷在打开的"色彩范围"对话框中单击"吸管工具"按钮，❸在画面中背景的位置单击进行取样，❹此时观察缩览图，可以看到与取样点颜色相近的区域变为白色，如图8-20所示。

观察缩览图，可以看到还有部分背景是灰色的，❶此时可以增加"颜色容差"的数值，该选项用来控制颜色区域的范围，增加数值可以让取样范围加大。❷增加数值后，可以看到缩览图中白色范围变广，如图8-21所示。

图8-20　　　　　图8-21

观察缩览图，背景部分仍有残余的黑色没有变为全白，❶可以单击"添加到取样"按钮，❷在缩览图背景区域中显示灰色的位置单击，将这部分添加到取样，直到背景区域全部变为白色，如图8-22所示。

图8-22

第3步 得到背景的选区

设置完成后，单击"确定"按钮，即可得到缩览图中白色区域的选区，如图8-23所示。

图8-23

第 4 步　通过指定颜色得到选区

❶ 单击"选择"选项右侧的下拉按钮，❷ 在下拉列表中可以看到 6 种颜色选项及高光、中间调、阴影、肤色和溢色选项，选择其中某个选项就可以得到画面中对应区域的选区，如图 8-24 所示。

例如，❶ 将"选择"设置为"黄色"，❷ 在缩览图中可以看到画面中黄色的图像显示为白色，即得到了画面中包含黄色区域的选区，如图 8-25 所示。

图 8-24

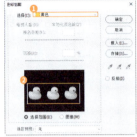
图 8-25

8.1.6　快速制作天空选区

扫一扫，看视频

功能概述：
"天空"命令能够快速得到画面中天空部分的选区，该命令没有选项可供设置。

使用方法：

第 1 步　打开素材文件

将素材文件打开，选择带有天空的图层，如图 8-26 所示。

图 8-26

第 2 步　得到天空选区

执行"选择">"天空"命令，即可得到画面中天空区域的选区，如图 8-27 所示。

图 8-27

第 3 步　删除天空

按 Delete 键，即可删除选区中的像素，随即露出下方图层中的天空。使用快捷键 Ctrl+D 取消对选区的选择，如图 8-28 所示。

图 8-28

第 4 步　编辑天空

如果无须删除当前天空，也可在保留天空选区的情况下，对天空的部分进行单独调色或其他编辑操作，如图 8-29 和图 8-30 所示。

图 8-29

图 8-30

8.1.7　智能换天

功能概述：
"天空替换"命令可以自动识别画面中的天空部分，并将原有的天空更换为其他天空效果，同时会根据新更换的天空色调对画面整体色调进行调整，使画面看起来更加真实。

使用方法：

第1步 打开素材图片

打开带有天空的素材图片，如图8-31所示。

图 8-31

第2步 使用"天空替换"命令

执行"编辑">"天空替换"命令，在打开的"天空替换"对话框中，可以选择一个合适的天空图像，如图8-32所示。

此时天空被自动替换，而且画面其他部分的颜色也发生了相应的变化，如图8-33所示。

图 8-32　　　　　图 8-33

第3步 移动新增天空的位置

选择工具箱中的"移动工具"，可以在画面中按住鼠标左键并拖动调整新增天空的显示区域，如图8-34所示。

图 8-34

第4步 通过更改参数调整画面色调

除此之外，还可以在"天空替换"对话框中进行一系列参数的设置，更改画面色调。例如，此处设置"亮度"为10，"色温"为-10。勾选"翻转"复选框，使新增天空左右翻转。展开"前景调整"选项组，设置"光照调整"为20、"颜色调整"为50，如图8-35所示。此时画面效果如图8-36所示。

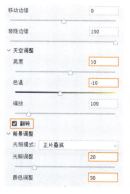 

图 8-35　　　　　图 8-36

单击"确定"按钮完成操作，回到"图层"面板中，可以看到自动出现了一系列对于画面进行调整的图层。如果需要细节调整，可以直接对这些新增图层进行修改，如图8-37所示。

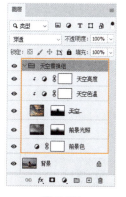

图 8-37

8.1.8　细化选区抠出毛发

功能概述：

头发、绒毛、茂密的植物等这些边缘细碎且复杂的对象，使用之前学习的方法进行抠图就比较困难。而通过"选择并遮

扫一扫，看视频

住"可以对选区边缘进行精细化处理,细化选区范围,非常适合处理上述复杂对象的抠图操作。

使用"选择并遮住"抠图有两种方式:一种是使用"快速选择"等工具获得大致的选区,然后使用"选择并遮住"命令进行进一步的边缘细化操作;另一种是直接使用"选择并遮住"命令进行选区的创建。

快捷操作:
　　选择并遮住:快捷键 Ctrl+Alt+R。

使用方法:

第1步　制作大致选区

将小狗素材图片打开。❶ 选择工具箱中的"快速选择工具",❷ 设置合适的笔尖大小,然后在主体物上按住鼠标左键拖动得到基本选区,可以看到毛发边缘选区非常粗糙,如图 8-38 所示。

图 8-38

第2步　精细化选区

得到选区后,执行"选择">"选择并遮住"命令,进入"选择并遮住"工作区。❶ 选择工具箱中的"调整边缘画笔工具",❷ 在选项栏中单击"扩展检测区域"按钮,设置合适的笔尖大小,❸ 在选区的边缘按住鼠标左键涂抹,即可精细化选区,如图 8-39 所示。

图 8-39

第3步　设置输出选项

继续沿着主体物边缘按住涂抹细化选区,然后进行输出,展开对话框右侧的"输出设置"选项,❶ 勾选"净化颜色"复选框,将"数量"设置为 100%,❷ 单击"输出到"选项右侧的下拉按钮,选择"新建图层"选项,❸ 单击"确定"按钮,如图 8-40 所示。

此时可以看到主体物部分的像素被复制到了一个单独的图层,原来的图层被隐藏,如图 8-41 所示。

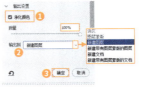 

图 8-40　　　　　图 8-41

第4步　合成新背景

最后置入新的背景图片素材,完成合成操作,如图 8-42 所示。

图 8-42

常用参数解读:

- 快速选择工具:与工具箱中的"快速选择工具"的使用方法相同,在选项栏中设置笔尖大小后,在画面中拖动创建选区,还可以进行选区的运算。
- 调整边缘画笔工具:创建选区后,使用该工具在选区位置涂抹,精确调整选区的边缘。
- 画笔工具:手动创建选区,先调整合适的笔尖,然后按住鼠标左键拖动,光标经过的位置会创建选区,通常用于对选区细节的调整。
- 对象选择工具:在需要选择对象的位置按住鼠标左键拖动绘制选区,系统会自动查找对象的边缘。
- 套索工具:使用该工具创建选区。
- 抓手工具:用来移动画布。
- 缩放工具:用来放大或缩小画布。
- 视图模式:单击"视图"右侧的下拉按钮,在下拉列表中选择视图,其中包括洋葱皮、闪烁虚线、叠加 、黑底、白底、黑白、图层 7 种视图模式。按 F

键可以在各个模式之间循环切换，按 X 键可以暂时禁用所有模式，如图 8-43 所示。

图 8-43

- 调整模式：用来选择对选区边缘的识别方式，当背景颜色比较干净、简单时，可以选择"颜色识别"；当背景比较复杂或选择毛发时，可以选择"对象识别"。
- 边缘检测："半径"选项用来控制选区边缘的大小，对于较为清晰的边缘可以设置较小的参数，对于比较模糊复杂的边缘可以设置较大的参数。"智能半径"自动调整边界区域中发现的硬边缘和柔化边缘的半径。
- 全局调整："调整边缘"选项组主要用来对选区进行平滑、羽化和扩展等处理，
- "输出"选项组主要用来消除选区边缘的杂色，以及设置选区的输出方式。

8.1.9 选区边缘的调整

功能概述：

执行"选择">"修改"下的菜单命令，可以对已有的选区进行修改。例如，扩展选区、收缩选区、平滑选区、制作选区边缘的羽化效果，或者制作边界选区等，如图 8-44 所示。

扫一扫，看视频

图 8-44

快捷操作：
羽化：快捷键 Shift+F6。

使用方法：

第1步 创建主体选区

将素材图片打开，然后使用"快速选择工具"创建主体物的选区，如图 8-45 所示。

图 8-45

第2步 创建边界选区

执行"选择">"修改">"边界"命令，在打开的"边界选区"对话框中，"宽度"选项用来设置边界选区的宽度，设置完成后，单击"确定"按钮，如图 8-46 所示。

此时的选区会在原有选区位置同时向内和向外扩展，形成一个新的选区，如图 8-47 所示。

图 8-46　　　　图 8-47

第3步 平滑选区边缘

创建选区，执行"选择">"修改">"平滑"命令，在打开的"平滑选区"对话框中，"取样半径"选项用来设置平滑的强度，数值越大选区越平滑，参数设置完成后，单击"确定"按钮，如图 8-48 所示。

此时选区边缘的细节会变少，选区会变得较为平滑，如图 8-49 所示。

图 8-48　　　　图 8-49

第 4 步　扩展选区范围

对已有选区执行"选择">"修改">"扩展"命令，在打开的"扩展选区"对话框中，"扩展量"选项用来设置选区向外扩展的距离，数值越大，扩展范围就越大。设置完成后，单击"确定"按钮，如图 8-50 所示。

此时可以看到选区向外扩展，选区的范围扩大，如图 8-51 所示。

图 8-50　　　　图 8-51

第 5 步　收缩选区范围

对已有选区执行"选择">"修改">"收缩"命令，在打开的"收缩选区"对话框中，"收缩量"选项用来设置选区向内收缩的距离，数值越大，收缩范围就越大。设置完成后，单击"确定"按钮，如图 8-52 所示。

此时可以看到选区向内收缩，如图 8-53 所示。

图 8-52　　　　图 8-53

第 6 步　羽化选区

对已有选区执行"选择">"修改">"羽化"命令，在打开的"羽化选区"对话框中，"羽化半径"选项用来设置选区边缘模糊的强度，数值越大模糊越强。设置完成后，单击"确定"按钮，如图 8-54 所示。

此时可以看到选区边缘似乎产生了向内收缩并变平滑的效果，如图 8-55 所示。

图 8-54　　　　图 8-55

按 Delete 键，通过观察删除效果可以看到选区边缘的效果。被删除的边缘区域为虚化的半透明效果，如图 8-56 所示。

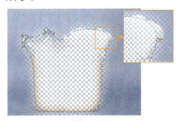

图 8-56

小技巧

当"羽化半径"过大时，会弹出警告提示框，如图 8-57 所示。

单击"确定"按钮后，可以看到画面中选区"消失"了。其实选区并没有消失，而是不可见。例如，按 Delete 键仍然可以看到画面的局部被删除掉的效果，如图 8-58 所示。

图 8-57　　　　图 8-58

8.1.10 精确抠图

功能概述：

在之前的学习中介绍了使用"钢笔工具"绘图的方法。"钢笔工具"不仅可以用来绘制图形，还可以进行抠图。选择"钢笔工具"后，在选项栏中设置绘制模式为"路径"，然后在所要抠取对象的边缘绘制路径，最后将路径转换为选区，进行抠图操作即可。使用"钢笔工具"适合抠取边缘复杂的图形对象。

扫一扫，看视频

快捷操作：

使用"钢笔工具"时，按住 Ctrl 键可以切换到"直接选择工具"。

使用"钢笔工具"时，按住 Alt 键可以切换到"转换点工具"。

使用方法：

第1步 打开素材文件

将素材文件打开，发现画面中的产品与背景颜色特别相近，如果使用基于色彩进行抠图的工具，此时可能无法得到准确的选区。可以使用"钢笔工具"进行精准抠图，如图 8-59 所示。

第2步 创建路径

❶ 选择工具箱中的"钢笔工具" ，❷ 在选项栏中设置"绘制模式"为"路径"，❸ 在画面中以单击的方式添加锚点，如图 8-60 所示。

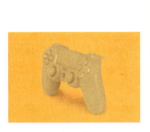
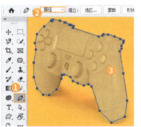

图 8-59　　　　　　　图 8-60

第3步 移动锚点

选择工具箱中的"直接选择工具" ，在锚点上单击，然后按住鼠标左键拖动，将锚点移动到对象边缘，如图 8-61 所示。

第4步 将尖角锚点转换为平滑锚点

❶ 选择工具箱中的"转换点工具" ，❷ 在锚点上方按住鼠标左键拖动，将尖角锚点转换为平滑锚

点。同时锚点上会显示控制柄，拖动控制柄可以调整路径走向。继续调整路径，将路径贴合于所有抠取的对象，如图 8-62 所示。

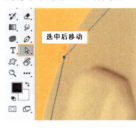
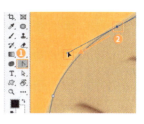

图 8-61　　　　　　　图 8-62

小技巧

在选择"转换点工具"的状态下，按住 Ctrl 键即可切换到"直接选择工具"，释放 Ctrl 键后即可切换回"转换点工具"。

第5步 添加锚点

在需要添加锚点的位置，❶ 选择工具箱中的"添加锚点工具" ，❷ 将光标移动至路径上方单击，即可添加锚点，如图 8-63 所示。添加了新的锚点之后，可以使用"直接选择工具"调整锚点的位置或使用"转换点工具"调整锚点的弧度。

第6步 删除锚点

在操作过程中，会产生一些多余的锚点。❶ 选择工具箱中的"删除锚点工具" ，❷ 将光标移动到锚点上方单击，即可删除锚点，如图 8-64 所示。

图 8-63　　　　　　　图 8-64

第7步 将路径转换为选区

继续沿着对象边缘调整路径的形态，如图 8-65 所示。

路径调整完成后，按快捷键 Ctrl+Enter 将路径转换为选区，如图 8-66 所示。

图 8-65　　　　　图 8-66

第 8 步 提取选区中的内容

得到选区之后，可以通过快捷键 Ctrl+J 将选区中的内容复制为独立图层，如图 8-67 所示。

图 8-67

8.1.11 使用通道抠图提取半透明对象

扫一扫，看视频

功能概述：
通道抠图用于抠取局部半透明的对象及边缘复杂的对象，如云朵、婚纱、玻璃、冰块、毛发、草丛等。

通道抠图需要使用"通道"面板，在"通道"面板中，白色代表选区以内的部分；黑色代表非选区；灰色代表半透明的选区，如图 8-68 所示。

图 8-68

所以在使用通道抠图抠取非半透明的对象时，通道中背景和主体物要分别为纯黑和纯白，如图 8-69 所示。

图 8-69

抠取带有透明或半透明属性的对象时，通道中带有半透明的区域则需要保留部分灰度区域，如图 8-70 所示。

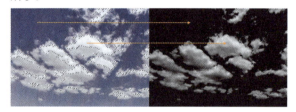

图 8-70

小技巧

使用"通道"进行辅助抠图操作的原因：第一，是因为通道中的黑白关系可以转换为选区；第二，不同的颜色通道其黑白关系也不相同，所以可以从不同黑白效果的通道中选择一个主体物与背景黑白反差最大的通道，并进行下一步处理。

使用方法：

第 1 步 选择需要抠图的图层

将素材文件打开，选择需要抠图的图层。本案例需要将草地图片中的云朵抠取出来，合成到带有雪山的画面中，如图 8-71 所示。

图 8-71

第2步 观察各个通道的黑白关系

只显示出需要抠图的图层,执行"窗口">"通道"命令,打开"通道"面板。首先需要观察每个通道中云和背景(也就是天空)的黑白反差,反差越大,抠图效果越好。单独显示"红"通道,效果如图 8-72 所示。

单独显示"绿"通道,效果如图 8-73 所示。

图 8-72　　　　　　图 8-73

单独显示"蓝"通道,效果如图 8-74 所示。

图 8-74

第3步 复制通道

通过观察,可以发现"红"通道中云和天空的反差最大。接下来,将"红"通道进行复制,选中"红"通道,按住鼠标左键向面板底部的"创建新通道"按钮 处拖动,如图 8-75 所示。

释放鼠标按键后即可得到"红 拷贝"通道,接下来的操作将在复制出的通道中进行,如图 8-76 所示。

 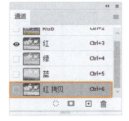

图 8-75　　　　　　图 8-76

小技巧

这一步骤非常重要,一定要在复制出的通道中进行后续调整。否则,如果对已有的红、绿、蓝通道进行调整,则可能影响画面色彩。

第4步 调整通道的黑白关系

接下来需要强化复制出的通道中的黑白对比。将需要完全去除的天空及草地部分处理为全黑,云朵根据其半透明效果,处理为灰白效果即可。

选中"红 拷贝"通道,使用快捷键 Ctrl+M 调出"曲线"对话框,❶ 单击"设置黑场"按钮 ,❷ 在画面中天空位置单击作为取样点。单击完成后,可以看到单击点处的像素变为黑色,同时图像中比该单击点暗的像素也会变成黑色,如图 8-77 所示。

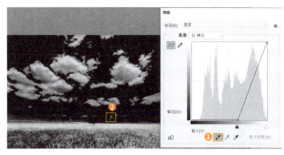

图 8-77

然后,❶ 单击"设置白场"按钮 ,❷ 在云朵位置单击,可以看到单击点处的像素变为白色,同时图像中比该单击点亮的像素也会变成白色,如图 8-78 所示。

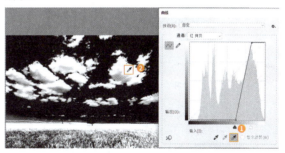

图 8-78

小技巧

此处取样点的位置会影响通道调整后的黑白效果,云朵需要保留部分灰色区域,所以在选择取样点时,要选择偏亮一些的区域单击。

设置完成后,单击"确定"按钮提交操作。此时通道中云与天空的反差变得很明显,如图 8-79 所示。

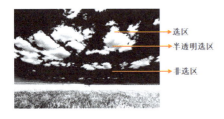

图 8-79

对于通道中黑白关系的调整，不仅可以用调色命令，还可以使用画笔工具。此时画面中云与天空的黑白关系已经调整完，但是地面的草地是不需要的内容，也就应该是非选区。那么直接使用"画笔工具"将其涂抹成黑色即可。

❶ 将前景色设置为黑色，❷ 选择工具箱中的"画笔工具"，❸ 在选项栏中设置合适的笔尖大小，❹ 在画面中草地的位置涂抹，将这部分处理成黑色，如图 8-80 所示。

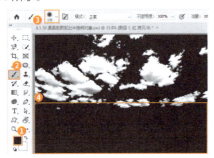

图 8-80

第 5 步 载入选区

黑白关系调整完成后，接下来载入该通道的选区。单击"通道"面板底部的"将通道作为选区载入"按钮 ，即可得到白色位置的选区，如图 8-81 所示。

图 8-81

单击 RGB 复合通道，显示出完整的画面效果，如

图 8-82 所示。可以看到选区的位置，如图 8-83 所示。

图 8-82   图 8-83

第 6 步 复制选区中的内容

回到"图层"面板中，选中带有云朵的图层，使用快捷键 Ctrl+J 将选区中的像素复制为独立的图层，然后将原始图层隐藏，如图 8-84 所示。

图 8-84

此时就可以看到云朵的抠图效果，如图 8-85 所示。最后使用"橡皮擦工具"将遮挡住山峰的云朵擦除，即可完成合成操作，效果如图 8-86 所示。

图 8-85   图 8-86

8.1.12 蒙版与合成

功能概述：

使用蒙版进行抠图是一种非破坏性的抠图方式，因为这种抠图方式只是将不需要的内容"隐藏"，"隐藏"就意味着可以再次显示。常用于抠图的蒙版有图层蒙版和剪贴蒙版两种。

1. 图层蒙版

"图层蒙版"是通过黑色与白色控制图层内容的显示与隐藏。在图层蒙版中，黑色可以隐藏图层中的内容，白色可以显示图层中的内容，而灰色可以显示半透明内容。

使用方法：

第1步 打开素材文件

将素材文件打开，在该文件中包含 3 个图层，在本节中将为瓶子添加标签，将瓶身以外的部分隐藏，如图 8-87 所示。

图 8-87

第2步 添加图层蒙版

选择标签图层，❶ 单击"图层"面板底部的"添加图层蒙版"按钮，❷ 为选中的图层添加图层蒙版。添加图层蒙版后，画面是没有变化的，因为此时的图层蒙版是白色的，如图 8-88 所示。

第3步 在图层蒙版中涂抹黑色隐藏局部

接下来隐藏多余的标签部分。❶ 选中该图层的图层蒙版，❷ 将前景色设置为黑色，❸ 选择工具箱中的"画笔工具"，❹ 在选项栏中设置合适的笔尖大小，❺ 在瓶子外侧多余标签的位置按住鼠标左键拖动，可以看到光标经过位置的像素"消失"了，即在图层蒙版中将其隐藏了，如图 8-89 所示。

图 8-88　　图 8-89

第4步 在图层蒙版中涂抹白色显示局部

在绘制蒙版的过程中，可能会出现绘制到多余的区域，使部分需要保留的区域隐藏了，如图 8-90 所示。

❶ 可以将前景色设置为白色，❷ 在需要被显示出来的位置涂抹，即可将其显示出来，如图 8-91 所示。

继续在标签的图层蒙版中，将瓶身的另外一侧涂抹为黑色，将多余内容隐藏，如图 8-92 所示。

图 8-90　　图 8-91　　图 8-92

小提示

在涂抹的过程中很难判断瓶子的边缘，这时可以降低"标签"图层的不透明度，让其呈现半透明的效果，这样方便观察。涂抹完成后，将"不透明度"设置为 50% 即可，如图 8-93 所示。

图 8-93

第5步 以当前选区添加图层蒙版

除了直接在已有的图层蒙版中绘制黑色或白色来控制图层的显示和隐藏外，还可以利用选区为图层添加图层蒙版。

将文档恢复到初始状态，按住 Ctrl 键的同时单击瓶子图层的缩览图，得到瓶子的选区，如图 8-94 所示。

第 8 章　高效抠图技法

图 8-94

选择标签图层,单击图层蒙版底部的"添加图层蒙版"按钮,即可为当前选区添加图层蒙版。观察蒙版缩览图,可以看到选区内部为白色,选区外部为黑色,如图 8-95 所示。

此时标签多出瓶身的区域已经被隐藏,如图 8-96 所示。

图 8-95　　　　图 8-96

第 6 步 停用与启用图层蒙版

在图层蒙版上右击,在弹出的快捷菜单中执行"停用图层蒙版"命令,如图 8-97 所示。

停用图层蒙版后,图层蒙版缩览图带有一个红色的 ×,此时该图层恢复到原始状态,如图 8-98 所示。

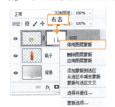

图 8-97　　　　图 8-98

再次在图层蒙版上右击,在弹出的快捷菜单中执行"启用图层蒙版"命令,即可重新启用蒙版效果,

如图 8-99 所示。

图 8-99

第 7 步 删除图层蒙版

在图层蒙版上右击,在弹出的快捷菜单中执行"删除图层蒙版"命令,即可将图层蒙版删除,如图 8-100 所示。

第 8 步 应用图层蒙版

"应用图层蒙版"可以将蒙版效果应用于原图层,蒙版中显示的区域保留,蒙版中隐藏区域被删除,并且删除图层蒙版。在图层蒙版上右击,在弹出的快捷菜单中执行"应用图层蒙版"命令,即可将蒙版应用于图层,如图 8-101 所示。

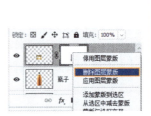
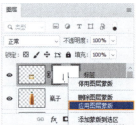

图 8-100　　　　图 8-101

2. 剪贴蒙版

"剪贴蒙版"是以下方图层的"形状"控制上层图层显示的"内容",常用于使某一图层只对下方图层起作用。例如,使某一图层只显示其下方图层的范围,或者使某一个调整图层只对其下方的一个图层进行调色。

第 1 步 创建剪贴蒙版

首先保证内容图层(此处为标签图层)位于基底图层(瓶子图层)的上方。然后在内容图层上右击,在弹出的快捷菜单中执行"创建剪贴蒙版"命令,如图 8-102 所示。

也可以将光标移动至标签图层和瓶子图层中间位置,按住 Alt 键,此时光标变为 ↓□ 形状,如图 8-103 所示。

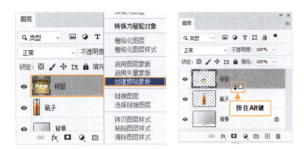

图 8-102　　　　　图 8-103

在该状态下单击即可创建剪贴蒙版，如图 8-104 所示。

标签超出瓶身的部分"消失"了，如图 8-105 所示。

图 8-104　　　　　图 8-105

第 2 步　释放剪贴蒙版

如果要释放"剪贴蒙版"，可以在内容图层上右击，在弹出的快捷菜单中执行"释放剪贴蒙版"命令，如图 8-106 所示。

还可以在内容图层和基底图层之间按住 Alt 键，光标变为 形状后单击，即可释放剪贴蒙版，如图 8-107 所示。

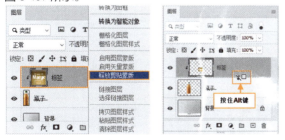

图 8-106　　　　　图 8-107

小技巧

在剪贴蒙版中，内容图层可以有多个，但基底图层只可以有一个。

想要为整个剪贴蒙版组添加图层样式，需要直接为基底图层添加。

基底图层的不透明度及混合模式会影响整个剪贴蒙版组的效果。

8.2　抠图案例应用

下面通过多个案例来练习 Photoshop 的多种抠图技法。

8.2.1　案例：使用魔棒工具抠图制作产品海报

核心技术：魔棒工具、图层蒙版。

案例解析：本案例利用"魔棒工具"快速得到产品的白色背景选区，并将背景隐藏，显示出新背景，从而制作出产品海报。案例效果如图 8-108 所示。

扫一扫，看视频

图 8-108

操作步骤：

第 1 步　新建文档

新建一个宽为 19 厘米，高为 28 厘米的空白文档，如图 8-109 所示。

图 8-109

第2步 置入背景素材

执行"文件">"置入嵌入对象"命令,在打开的"置入嵌入的对象"对话框中 ❶ 选择素材1,❷ 单击"置入"按钮,如图 8-110 所示。

图 8-110

第3步 调整背景素材的位置

❶ 选择工具箱中的"移动工具",选择"素材1"图层,❷ 按住鼠标左键向下拖动,将素材1移动至画面的合适位置,如图 8-111 所示。

图 8-111

第4步 置入产品素材

接着将素材2置入画面中。此时可以看到,置入的素材2带有白色的背景,需要将主体物从中抠出,如图 8-112 所示。

第5步 使用"魔棒工具"制作背景选区

❶ 选中该图层,❷ 右击,在弹出的快捷菜单中执行"栅格化图层"命令,将图层进行栅格化处理,如图 8-113 所示。

图 8-112　　　　图 8-113

选择"素材2"图层,❶ 选择工具箱中的"魔棒工具",❷ 在选项栏中设置"容差"为20,并勾选"消除锯齿"复选框与"连续"复选框。❸ 设置完成后,在素材2的白色背景上单击,得到白色背景的选区,如图 8-114 所示。

此时呈现的选区是选择的白色背景部分,而我们需要的是将产品从画面中抠出,所以需要将选区反选。执行"选择">"反选"命令或者使用快捷键 Shift+Ctrl+I 将选区反选,如图 8-115 所示。

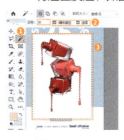 

图 8-114　　　　图 8-115

第6步 使用图层蒙版隐藏多余背景

接着选择产品图层,单击"图层"面板下方的"添加图层蒙版"按钮,为该图层添加图层蒙版,将白色背景隐藏,如图 8-116 所示。

然后适当调整产品素材的位置。本案例制作完成,效果如图 8-117 所示。

图 8-116　　　　图 8-117

8.2.2 案例:使用快速选择工具制作大象创意海报

核心技术:快速选择工具、图层蒙版。

扫一扫,看视频

案例解析:

"快速选择工具"能够自动查找颜色接近的区域,在本案例中大象的色彩比较统一,可以尝试使用该工具将大象从原始背景中提取合成到新的场景中。同时本案例还利用"三角形工具""图层蒙版""矩形选框工具""椭圆选框工具"进行画面的丰富与装饰。案例效果如图 8-118 所示。

图 8-118

操作步骤：

第1步 打开背景素材图片

执行"文件">"打开"命令，打开背景素材图片，如图 8-119 所示。

图 8-119

第2步 置入大象素材图片

执行"文件">"置入嵌入对象"命令，将大象素材图片置入画面中。然后在"图层"面板中选择该图层，右击，在弹出的快捷菜单中执行"栅格化图层"命令，将图层进行栅格化处理，如图 8-120 所示。

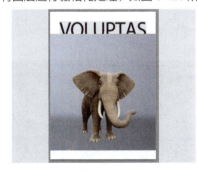

图 8-120

第3步 快速抠出大象

❶ 选择工具箱中的"快速选择工具"，单击"添加到选区"按钮，❷ 同时选择硬边圆画笔，设置"笔尖大小"为 20，并勾选"增强边缘"复选框。设置完成后，❸ 将光标放置在大象上按住鼠标左键拖动，即可快速创建与大象轮廓相吻合的选区，如图 8-121 所示。

接着选中大象所在的图层，使用快捷键 Ctrl+J 将选区内的图形复制并形成一个新图层，将大象素材图层隐藏，如图 8-122 所示。

图 8-121　　　　图 8-122

第4步 绘制三角形装饰元素

新建图层，然后 ❶ 设置前景色为灰色。❷ 选择工具箱中的"三角形工具"，❸ 在选项栏中设置"绘制模式"为"像素"，❹ 在画面中的合适位置按住鼠标左键拖动绘制三角形，如图 8-123 所示。

选中该图层，单击"图层"面板底部的"添加图层蒙版"按钮，为图层添加蒙版，如图 8-124 所示。

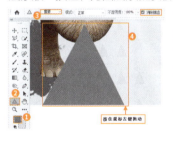 

图 8-123　　　　图 8-124

选择工具箱中的 ❶ "矩形选框工具"，❷ 在选项栏中单击"添加到选区"按钮，❸ 在画面中按住鼠标左键拖动，绘制多个矩形选区，如图 8-125 所示。

在画面中右击，在弹出的快捷菜单中执行"变换选区"命令，调出定界框，将光标放置在定界框一角的角外，按住鼠标左键拖动进行旋转，然后按 Enter 键结束变换，如图 8-126 所示。

图 8-125　　　　　图 8-126

选中该图层蒙版，将前景色设置为黑色，使用快捷键 Alt+Delete 将其填充为黑色。选区内的像素被隐藏。操作完成以后，使用快捷键 Ctrl+D 取消对选区的选择，如图 8-127 所示。

图 8-127

使用同样的方法❶绘制另一个三角形。❷将其"不透明度"设置为 50%，如图 8-128 所示。

图 8-128

第 5 步　绘制圆形装饰元素

新建图层，❶选择工具箱中的"椭圆选框工具"，❷在画面中按住鼠标左键拖动绘制一个椭圆形，❸将其填充为青灰色，如图 8-129 所示。

在选中该图层的状态下，设置其"图层混合模式"为"正片叠底"，如图 8-130 所示。

图 8-129　　　　　图 8-130

继续使用同样的方法绘制另一个椭圆，为其填充稍浅一些的颜色，并设置"图层混合模式"为"正片叠底"，如图 8-131 所示。

至此，本案例制作完成，效果如图 8-132 所示。

 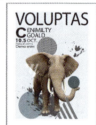

图 8-131　　　　　图 8-132

8.2.3　案例：精确抠出游戏手柄

扫一扫，看视频

核心技术：钢笔工具、直接选择工具、转换点工具、路径转换为选区。

案例解析："钢笔工具"是一种矢量工具，主要用于矢量绘图与抠图。使用"钢笔工具"绘制路径时可操作性极强，而且在绘制结束后还可以修改，所以非常适合绘制精细而复杂的路径。有了路径就可以转化为选区进行抠图。

本案例主要使用"钢笔工具"将素材中游戏手柄的轮廓绘制出，并将其转化为选区，然后添加"图层蒙版"隐藏背景，将其合成到新的背景。案例效果如图 8-133 所示。

图 8-133

操作步骤：

第1步 打开背景素材图片

执行"文件">"打开"命令，打开背景素材图片，如图8-134所示。

图 8-134

第2步 置入游戏手柄素材图片

执行"文件">"置入嵌入对象"命令，将游戏手柄素材图片置入画面中，如图8-135所示，然后将图层进行栅格化处理。

图 8-135

第3步 绘制游戏手柄的大致路径

❶选择工具箱中的"钢笔工具"，❷在选项栏中设置"绘制模式"为"路径"。设置完成后，❸在游戏手柄的边缘位置单击确定起点，如图8-136所示。

图 8-136

接着将光标移动到游戏手柄边缘的另一位置上再次单击添加锚点，此时可以看到两个锚点之间连成了一条直线路径，如图8-137所示。

继续以单击的方式沿着手柄边缘进行路径的绘制，最后将光标移动到起点位置，单击闭合路径，如图8-138所示。

图 8-137　　　　图 8-138

> **小技巧**
>
> 在进行钢笔抠图时，初期的锚点不要添加太多，否则容易在后期调整时出现路径混乱、难以调整的情况。

第4步 精确调整路径形态

如果遇到锚点位置没有对应到对象边缘的情况，则可以❶选择工具箱中的"直接选择工具"，❷在锚点上单击，再按住鼠标左键拖动，将锚点拖至游戏手柄边缘，如图8-139所示。

调整好锚点的位置后，可以看到此时锚点的位置虽然贴合鼠标边缘，但是应该带有弧度的线条却呈现尖角效果，如图8-140所示。因此，需要通过操作将尖角锚点转换为平滑锚点。

图 8-139　　　　图 8-140

❶选择工具箱中的"转换点工具"，❷将光标移动到游戏手柄左上角的尖角锚点位置上，按住鼠标左键拖动将尖角锚点转换为平滑锚点。拖动手柄可以调整路径的走向，使之与手柄的外轮廓相吻合，如图8-141所示。

如果遇到锚点数量不够的情况，则可以❶选择工具箱中的"钢笔工具"，将光标定位在路径上，此时可以看到光标变为形状，❷单击添加锚点，如图8-142所示。

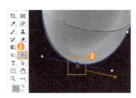 

图 8-141　　　　　图 8-142

如果锚点过于密集，则可以❶选择工具箱中的"钢笔工具"，❷将光标移动到锚点上单击，即可删除多余锚点，如图 8-143 所示。

图 8-143

小技巧

如果想在使用"钢笔工具"时直接在路径上添加或删除锚点，则需要在"钢笔工具"选项栏中勾选"自动添加/删除"复选框 ☑自动添加/删除 。

继续调整锚点位置，使路径完全贴合手柄的外轮廓。效果如图 8-144 所示。

图 8-144

第 5 步　将路径转换为选区

在路径内右击，在弹出的快捷菜单中执行"建立选区"命令，在打开的"建立选区"对话框中单击"确定"按钮，如图 8-145 所示；或者使用快捷键 Ctrl+Enter 创建选区，如图 8-146 所示。

图 8-145　　　　　图 8-146

第 6 步　添加图层蒙版，隐藏多余背景

在当前选区的状态下，❶选中该图层，❷单击"图层"面板底部的"添加图层面板"按钮，隐藏手柄的背景，如图 8-147 所示。

至此，本案例制作完成，效果如图 8-148 所示。

图 8-147　　　　　图 8-148

8.2.4　案例：为长发女性照片更换背景

扫一扫，看视频

核心技术：快速选择工具、选择并遮住。

案例解析：本案例使用了"快速选择工具"在主体物上快速绘制出大致选区，但此时的选区并不是很精确，所以需要结合使用"选择与遮住"功能对选区边缘进行调整，得到准确细腻的选区，从而抠取对象。本案例还使用了"照片"滤镜来调整人物素材的色调，让其与背景融合得更加自然。最后使用"曲线"调整整个画面的明暗度。案例效果如图 8-149 所示。

图 8-149

操作步骤：

第 1 步　打开背景素材图片

执行"文件">"打开"命令，打开背景素材图片，如图 8-150 所示。

图 8-150

第 2 步　添加人物素材图片

执行"文件">"置入嵌入对象"命令,将人物素材图片置入画面中,然后将图层进行栅格化处理,如图 8-151 所示。

图 8-151

第 3 步　使用"快速选择工具"制作大致选区

❶ 选择工具箱中的"快速选择工具",❷ 在选项栏中设置"画笔大小"为 70 像素,"硬度"为 100%。设置完成后,❸ 在主体物处按住鼠标左键拖动,创建选区,如图 8-152 所示。

继续使用同样的方法在白马与人物上绘制选区,如图 8-153 所示。

图 8-152　　　　　　　图 8-153

第 4 步　使用"选择并遮住"功能细化选区

由于白马的毛发与人物的头发部分比较复杂细碎,所以得到的选区不够精确,需要进一步处理。单击选项栏中的"选择并遮住"按钮,进入"选择并遮住"工作区。❶ 在左侧工具箱中选择"调整边缘画笔工具",❷ 在选项栏中单击"扩展检测区域"按钮,设置"画笔尖大小"为 147 像素。❸ 在右侧的"属性"面板中设置"视图"为"叠加",❹ 展开"边缘检测"选项,设置"半径"为 5 像素,勾选"智能半径"复选框。设置完成后,❺ 在白马的毛发边缘位置按住鼠标左键拖动,调整选区范围,如图 8-154 所示。

图 8-154

继续使用同样的方法在其他毛发位置进行选区的调整,如图 8-155 所示。

操作完成后单击"确定"按钮,这时会得到更加精确的选区,如图 8-156 所示。

图 8-155　　　　　　　图 8-156

第 5 步　添加图层蒙版,隐藏原始背景

在当前选区状态下,单击"图层"面板底部的"添加图层蒙版"按钮,为图层添加蒙版,将背景隐藏,如图 8-157 所示。

此时显示出新的背景,效果如图 8-158 所示。

图 8-157　　　　　　　图 8-158

第 6 步　调整人物的色调

执行"图层">"新建调整图层">"照片滤镜"

命令，在打开的"新建图层"对话框中单击"确定"按钮。❶ 在"属性"面板中设置"滤镜"为"青色"、❷"密度"为 48%，❸ 勾选"保留明度"复选框，并单击"创建剪贴蒙版"按钮。如图 8-159 所示。效果如图 8-160 所示。

图 8-159　　　　　　图 8-160

第 7 步　调整画面的明暗

执行"图层">"新建调整图层">"曲线"命令，在"属性"面板中将光标置于曲线的中间位置，按住鼠标左键向上拖动，提亮画面的明度，如图 8-161 所示。

单击"曲线 1"图层选项调整图层蒙版，如图 8-162 所示。

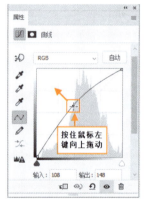

图 8-161　　　　　　图 8-162

❶ 选择工具箱中的"渐变工具"，❷ 在选项栏中设置一种由白到黑的渐变，单击"径向渐变"按钮。❸ 设置完成后，在蒙版中按住鼠标左键拖动绘制渐变，如图 8-163 所示。

此时提亮效果只针对画面中心起作用，画面效果如图 8-164 所示。

图 8-163　　　　　　图 8-164

第 8 步　调整画面的颜色倾向

再次执行"图层">"新建调整图层">"曲线"命令，创建一个"曲线"调整图层。❶ 在"属性"面板中选择"蓝"通道，❷ 调整曲线形态，使画面亮部倾向于黄色，暗部倾向于蓝色，如图 8-165 所示。

至此，本案例制作完成，效果如图 8-166 所示。

图 8-165　　　　　　图 8-166

8.3　抠图项目实战：音乐专辑封面

扫一扫，看视频

核心技术：
- 使用"快速选择工具"与"选择并遮住"功能提取人像。
- 使用"黑白"与"亮度/对比度"功能调整人像色调。
- 使用"钢笔工具"与"直线段工具"制作装饰元素。案例效果如图 8-167 所示。

图 8-167

8.3.1 设计思路

本案例是一位独立音乐人的个人音乐专辑封面设计项目，专辑曲风偏向于电子音乐。根据音乐的特点，专辑封面选择了具有潮流感的图形化设计方式。采用人像作为主体，搭配多种色彩的几何图形，简单的图形以碎片的形式围绕在人物周围，营造出一种神秘且活跃的视觉氛围，案例效果如图 8-168 所示。

图 8-168

8.3.2 配色方案

本案例以灰色作为主色调，不同明度的灰色搭配在一起往往可以营造出高级、大气之感。灰色的人像与青色的几何背景、黄色的碎片形成了鲜明的对比，在保持人物神秘感的同时为画面增添了活跃感，如图 8-169 所示。

图 8-169

8.3.3 版面构图

本案例采用了中轴型的构图方式，将背景图形、人像、文字沿着中轴线进行垂直排列，使主要元素在面积较小的版面内能够有序地展示，如图 8-170 所示。仅有以上内容的版面虽然稳定，但难免呆板。本案例还运用了不同颜色的三角形碎片及倾斜线条，增加了版面的活跃感。

图 8-170

8.3.4 制作流程

首先利用"渐变工具"与"钢笔工具"制作背景。接着使用"快速选择工具"与"选择并遮住"功能提取人像，并利用"黑白"与"亮度/对比度"功能调整人物的色调。使用"钢笔工具"与"直线段工具"等功能绘制画面的装饰元素，最后利用"横排文字工具"为专辑添加合适的文字，如图 8-171 所示。

图 8-171

8.3.5 操作步骤

第1步　新建文档

执行"文件">"新建"命令，新建一个正方形的空白文档，如图 8-172 所示。

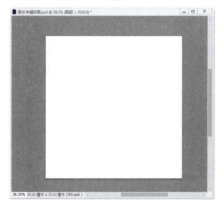

图 8-172

第2步 制作背景

首先，❶选择工具箱中的"渐变工具"，❷在选项栏中设置一个灰色到浅灰色的渐变，单击"径向渐变"按钮，勾选"反向"复选框。设置完成后，❸在画面中按住鼠标左键拖动绘制渐变，如图8-173所示。

然后，❶选择工具箱中的"钢笔工具"，❷在选项栏中设置"绘制模式"为"形状"、"填充"颜色为青色。❸在画面中通过多次单击绘制多边形，如图8-174所示。

图8-173

图8-174

第3步 人像抠图

❶执行"文件">"置入嵌入对象"命令，置入人像素材图片，❷右击，在弹出的快捷菜单中执行"栅格化图层"命令，栅格化图层，如图8-175所示。

接着，❶选择工具箱中的"快速选择工具"，❷在选项栏中选择硬笔圆画笔，设置"笔尖大小"为70像素，单击"添加到选区"按钮，并勾选"增强边缘"复选框。设置完成后，❸在人像处按住鼠标左键拖动绘制选区，如图8-176所示。

图8-175

图8-176

绘制结束后，可以看到当前的选区还不够精确，所以需要将其进行调整。单击选项栏中的"选择并遮住"按钮，如图8-177所示。

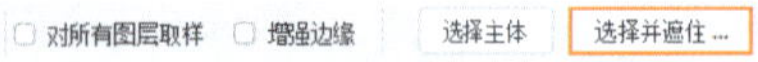

图8-177

进入"选择并遮住"工作区，❶在右侧的"属性"面板中设置"视图"为"黑白"❷在左侧工具箱中选择"调整边缘画笔工具"，设置合适的画笔大小。❸在头发边缘处涂抹，得到细腻的选区，如图8-178所示。

图8-178

使用同样的方法继续调整画面中的其他位置，以进行选区的调整，调整结束后，单击"确定"按钮，如图8-179所示。

图8-179

此时可以看到选区所选内容即为所要提取的人像，如图8-180所示。

选中人像图层，单击"图层"面板底部的"添加图层蒙版"按钮，即可将背景隐藏，如图8-181所示。

图8-180

图8-181

第4步 调整人像的色调

执行"图层">"新建调整图层">"黑白"命令，

创建一个"黑白"调整图层。接着在"属性"面板中单击"创建剪贴蒙版"按钮，如图 8-182 所示。

图 8-182

此时人像变为黑白效果，如图 8-183 所示。

图 8-183

调整结束后，可以看到人像整体比较暗，且对比度较低，所以需要进一步调整。执行"图层" > "新建调整图层" > "亮度/对比度"命令，❶ 在"属性"面板中设置"对比度"为 52，❷ 单击面板下方的"创建剪贴蒙版"按钮，将效果作用于人像图层，如图 8-184 所示。

图 8-184

此时画面效果如图 8-185 所示。

图 8-185

第5步 绘制圆形装饰元素

❶ 选择工具箱中的"椭圆工具"，❷ 在选项栏中设置"绘制模式"为"形状"，"填充"为深灰色，"描边"为无。设置完成后，❸ 按住 Shift 键的同时按下鼠标左键拖动，在画面中绘制正圆形，如图 8-186 所示。

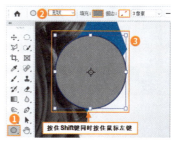

图 8-186

选择该图层，❶ 单击"图层"面板底部的"创建图层蒙版"按钮，❷ 即可为图层添加蒙版，如图 8-187 所示。

图 8-187

设置前景色为黑色，❶ 选择工具箱中的"画笔工具"，❷ 在选项栏中选择硬边圆画笔，设置"画笔大小"为 30、"不透明度"为 100%、"流量"为 100%。

❸ 设置完成后，选中图层蒙版，在正圆上按住 Shift 键的同时按住鼠标左键拖动绘制直线，隐藏部分内容，如图 8-188 所示。

图 8-188

继续使用同样的方法进行绘制，如图 8-189 所示。

图 8-189

绘制结束后，选中该图层，使用快捷键 Ctrl+T 进行自由变换操作，调出定界框，将光标放在定界框一角的外侧，按住鼠标左键拖动进行旋转，然后按 Enter 键结束变换，如图 8-190 所示。

图 8-190

第 6 步　绘制三角形装饰元素

❶ 选择工具箱中的"钢笔工具"，❷ 在选项栏中设置"绘制模式"为"形状"，"填充"为灰色到透明的渐变，"描边"为无。设置完成后，❸ 在画面中多次单击绘制三角形，如图 8-191 所示。

图 8-191

继续使用同样的方法绘制其他装饰元素，并适当更改填充颜色，如图 8-192 所示。

图 8-192

第 7 步　绘制线条装饰元素

❶ 选择工具箱中的"钢笔工具"，❷ 在选项栏中设置"绘制模式"为"形状"，"填充"为无，"描边"为深灰色、4 像素。设置完成后，❸ 在画面中按住鼠标左键拖动，绘制一条直线，如图 8-193 所示。

图 8-193

继续绘制其他直线，并根据情况更改描边颜色，如图 8-194 所示。

图 8-194

接着输入文字，输入完成后，单击选项栏中的"提交所有当前编辑"按钮，或者按快捷键 Ctrl+Enter，结束文字输入操作，如图 8-196 所示。

图 8-196

第 8 步　添加文字

❶ 选择工具箱中的"横排文字工具"，❷ 在选项栏中设置合适的字体、字号，"文本颜色"为青色。❸ 在画面中单击插入光标，按 Delete 键删除占位符，如图 8-195 所示。

继续使用同样的方法输入其他文字，并在"字符"面板中设置合适的字间距、文本颜色。至此，本案例制作完成，效果如图 8-197 所示。

图 8-195

图 8-197

扫一扫，看视频

滤镜与图像特效

Chapter
9

第9章

在 Photoshop 中提供了数十种滤镜，通过为图像添加滤镜可以实现很多创造性的效果。例如，将照片转换为油画效果、素描效果、矢量画效果等，以及制作动感效果、冰块效果、景深效果等。本章主要学习滤镜的基础操作。

核心技能

- 图像特效
- 照片变绘画
- 模糊图像变清晰
- 清晰图像变模糊

9.1 滤镜基础操作

"滤镜"在 Photoshop 中用于为图像添加某种特殊效果。在"滤镜"菜单中有多个子菜单命令，子菜单中还可以包含多个滤镜效果。

滤镜效果可能各不相同，但是添加滤镜的方式大同小异：选择图层→执行命令→打开窗口设置参数→提交操作查看滤镜效果。

9.1.1 使用滤镜库快速为图像添加特效

扫一扫，看视频

功能概述：

滤镜库中包括大量的滤镜效果，在滤镜库对话框中既可以单独使用某个滤镜，又可以同时为图像添加多个滤镜，制作滤镜叠加的效果，如图 9-1 所示。

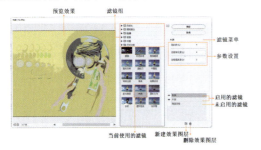

图 9-1

使用方法：

第 1 步 使用滤镜库

选择需要处理的图层，执行"滤镜">"滤镜库"命令，打开滤镜库对话框。在对话框中间位置的是滤镜组，❶ 单击滤镜组名称左侧的 ▶ 按钮展开滤镜组，❷ 单击滤镜名称即可选择滤镜，❸ 在对话框右侧可以进行参数设置，❹ 在对话框左侧缩览图中可以查看滤镜效果，如图 9-2 所示。

图 9-2

小技巧

如果对文字图层、3D 图层等特殊图层使用滤镜操作，则会打开提示框，可以在提示框中单击"转换为智能对象"按钮后继续进行滤镜操作，如图 9-3 所示。

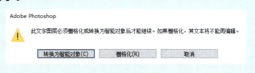

图 9-3

第 2 步 添加多个滤镜

在滤镜库对话框中也可以同时添加多个滤镜。❶ 单击对话框底部的"新建效果图层"按钮 ▣ 添加新滤镜，❷ 选中新建滤镜，❸ 选择其他滤镜，❹ 在对话框右侧进行参数设置，此时可以看到多种滤镜叠加的效果。设置完成后，❺ 单击"确定"按钮，如图 9-4 所示。

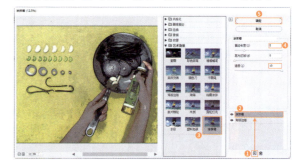

图 9-4

此时画面效果如图 9-5 所示。

图 9-5

小技巧

在 CMYK 颜色模式下，一些滤镜是不可用的。在索引和位图颜色模式下，所有的滤镜均不可用。若要对这类图像添加滤镜，则可以执行"图像">"模式">"RGB 颜色"命令，将文档的颜色模式转换为 RGB 模式后再应用滤镜。

9.1.2 滤镜组的使用方法

功能概述：

Photoshop 提供了多种滤镜，并根据滤镜特点分配在不同的"组"中，单击菜单栏中的"滤镜"按钮，在菜单的底部可以看到滤镜组的名称，如图 9-6 所示。选择滤镜组中的某个滤镜，执行相应的命令，即可打开对应的对话框进行参数设置。

扫一扫，看视频

图 9-6

快捷操作：

重复使用上一次滤镜：快捷键 Alt+Ctrl+F。

使用方法：

滤镜组中滤镜的使用方法大致可以分为两大类。

有些滤镜不需要设置参数，执行该命令即可将滤镜效果应用到画面中。

绝大多数滤镜需要进行参数调整，执行命令后，在打开的对话框中设置合适的参数，即可得到相应的效果。

1. 使用不需要设置参数的滤镜

第1步 选择图层

打开素材文件，选择需要添加滤镜的图层，如图 9-7 所示。

图 9-7

第2步 执行命令

以"查找边缘"滤镜为例，执行"滤镜">"风格化">"查找边缘"命令，如图 9-8 所示。

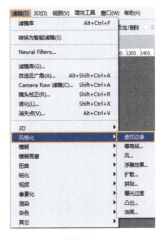

图 9-8

第3步 查看效果

该滤镜不需要进行参数设置。此时画面效果如图 9-9 所示。

图 9-9

2. 使用需要设置参数的滤镜

通过"历史记录"面板将画面恢复到最初状态，如图 9-10 所示。

图 9-10

小技巧

软件中的滤镜选项虽然很多,但是无须死记硬背,掌握规律即可。例如,想对画面进行模糊,就在"模糊"滤镜组中找合适的命令;想要为画面添加杂色,就在"杂色"滤镜组中找到合适的命令。

9.1.3 认识常用的滤镜

滤镜组中包含很多种滤镜,执行相应的命令,并通过简单的参数调整即可看到滤镜效果。下面认识几种常用的滤镜效果。

执行"滤镜">"风格化"命令,在子菜单中可以看到"风格化"滤镜组中包括"查找边缘"(图9-13)、"等高线"(图9-14)、"风"(图9-15)、"浮雕效果"(图9-16)、"扩散"(图9-17)、"拼贴"(图9-18)、"曝光过度"(图9-19)、"凸出"(图9-20)、"油画"(图9-21)。

第1步　执行命令

以"等高线"滤镜为例。执行"滤镜">"风格化">"等高线"命令。

第2步　设置参数

打开"等高线"对话框,❶ 有一部分滤镜带有缩览图,可以观察滤镜效果,❷ 勾选"预览"复选框可以进行预览,❸ 可以对参数进行设置。通常情况下,拖动滑块即可在缩览图中查看效果。设置完成后,❹ 单击"确定"按钮,如图 9-11 所示。

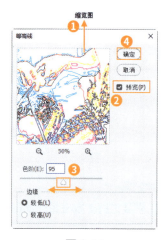

图 9-11

第3步　查看效果

此时画面效果如图 9-12 所示。

图 9-12

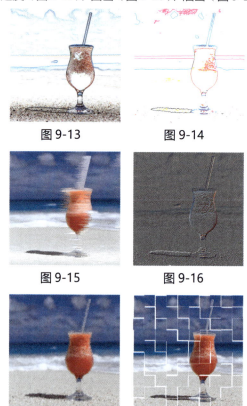

图 9-13　　　　图 9-14

图 9-15　　　　图 9-16

图 9-17　　　　图 9-18

图 9-19　　　　　图 9-20

图 9-26　　　　　图 9-27

图 9-21

图 9-28　　　　　图 9-29

执行"滤镜">"扭曲"命令，在子菜单中可以看到"扭曲"滤镜组中包括"波浪"（图 9-22）、"波纹"（图 9-23）、"极坐标"（图 9-24）、"挤压"（图 9-25）、"切变"（图 9-26）、"球面化"（图 9-27）、"水波"（图 9-28）、"旋转扭曲"（图 9-29）、"置换"（图 9-30）。

图 9-22　　　　　图 9-23

图 9-30

执行"滤镜">"像素化"命令，在子菜单中可以看到"像素化"滤镜组中包括"彩块化"（图 9-31）、"彩色半调"（图 9-32）、"点状化"（图 9-33）、"晶格化"（图 9-34）、"马赛克"（图 9-35）、"碎片"（图 9-36）、"铜版雕刻"（图 9-37）。

图 9-24　　　　　图 9-25

图 9-31　　　　　图 9-32

第 9 章　滤镜与图像特效

图 9-33　　　　　图 9-34

图 9-40　　　　　图 9-41

图 9-35　　　　　图 9-36

图 9-42　　　　　图 9-43

图 9-37

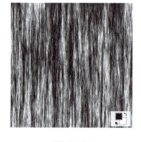 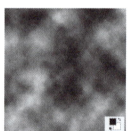

图 9-44　　　　　图 9-45

执行"滤镜">"渲染"命令，在子菜单中可以看到"渲染"滤镜组中包括"火焰"（图 9-38）、"图片框"（图 9-39）、"树"（图 9-40）、"分层云彩"（图 9-41）、"光照效果"（图 9-42）、"镜头光晕"（图 9-43）、"纤维"（图 9-44）、"云彩"（图 9-45）。

执行"滤镜">"杂色"命令，在子菜单中可以看到"杂色"滤镜组中包括"减少杂色"（图 9-46）、"蒙尘与划痕"（图 9-47）、"去斑"（图 9-48）、"添加杂色"（图 9-49）、"中间值"（图 9-50）。

图 9-38　　　　　图 9-39

图 9-46　　　　　图 9-47

图 9-48　　　　　图 9-49

图 9-55　　　　　图 9-56

9.1.4　使用智能滤镜

功能概述：

为智能图层添加的任何滤镜都是智能滤镜。智能滤镜可以随时调用、更改、隐藏、删除滤镜效果，是一种非破坏性添加滤镜的方式。

使用方法：

第1步 转换为智能图层

选中需要处理的图层，执行"滤镜">"转换为智能滤镜"命令，在打开的提示框中单击"确定"按钮，如图 9-57 所示。

图 9-50

执行"滤镜">"其他"命令，在子菜单中可以看到"其他"滤镜组中包括"HSB/HSL"（图 9-51）、"高反差保留"（图 9-52）、"位移"（图 9-53）、"自定"（图 9-54）、"最大值"（图 9-55）、"最小值"（图 9-56）。

图 9-57

所选图层将被转换为智能图层。也可以选中图层并右击，在弹出的快捷菜单中执行"转换为智能对象"命令，将其转换为智能图层，如图 9-58 所示。

图 9-51　　　　　图 9-52

图 9-58

第2步 为智能图层添加滤镜

选择智能图层，执行"滤镜">"滤镜库"命令，然后选择合适的滤镜，并进行参数设置，设置完成后，单击"确定"按钮，如图 9-59 所示。

图 9-53　　　　　图 9-54

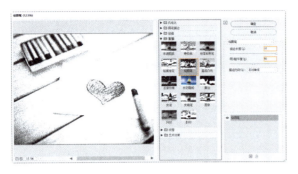

图 9-59

添加滤镜后,在"图层"面板中可以看到智能滤镜的图层蒙版和所添加滤镜的名称,如图 9-60 所示。

图 9-60

第 3 步 添加多个滤镜

选中智能图层,再次添加任意一个滤镜,可以在列表中显示新添加滤镜的名称,如图 9-61 所示。

图 9-61

第 4 步 更改滤镜参数

双击"图层"面板中滤镜的名称,会重新打开滤镜库对话框,可以进行参数更改。更改完成后,单击"确定"按钮提交操作,如图 9-62 所示。

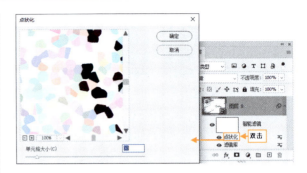

图 9-62

第 5 步 隐藏与显示滤镜效果

单击滤镜名称左侧的 ● 图标,即可将滤镜效果隐藏,再次单击即可显示滤镜效果,如图 9-63 所示。

图 9-63

第 6 步 删除滤镜

将光标移动至滤镜名称上方,按住鼠标左键向"删除图层"按钮上方拖动,释放鼠标按键后即可将滤镜删除,如图 9-64 所示。

将光标移动至"智能滤镜"位置,按住鼠标左键向"删除图层"按钮上方拖动,释放鼠标按键后,即可将所有滤镜效果删除,如图 9-65 所示。

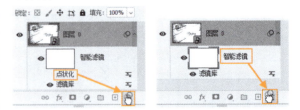

图 9-64　　　　　图 9-65

第 7 步 隐藏局部滤镜效果

❶ 单击智能滤镜的蒙版缩览图,❷ 将前景色设

置为黑色，❸ 选择工具箱中的"画笔工具"，❹ 在蒙版中涂抹，蒙版中黑色区域相应位置的滤镜效果将被隐藏。如图 9-66 所示。

图 9-66

9.1.5　图像的模糊特效

功能概述：

"模糊"是一种柔和、虚化、朦胧的效果，常常用于景深效果模拟、虚化画面制作、人像磨皮、画面降噪等。在 Photoshop 中一共有两组可以实现模糊效果的滤镜，分别是"模糊"滤镜组和"模糊画廊"滤镜组，如图 9-67 所示。

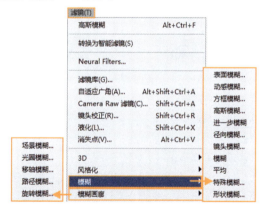

图 9-67

两组滤镜中包含多个模糊滤镜，其使用方法非常相似。下面讲解几种常用的模糊滤镜。

使用方法：

1. "高斯模糊"滤镜的使用方法

第 1 步　选择图层

选择需要模糊的图层或创建选区，如图 9-68 所示。

图 9-68

第 2 步　添加滤镜

执行"滤镜" > "模糊" > "高斯模糊"命令，打开"高斯模糊"对话框。在该对话框中，❶ "半径"数值越大，模糊效果越强。通过缩览图可以查看模糊效果。设置完成后，❷ 单击"确定"按钮，如图 9-69 所示。

图 9-69

第 3 步　查看效果

选区以内的部分产生了模糊效果，如图 9-70 所示。

图 9-70

2. "表面模糊"滤镜的使用方法

第 1 步　添加滤镜

选择需要处理的图层，执行"滤镜" > "模糊" > "表面模糊"命令,该命令会将接近的颜色融合为一种颜色,从而减少画面的细节或起到降噪的作用。"半径"选项用于设置模糊取样区域的大小。"阈值"数值越大,模糊效果越强。参数设置完成后,单击"确定"按钮,如图 9-71 所示。

图 9-71

第 2 步 查看效果

此时画面效果如图 9-72 所示。

图 9-72

常用参数解读:

- 动感模糊:产生动态模糊效果,用来模拟拍摄高速运动物体时的效果,如图 9-73 所示。
- 方框模糊:基于相邻像素的平均颜色值来模糊图像,如图 9-74 所示。

图 9-73   图 9-74

- 进一步模糊:执行该命令后,画面中会产生模糊效果。该命令的模糊效果比"模糊"滤镜的效果更强,是它的 3~4 倍,如图 9-75 所示。
- 径向模糊:模拟前后移动相机或旋转相机所产生的模糊效果,如图 9-76 所示。

 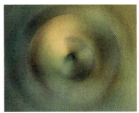

图 9-75   图 9-76

- 镜头模糊:使用该滤镜能够以通道、蒙版、透明度作为"源"进行模糊,常用来制作景深效果,如图 9-77 所示。

图 9-77

- 模糊:执行该命令后,画面会产生模糊效果,但其效果极其微弱,如图 9-78 所示。
- 平均:可以查找图像或选区的平均颜色,并使用该颜色填充图像或选区,如图 9-79 所示。

图 9-78   图 9-79

- 特殊模糊:可以模糊画面中的褶皱、重叠的边缘,还可以进行图片"降噪"处理,如图 9-80 所示。
- 形状模糊:使用指定的图形创建模糊,如图 9-81 所示。

图 9-80　　　　　　图 9-81

3. 模糊画廊的使用方法

模糊画廊中的滤镜可控性较强，不仅可以进行参数设置，还可以直接在画面中挑战控制框，以改变模糊的区域或模糊效果。

第1步　添加滤镜

以添加"光圈模糊"滤镜为例说明。执行"滤镜">"模糊画廊">"光圈模糊"命令，进入"模糊画廊"工作区后，在窗口左侧画面中可以看到控制点和模糊效果，在窗口右侧可以进行参数设置，如图 9-82 所示。

图 9-82

第2步　调整滤镜效果

拖动控制点可以调整模糊位置，从而调整模糊的效果，如图 9-83 所示。

图 9-83

第3步　添加多个滤镜

在"模糊画廊"工作区中，可以同时添加其他的模糊画廊中的滤镜。❶ 在窗口右侧勾选相应的模糊画廊滤镜复选框，❷ 即可添加与之对应的滤镜效果，在窗口左侧画面中同样可以进行模糊区域的控制，如图 9-84 所示。

图 9-84

常用参数解读：

- 场景模糊：可以添加多个控制点，并指定控制点的模糊强度。通常用来制作景深效果，如图 9-85 所示。
- 光圈模糊：可以根据不同的要求对焦点的大小与形状、图像其余部分的模糊数量，以及清晰区域与模糊区域之间的过渡效果进行相应的设置，如图 9-86 所示。

图 9-85　　　　　　图 9-86

- 移轴模糊：可以轻松地模拟"移轴摄影"效果，如图 9-87 所示。
- 路径模糊：可以沿路径创建运动模糊，如图 9-88 所示。

 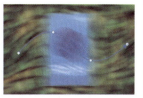

图 9-87　　　　　　图 9-88

- 旋转模糊：可以在一个图片中添加一个或多个径向模糊效果，可以指定不同的位置和模糊强度，如图 9-89 所示。

图 9-89

9.1.6 图像的锐化处理

功能概述：

锐化的原理是将像素聚焦到模糊的边缘，增加边缘的颜色对比，使模糊的图像看起来更加清晰，如图 9-90 所示。

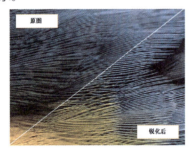

图 9-90

小技巧

在进行锐化时，锐化的强度并不是越强越好，锐化过度会让画面模糊。如图 9-91 所示为锐化过度的效果。

图 9-91

"锐化"滤镜组中包含多种锐化滤镜。下面介绍几种常用的锐化滤镜。

使用方法：

1. USM 锐化滤镜

"USM 锐化"滤镜可以查找图像颜色发生明显变化的区域，然后将其锐化。

第 1 步 选择图层

选择需要处理的图层，如图 9-92 所示。

图 9-92

第 2 步 使用"USM 锐化"滤镜

执行"滤镜">"锐化">"USM 锐化"命令，打开"USM 锐化"对话框。"数量"选项用来设置锐化效果的精细程度；"半径"选项用来设置锐化的范围；"阈值"选项可以避免或减轻锐化处理过程中产生的杂色问题。只有相邻像素之间的差值达到所设置的"阈值"时，才会被锐化。阈值越高，被锐化的像素就越少。设置合适的参数后，单击"确定"按钮，如图 9-93 所示。

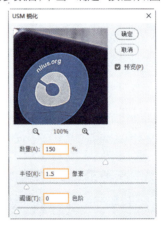

图 9-93

第 3 步 查看锐化效果

此时可以看到图像锐化效果。细节对比效果如图 9-94 所示。

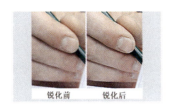

图 9-94

2. 智能锐化滤镜

"智能锐化"滤镜不仅可以设置锐化的强度和范围，去除因锐化产生的杂色，还可以设置移去模糊的计算方式。

第1步 使用"智能锐化"滤镜

执行"滤镜">"锐化">"智能锐化"命令，打开"智能锐化"对话框。❶ "数量"选项用来设置锐化的强度，数值越高，锐化效果越明显；❷ "半径"选项用来设置需要受锐化的范围，数值越大，受影响的边缘越宽。参数设置完成后，❸ 可以在预览窗口中查看效果，如图 9-95 所示。

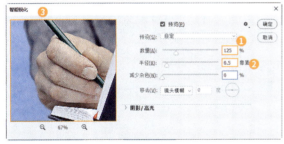

图 9-95

第2步 减少杂色

❶ "减少杂色"选项用来减少画面中不需要的噪点，数值越高，噪点越少，画面越平滑。❷ 在预览窗口中查看效果，如图 9-96 所示。

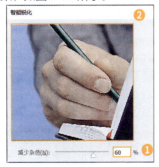

图 9-96

第3步 移去模糊

"移去"选项用来设置锐化的算法，不同的选项适用于不同的图像。"高斯模糊"用于常见的模糊对象；"镜头模糊"能够检测图像中的边缘和细节，可以对细节进行更精细的锐化，并减少锐化光晕；"动感模糊"通过"角度"减少由于相机或对象移动而产生的模糊效果。参数设置完成后，单击"确定"按钮完成锐化操作，如图 9-97 所示。

图 9-97

常用参数解读：

- "防抖"滤镜：用于减少因相机震动而产生的模糊。
- "进一步锐化"滤镜：可以为图像添加轻微的锐化效果，应用1次"进一步锐化"滤镜，相当于应用了3次"锐化"滤镜。
- "锐化"滤镜：可以为图像添加轻微的锐化效果。
- "锐化边缘"滤镜：对于画面内容棱角分明的图像，一个"锐化边缘"滤镜就可以轻松进行锐化处理。

9.2 滤镜案例应用

下面通过多个案例来练习滤镜的使用方法。

9.2.1 案例：照片快速变绘画

核心技术：滤镜库。

案例解析：本案例使用了滤镜库中的"海绵"滤镜将风景照片快速转变为绘画效果，并利用"曲线"调整图层，增强画面的亮度。同时利用"自由变换"将绘画效果的照片放置在画板中。案例效果如图 9-98 所示。

扫一扫，看视频

图 9-98

操作步骤：

第1步 打开素材图片

执行"文件">"打开"命令，打开素材图片1，如图9-99所示。

图 9-99

第2步 制作绘画效果

执行"滤镜">"滤镜库"命令，在打开的滤镜库对话框中，❶展开"艺术效果"滤镜组，❷在其中选择"海绵"滤镜，❸在右侧设置"画笔大小"为3，"清晰度"为0，"平滑度"为5，如图9-100所示。

图 9-100

设置完成后，单击"确定"按钮，效果如图9-101所示。

图 9-101

第3步 调整画面的明暗

执行"图层">"新建调整图层">"曲线"命令，创建一个"曲线"调整图层。接着在"属性"面板中单击添加节点，并按住鼠标左键拖动以调整曲线形态，如图9-102所示。

使用快捷键 Ctrl+Alt+Shift+E 将画面效果盖印为独立图层。效果如图9-103所示。

图 9-102　　　　　图 9-103

第4步 将画放置在画板内

执行"文件">"置入嵌入对象"命令，置入素材图片2，如图9-104所示。

选择盖印的图层，将其移动到画板图层的上方，如图9-105所示。

图 9-104　　　　　图 9-105

使用快捷键 Ctrl+T 进行自由变换，右击，在弹出的快捷菜单中执行"扭曲"命令，如图9-106所示。

将光标移动到定界框的一角上，按住鼠标左键拖动以调整控制点的位置，使之与画板一角重合。然后依次调整定界框的其他角，让画的边缘完全贴合于画板的外轮廓，然后按 Enter 键结束变换，如图9-107所示。

图 9-106

图 9-107

小技巧

在使用自由变换进行调整时,可以将照片的不透明度适当降低,这样可以清晰地看到画板的外轮廓,更易于调整定界框,让照片的边缘完全贴合画板。

至此,本案例制作完成,效果如图 9-108 所示。

图 9-108

9.2.2 案例:照片转换为矢量画

核心技术:滤镜库。

案例解析:本案例使用"滤镜库"命令,为照片添加"木刻"滤镜,并通过调整参数制作矢量画效果。案例效果如图 9-109 所示。

扫一扫,看视频

图 9-109

操作步骤:

第1步 打开素材图片

执行"文件">"打开"命令,打开素材图片1,如图 9-110 所示。

图 9-110

第2步 制作木刻效果

执行"滤镜">"滤镜库"命令,在打开的滤镜库对话框中,❶ 展开"艺术效果"滤镜组,❷ 在其中选择"木刻"滤镜,❸ 在右侧设置"色阶数"为 8、"边缘简化度"为 4、"边缘逼真度"为 1,如图 9-111 所示。

图 9-111

小技巧

在使用滤镜库中的滤镜为照片添加效果时,可以进行多次尝试。选择不同的滤镜,进行不同的参数设置,都会呈现不同的效果。

第 9 章 滤镜与图像特效

设置完成后,单击"确定"按钮,可以看到照片被转换为矢量画,如图 9-112 所示。

图 9-112

第3步 添加文字素材图片

执行"文件">"置入嵌入对象"命令,置入素材图片 2。将光标移动到定界框的右上角,按住鼠标左键由外向内拖动,调整文字素材图片的大小,如图 9-113 所示。

图 9-113

调整结束后,按 Enter 键结束变换。❶ 选择工具箱中的"移动工具",❷ 将光标移动到文字上按住左键拖动,将其移动至合适位置,如图 9-114 所示。

图 9-114

至此,本案例制作完成,效果如图 9-115 所示。

图 9-115

9.2.3 案例:制作线条画效果

扫一扫,看视频

核心技术:滤镜库。

案例解析:当想要将照片转换为线条画时,可以使用滤镜库"素描"滤镜组中的滤镜进行制作。在选择滤镜时,可以多次尝试不同的滤镜效果,然后在预览窗口中观察,进而确定滤镜。本案例使用了素描滤镜中的"绘图笔"滤镜,并通过调整参数制作出线条画效果。案例效果如图 9-116 所示。

图 9-116

操作步骤:

第1步 打开素材图片

执行"文件">"打开"命令,打开素材图片,如图 9-117 所示。

图 9-117

第2步 制作线条画效果

将前景色设置为黑色,执行"滤镜">"滤镜库"命令,在打开的滤镜库对话框中,❶ 展开"素描"滤镜组,❷ 选择"绘图笔"滤镜,如图 9-118 所示。

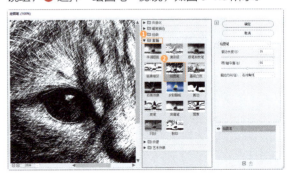

图 9-118

在滤镜库对话框的预览窗口中可以看到此时的画面比较暗，与想要的效果有些许出入，所以还需要进一步调整参数。将"明/暗平衡"调整为40，如图9-119所示。

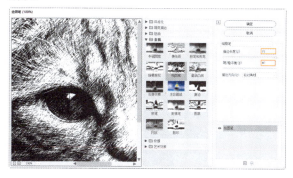

图9-119

设置完成后，单击"确定"按钮。至此，本案例制作完成，效果如图9-120所示。

图9-120

9.2.4 案例：油画效果杂志内页

核心技术："油画"滤镜、图层混合模式。

案例解析：本案例使用了"油画"滤镜将照片转换为油画，并通过调整纯色图层的"混合模式"来更改画面的色调。案例效果如图9-121所示。

扫一扫，看视频

图9-121

操作步骤：

第1步 打开素材图片

执行"文件">"打开"命令，打开素材图片，如图9-122所示。

图9-122

第2步 制作油画效果

执行"滤镜">"风格化">"油画"命令，在打开的"油画"对话框中，❶设置"描边样式"为10、"描边清洁度"为10、"缩放"为10、"硬毛刷细节"为5，并勾选"光照"复选框，接着设置"角度"为–60度、"闪亮"为1.3。❷设置完成后，单击"确定"按钮，如图9-123所示。效果如图9-124所示。

图9-123　　　　　图9-124

第3步 调整画面色调

将前景色设置为深土黄色，新建图层，使用快捷键Alt+Delete填充前景色，如图9-125所示。

图 9-125

❶ 选择该图层,设置图层的 ❷ "混合模式"为"颜色加深"、❸ "不透明度"为 20%,如图 9-126 所示。

图 9-126

效果如图 9-127 所示。

图 9-127

第 4 步 添加文字素材

执行"文件" > "置入嵌入对象"命令,添加文字素材,接着按 Enter 键结束置入。至此,本案例制作完成,效果如图 9-128 所示。

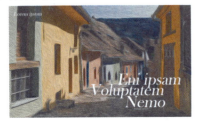

图 9-128

9.2.5 案例:"使用"高斯模糊制作海报背景

扫一扫,看视频

核心技术:"高斯模糊"滤镜、图层混合模式。

案例解析:本案例使用"高斯模糊"将照片进行模糊处理,制作海报背景,这样就可以避免因背景图像过于清晰而使前景文字不够突出的情况发生。案例效果如图 9-129 所示。

图 9-129

操作步骤:

第 1 步 新建文件

执行"文件" > "新建"命令,新建一个大小合适的空白文档,并将其填充为黑色,如图 9-130 所示。

图 9-130

第 2 步 添加素材图片

执行"文件" > "置入嵌入对象"命令,置入素材图片。接着右击,在弹出的快捷菜单中执行"栅格化图层"命令,将图层栅格化,如图 9-131 所示。

图 9-131

选中该图层，执行"滤镜">"模糊">"高斯模糊"命令，在打开的"高斯模糊"对话框中，❶ 设置"半径"为 10 像素。设置完成后，❷ 单击"确定"按钮，如图 9-132 所示。效果如图 9-133 所示。

图 9-132　　　　　图 9-133

第3步 添加文字

❶ 选择工具箱中的"横排文字工具"，❷ 在选项栏中设置合适的字体、字号，将"文本颜色"设置为白色。❸ 在画面中单击插入光标，删除"占位符"，如图 9-134 所示。

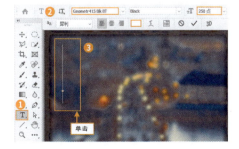

图 9-134

接着输入文字，输入完成后单击选项栏中的"提交所有当前编辑"按钮，或者按快捷键 Ctrl+Enter，结束文字输入操作，如图 9-135 所示。

继续使用同样的方法输入其他文字，并在"字符"面板中设置合适的字体、字号，如图 9-136 所示。

图 9-135　　　　　图 9-136

❶ 选择工具箱中的"直排文字工具"，❷ 在选项栏中设置合适的字体、字号和颜色，设置完成后，在画面的右上角单击输入文字。文字输入完成后，❸ 按快捷键 Ctrl+Enter 结束文字输入操作，如图 9-137 所示。

图 9-137

至此，本案例制作完成，效果如图 9-138 所示。

图 9-138

9.2.6 案例：锐化使产品照片更精致

扫一扫，看视频

核心技术：阴影/高光、"智能锐化"滤镜。

案例解析：本案例中的画面整体较暗，细节不明显，所以使用了"阴影/高光"提高画面的亮度，还原产品暗部细节，同时使用了"智能锐化"滤镜丰富画面的细节，使产品更加精致。案例效果如图 9-139 所示。

图 9-139

操作步骤：

第1步 打开素材图片

执行"文件">"打开"命令，打开素材图片，如图 9-140 所示。

图 9-140

第2步 还原产品暗部细节

执行"图像">"调整">"阴影/高光"命令，❶ 在打开的"阴影/高光"对话框中，设置阴影"数量"为 20%。设置完成后，❷ 单击"确定"按钮，如图 9-141 所示。

图 9-141

可以看到此时产品的暗部变亮，且暗部细节效果变得清晰，如图 9-142 所示。

图 9-142

第3步 丰富画面细节

选中该图层，执行"滤镜">"锐化">"智能锐化"命令，在打开的"智能锐化"对话框中，❶ 设置"数量"为 300%、"半径"为 2 像素、"减少杂色"为 10%，❷ 设置"移去"为"镜头模糊"。设置完成后，❸ 单击"确定"按钮，如图 9-143 所示。

图 9-143

可以看到游戏手柄的细节明显变得丰富，但是整体明度还是比较暗，还需要进一步调整，如图 9-144 所示。

图 9-144

第4步 调整画面亮度

执行"图层">"新建调整图层">"曲线"命令，创建一个"曲线"调整图层。在"属性"面板中的曲线上单击添加控制点，并按住鼠标左键拖动调整曲线形态，如图 9-145 所示。

至此，本案例制作完成，效果如图 9-146 所示。

图 9-148

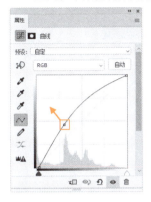

图 9-145　　　　图 9-146

9.2.7　案例：色块背景海报

核心技术："晶格化"滤镜。

案例解析：本案例使用了"晶格化"滤镜将照片转变为色块背景，并在上方覆盖半透明的黑色图层，凸显文字内容。案例效果如图 9-147 所示。

扫一扫，看视频

第 2 步　制作色块背景

执行"滤镜">"像素化">"晶格化"命令，在打开的"晶格化"对话框中，❶ 设置"单元格大小"为 129。设置完成后，❷ 单击"确定"按钮，如图 9-149 所示。

可以看到此时画面变为由大小不同色块组成的图片，如图 9-150 所示。

图 9-149　　　　　　图 9-150

第 3 步　调整画面亮度

将前景色设置为黑色，❶ 新建图层，❷ 使用快捷键 Alt+Delete 将其填充为黑色，❸ 将"不透明度"设置为 40%，如图 9-151 所示。画面效果如图 9-152 所示。

图 9-147

操作步骤：

第 1 步　打开素材图片

执行"文件">"打开"命令，打开素材图片，如图 9-148 所示。

图 9-151　　　　　图 9-152

第 4 步 添加文字素材

执行"文件">"置入嵌入对象"命令，置入文字素材。至此，本案例制作完成，效果如图 9-153 所示。

图 9-153

9.3 滤镜项目实战：化妆品促销网页广告

扫一扫，看视频

核心技术：
- 使用"添加杂色"滤镜制作质感背景。
- 使用滤镜库制作绘画感花朵图案。

案例效果如图 9-154 所示。

图 9-154

9.3.1 设计思路

本案例为电商平台的化妆品促销活动广告，主要面向 18~35 岁的年轻女性群体，以"优雅生活"为核心，希望能够传递女性的典雅、温婉、灵动之感。

根据要求和此类广告的特点，将作品整体定位在温柔、优雅的风格上。画面需要以产品图像和文字信息为主，重在展现代表性产品及折扣力度上，如图 9-155 所示。

图 9-155

9.3.2 配色方案

本案例以香芋紫作为主色调，温柔、淡雅、时尚的香芋紫与产品的调性及目标消费群体的喜好十分相符。搭配高明度的白色，整体给人一种干净、优雅、大气之感。少量深色的点缀，丰富了画面的层次感，如图 9-156 所示。

图 9-156

9.3.3 版面构图

本案例将文字信息与化妆品置于画面中央位置，利用图形与文字的长宽差异组合出风车感的灵活画面，如图 9-157 所示。同时整个画面运用了线条的向日葵图形作为背景底纹，既活跃了版面，又给人一种自然、纯真之感。

图 9-157

9.3.4 制作流程

首先利用"矩形工具"与"添加杂色"功能制作

背景，置入向日葵素材图片并利用滤镜库制作出线条效果，接着利用图层"混合模式"与"不透明度"制作背景底纹，增加画面细节，然后添加文字与产品素材，如图 9-158 所示。

图 9-158

9.3.5 操作步骤

第1步 新建文件

执行"文件">"新建"命令，新建大小合适的空白文档，如图 9-159 所示。

图 9-159

第2步 制作背景

❶ 选择工具箱中的"矩形工具"，❷ 在选项栏中设置"填充"为香芋紫、"描边"为无。设置完成后，❸ 在画面中按住鼠标左键拖动绘制矩形，如图 9-160 所示。

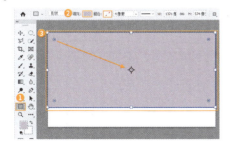

图 9-160

执行"滤镜">"杂色">"添加杂色"命令，在打开的提示框中单击"转换为智能对象"按钮，如图 9-161 所示。

图 9-161

在打开的"添加杂色"对话框中，❶ 设置"数量"为 3%、"分布"为"高斯分布"，并勾选"单色"复选框。设置完成后，❷ 单击"确定"按钮，如图 9-162 所示。

图 9-162

画面效果如图 9-163 所示。

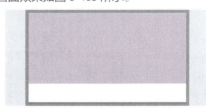

图 9-163

第3步 添加向日葵素材图片

执行"文件">"置入嵌入对象"命令，置入向日葵素材图片，将素材图片移动到画面的合适位置，再将光标移动至定界框的右上角，按住鼠标左键拖动，调整素材图片大小，并将图层进行栅格化。效果如图 9-164 所示。

图 9-164

第 4 步 制作绘画感效果

选中向日葵图层，将前景色设置为黑色。接着执行"滤镜">"滤镜库"命令，在打开的滤镜库对话框中，❶ 展开"素描"滤镜组，❷ 选择"图章"滤镜，❸ 设置"阴/暗平衡"为 10、"平滑度"为 1，如图 9-165 所示。

图 9-165

设置完成后，单击"确定"按钮。效果如图 9-166 所示。

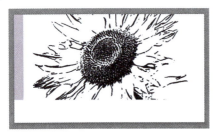

图 9-166

设置该图层的"混合模式"为"正片叠底"、"不透明度"为 10%，如图 9-167 所示。

此时效果如图 9-168 所示。

图 9-167　　　图 9-168

第 5 步 添加其他元素

执行"文件">"置入嵌入对象"命令，置入文字素材，将其调整到画面中的紫色背景区域，如图 9-169 所示。

图 9-169

继续置入化妆品素材，并适当调整其在画面中的位置和大小。至此，本案例制作完成，效果如图 9-170 所示。

图 9-170

✏️ 读书笔记

扫一扫，看视频

标志设计：
咖啡店标志

Chapter
10

第 **10** 章

核心技能

- 使用"椭圆工具"与"横排文字工具"制作路径文字
- 使用多种绘图工具制作咖啡杯图形
- 使用"多边形工具"制作五角星

10.1 设计思路

本案例为咖啡店标志设计项目，通过元素的组合表现咖啡店舒适、优雅、安静的特点。本案例将热气腾腾的咖啡与书本元素结合，摒弃繁复的图形，运用简单的线条呈现，给人以简单轻松之感，案例效果如图 10-1 所示。

图 10-1

10.2 配色方案

深棕色是咖啡豆的本色，将其作为标志颜色再合适不过。由于标志本身元素较多，所以没有使用多种色彩，以免产生过于繁杂的视觉感受。

背景色使用了鲜明的中黄色，这是一种可以快速唤起快乐情绪的颜色。与咖啡振奋精神、使人快乐的作用产生呼应，如图 10-2 所示。

图 10-2

10.3 版面构图

该标志将咖啡杯、咖啡香气、书籍等元素通过简单的图形组合在一起，直接传递出店铺的经营范围，同时展现了安静、舒适之感。文字围成外部的圆环，凝聚人们的视线，传递出品牌信息，如图 10-3 所示。

图 10-3

10.4 制作流程

首先利用"椭圆工具"与"横排文字工具"制作外部的圆环文字。使用"矩形工具""椭圆工具""自定形状工具""钢笔工具"制作咖啡杯的图案。最后使用"多边形工具"制作五角星，丰富视觉效果，如图 10-4 所示。

图 10-4

10.5 操作步骤

本案例的制作主要分为环绕文字的制作和图形元素的绘制两个部分。下面开始操作步骤的讲解。

10.5.1 制作环绕文字

第1步 制作背景色

执行"文件">"新建"命令或使用快捷键 Ctrl+N，新建一个大小合适的空白文档。设置前景色为黄色，使用快捷键 Alt+Delete 进行填充，如图 10-5 所示。

图 10-5

第 2 步 绘制虚线正圆

❶ 选择工具箱中的"椭圆工具",❷ 在选项栏中设置"绘制模式"为"形状","填充"为无,"描边"为深棕色、10 像素,在"描边选项"面板中选择合适的虚线样式。❸ 按住 Shift 键的同时按住鼠标左键拖动,绘制一个正圆,如图 10-6 所示。

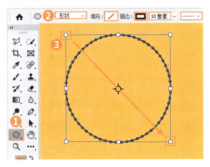

图 10-6

第 3 步 制作半圆

选中正圆图层,❶ 选择工具箱中的"矩形选框工具",❷ 在正圆上方按住鼠标左键拖动,绘制一个矩形选区,❸ 单击"图层"面板底部的"添加图层蒙版"按钮,❹ 基于选区为正圆图层添加蒙版,隐藏选区以外的部分,如图 10-7 所示。

图 10-7

效果如图 10-8 所示。

图 10-8

第 4 步 制作路径文字

❶ 选择工具箱中的"椭圆工具",❷ 在选项栏中设置"绘制模式"为"路径"。❸ 按住 Shift 键的同时按住鼠标左键拖动,绘制一个正圆路径,如图 10-9 所示。

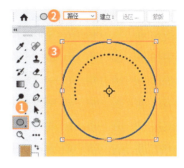

图 10-9

❶ 选择工具箱中的"横排文字工具",❷ 在光标移动到路径上变为形状后单击插入光标,接着删除占位符,输入文字。❸ 在选项栏中设置合适的颜色、字体与字号,如图 10-10 所示。

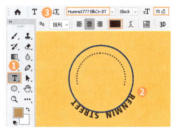

图 10-10

选择工具箱中的"路径选择工具",选中文字,按住鼠标左键向内拖动文字,此时可以看到文字沿着正圆路径内部排列,如图 10-11 所示。

图 10-11

继续使用同样的方法再次绘制圆形路径,并在其上方添加其他的文字。效果如图 10-13 所示。

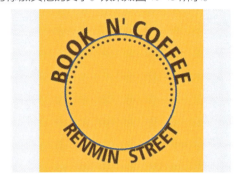

图 10-12

选中文字,执行"窗口">"字符"命令,打开"字符"面板,设置"字间距"为 20,使文字之间的距离变得更加松散,如图 10-13 所示。

图 10-13

第 5 步 添加点文字

❶ 选择工具箱中的"横排文字工具",❷ 在虚线左侧边缘单击,输入文字。❸ 在选项栏中设置合适的颜色、字体与字号,如图 10-14 所示。

图 10-14

继续使用同样的方法在右侧添加文字。效果如图 10-15 所示。

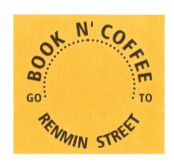

图 10-15

10.5.2 绘制图形元素

第 1 步 绘制矩形

❶ 选择工具箱中的"矩形工具",❷ 在选项栏中设置"绘制模式"为"形状","填充"为无,"描边"为深棕色、8 像素。设置完成后,❸ 在画面中按住鼠标左键拖动,绘制一个矩形,如图 10-16 所示。

图 10-16

第 2 步 将矩形变为梯形

选中该矩形,执行"编辑">"变换路径">"透视"命令,按住鼠标左键拖动底部的控制点,得到梯形,如图 10-17 所示。按 Enter 键提交操作,在弹出的提示框中单击"是"按钮。

图 10-17

继续使用同样的方法在画面中绘制另外一个梯形。效果如图 10-18 所示。

图 10-18

第3步 绘制杯底

❶ 选择工具箱中的"钢笔工具"，❷ 在选项栏中设置"绘制模式"为"形状"、"填充"为无、"描边"为深棕色、8像素。❸ 在梯形下方绘制一条倾斜的直线，如图 10-19 所示。

图 10-19

选中该直线图层，使用快捷键 Ctrl+J 复制一份相同的路径。选中复制的图层，执行"编辑">"变换路径">"水平翻转"命令，将直线进行水平翻转。然后选择工具箱中的"移动工具"，按住 Shift 建的同时按下鼠标左键向右拖动，将其移动到杯子的右侧，如图 10-20 所示。

图 10-20

第4步 制作杯子把手

❶ 选择工具箱中的"椭圆工具"，❷ 在选项栏中设置"绘制模式"为"形状"、"填充"为深棕色、"描边"为无，设置"路径操作"为"减去顶层形状"。❸ 在画面中按住鼠标左键拖动，绘制一个椭圆形，如图 10-21 所示。

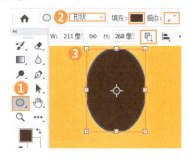

图 10-21

❶ 在选中"椭圆工具"的状态下，❷ 在上一步绘制的椭圆形内部，按住鼠标左键拖动绘制一个稍小的椭圆形，此时圆环已经制作完成，如图 10-22 所示。

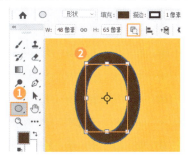

图 10-22

选择工具箱中的"移动工具"，选中该圆环，按住鼠标左键拖动，将其移动到杯身边缘位置上。使用快捷键 Ctrl+T 调出定界框，将其旋转到合适角度。此时杯子已经制作完成，如图 10-23 所示。

图 10-23

第 5 步 绘制矩形

❶ 选择工具箱中的"矩形工具",❷ 在选项栏中设置"绘制模式"为"形状","填充"为无,"描边"为深棕色、8 像素。设置完成后,❸ 在咖啡杯底部按住鼠标左键拖动,绘制矩形,如图 10-24 所示。

图 10-24

第 6 步 绘制直线

❶ 选择工具箱中的"钢笔工具",❷ 在选项栏中设置"绘制模式"为"形状","填充"为无,"描边"为深棕色、8 像素。设置完成后,❸ 在画面中绘制一条竖直线,如图 10-25 所示。

图 10-25

继续使用同样的方法绘制其他的直线。效果如图 10-26 所示。

图 10-26

第 7 步 制作热气图形

执行"窗口">"形状"命令,打开"形状"面板。

❶ 单击菜单按钮,❷ 执行"旧版形状及其他"命令,❸ 将旧版形状导入"形状"面板中,如图 10-27 所示。

图 10-27

❶ 选择工具箱中的"自定形状工具",❷ 在选项栏中设置"绘制模式"为"形状"、"填充"为深棕色,"描边"为无、"路径操作"为"减去顶层形状",接着单击"形状"按钮,选择"旧版形状及其他"组中"所有旧版默认形状"组中"自然"组中的"波浪"形状。❸ 在画面中按住鼠标左键拖动绘制图形,如图 10-28 所示。

图 10-28

选中该图形,使用"自由变换"快捷键 Ctrl+T 调出定界框,调整波浪的大小与旋转角度,如图 10-29 所示。变换完成后,按 Enter 键提交操作。

图 10-29

❶ 选择工具箱中的"矩形工具",❷ 在选项栏中设置"绘制模式"为"形状",❸ 在波浪的顶部和底部分别绘制两个矩形,将波浪多余的部分剪掉,如图 10-30 所示。

图 10-30

第 8 步 制作五角星

❶ 选择工具箱中的"多边形工具",❷ 在选项栏中设置"绘制模式"为"形状"、"填充"为深棕色、"描边"为无、"边数"为 5。单击"设置其他形状和路径选项"按钮 ✱,在打开的"路径选项"设置区中设置"星形比例"为 50%。设置完成后,❸ 在画面中按住鼠标左键拖动绘制一个五角星,如图 10-31 所示。

图 10-31

将该五角星移至咖啡杯的下方,如图 10-32 所示。

图 10-32

使用"移动工具",按住 Alt 键向右侧移动复制多个图形,如图 10-33 所示。

图 10-33

在"图层"面板中按住 Ctrl 键加选这 5 个多边形图层,如图 10-34 所示。

图 10-34

在选项栏中单击"顶对齐"和"水平分布"按钮,使星形均匀分布,如图 10-35 所示。

图 10-35

至此,本案例制作完成,效果如图 10-36 所示。

图 10-36

电商美工：
美食电商通栏广告

扫一扫，看视频

Chapter 11

第 11 章

核心技能

- 使用"渐变工具"与图案素材制作广告背景
- 使用"文字工具"、"纤维"滤镜与"剪贴蒙版"制作主文案
- 添加图像元素并使用"魔棒工具"进行抠图

11.1 设计思路

本案例是在计算机端显示的电商网页通栏广告，主要是为了展示美食类产品，以此吸引更多的消费者。为了直观地展现出食物的美味与新鲜，可以将食物图片以点状形式分布在画面中。

本案例采用了深色的背景搭配高纯度的图片，给人一种鲜艳、直观之感，突出了食物的新鲜与美味。画面中还使用了简单的线条图形，增加画面的生动与活泼之感，案例效果如图 11-1 所示。

图 11-1

11.2 配色方案

灰蓝色是一种明度偏低的颜色，将灰蓝色调作为主色调，可以更好地突出画面中的文字与图像，使画面更具张力。在深色的背景之上，使用白色的文字，会使信息传达更加明确。由于画面中需要使用很多食物元素，所以从食物素材中选取了红色点缀色，给人一种新鲜、愉悦的感受，如图 11-2 所示。

图 11-2

11.3 版面构图

本案例将主题文字放在画面中央，利用众多的食物图片把主题文字围绕起来，营造出整个画面的视觉中心，如图 11-3 所示。

由于画面中使用了大量的食物图片元素，为了使画面主次分明，需要适当调整各个元素的大小。画面还使用了手绘感箭头作为视觉引导线，增加画面的灵动感。

图 11-3

11.4 制作流程

首先利用"渐变工具"与图案素材制作页面背景，使用"横排文字工具"、"纤维"滤镜与"剪贴蒙版"制作主题文字。利用"椭圆工具""矩形工具""横排文字工具"添加其他文字。最后利用"魔棒工具"与"图层样式"抠出元素并添加阴影，丰富视觉效果，如图 11-4 所示。

图 11-4

11.5 操作步骤

本案例的制作主要分为广告背景、广告文字、图片及图形部分的制作。下面开始操作步骤的讲解。

11.5.1 制作广告背景

第1步 新建文档

执行"文件">"新建"命令，新建一个大小合适的横向空白文档，如图 11-5 所示。

图 11-5

第2步 制作渐变背景

❶ 选择工具箱中的"渐变工具"，❷ 在选项栏中单击渐变色条，❸ 在打开的"渐变编辑器"对话框中编辑灰蓝色系的渐变颜色。设置完成后，❹ 单击"确定"按钮。❺ 设置"渐变类型"为径向渐变，如图 11-6 所示。

图 11-6

在画面中按住鼠标左键拖动进行填充，如图 11-7 所示。

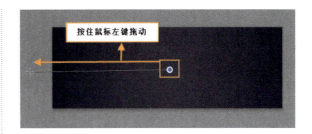

图 11-7

第3步 添加背景的纹理

执行"文件">"置入嵌入对象"命令，置入素材图片，如图 11-8 所示。

图 11-8

❶ 选中素材图层，❷ 右击，在弹出的快捷菜单中执行"栅格化图层"命令，❸ 设置"不透明度"为 10%，如图 11-9 所示。

图 11-9

此时，背景效果如图 11-10 所示。

图 11-10

11.5.2 制作广告文字

第1步 添加文字

① 选择工具箱中的"横排文字工具",② 在画面中的合适位置单击,删除占位符,输入合适的文字。③ 在选项栏中设置合适的颜色、字体与字号,如图 11-11 所示。

图 11-11

选中文字,执行"窗口">"字符"命令,① 在打开的"字符"面板中设置"行间距"为 120 点,② 单击"仿粗体"按钮即可调整文字,如图 11-12 所示。

图 11-12

第2步 隐藏文字的局部

在选中文字图层的状态下,① 单击"图层"面板下方的"添加图层蒙版"按钮,② 即可为文字图层添加图层蒙版。③ 选择工具箱中的"椭圆选框工具",④ 在文字的右侧按住 Shift 键的同时按住鼠标左键拖动,绘制一个正圆选区,如图 11-13 所示。

图 11-13

接着,① 选中图层蒙版,② 将前景色设置为黑色,然后使用快捷键 Alt+Delete 进行填充,③ 即可将选区中的像素隐藏,如图 11-14 所示。最后使用快捷键 Ctrl+D 取消对选区的选择。

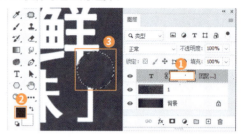

图 11-14

第3步 制作纤维纹理

① 在文字图层上方新建图层。单击"图层"面板底部的"创建新图层"按钮,② 新建一个空白图层。③ 选择工具箱中的"矩形选框工具",④ 在画面中绘制一个矩形选区,如图 11-15 所示。

图 11-15

设置前景色为黑色,设置背景色为白色,执行"滤镜">"渲染">"纤维"命令,在打开的"纤维"对话框中设置 ① "差异"为 10、② "强度"为 5。③ 多次单击"随机化"按钮,选择一个合适的效果,设置完成后,④ 单击"确定"按钮,如图 11-16 所示。

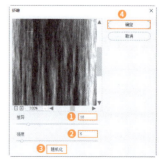

图 11-16

接着使用快捷键 Ctrl+D 取消选区。效果如图 11-17 所示。

图 11-17

第 4 步　调整纹理图形大小

选中"纤维"图层，接着执行"编辑">"自由变换"命令或使用快捷键 Ctrl+T 调出定界框，将图形调整至合适的大小与角度，按 Enter 键结束变换。效果如图 11-18 所示。

图 11-18

第 5 步　制作剪贴蒙版

❶ 选中该图层，❷ 右击，在弹出的快捷菜单中执行"创建剪贴蒙版"命令，创建剪切蒙版，将素材不需要的部分进行隐藏，❸ 设置"不透明度"为 20%，如图 11-19 所示。

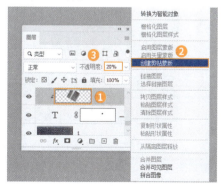

图 11-19

效果如图 11-20 所示。

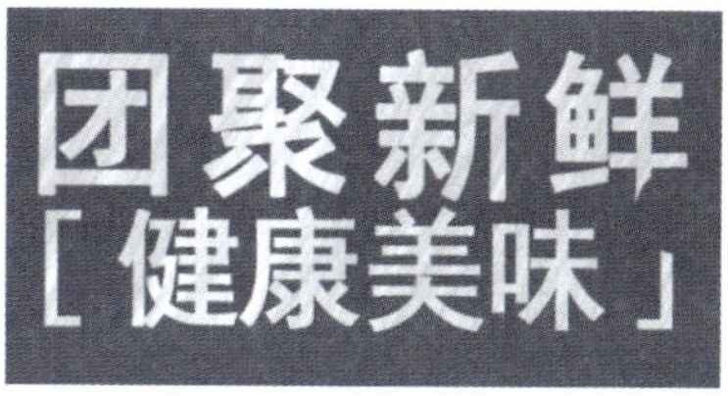

图 11-20

第 6 步　绘制正圆

❶ 选择工具箱中的"椭圆工具"，❷ 在选项栏中设置"绘制模式"为"形状"、"填充"为白色、"描边"为无。设置完成后，❸ 在文字右侧按住 Shift 键的同时按住鼠标左键拖动，绘制一个正圆形，如图 11-21 所示。

图 11-21

第 7 步　添加文字

❶ 选择工具箱中的"横排文字工具"，❷ 在正圆上单击，删除占位符，输入文字。❸ 在选项栏中设置合适的颜色、字体与字号，如图 11-22 所示。

图 11-22

第 8 步　制作正圆镂空效果

按住 Ctrl 键的同时单击文字图层，载入文字选区，

第 11 章　电商美工：美食电商通栏广告

279

如图 11-23 所示。

图 11-23

使用快捷键 Shift+Ctrl+I 将选区进行反选。选中正圆图层，❶ 单击"创建图层蒙版"按钮，❷ 为正圆图层添加图层蒙版。❸ 将"&"文字图层隐藏，❹ 此时正圆呈现出镂空的效果，如图 11-24 所示。

图 11-24

第 9 步　绘制矩形

❶ 选择工具箱中的"矩形工具"，❷ 在选项栏中设置"绘制模式"为"形状"、"填充"为红色、"描边"为黑色、1 像素。设置完成后，❸ 在主文字下方按住鼠标左键拖动，绘制一个矩形，如图 11-25 所示。

图 11-25

第 10 步　添加投影

选中该图层，执行"图层" > "图层样式" > "投影"命令，❶ 在打开的"图层样式"对话框中设置"混合模式"为"正片叠底"、"颜色"为黑色、"不透明度"为 20%、"角度"为 65 度，勾选"使用全局光"复选框，设置"距离"为 4 像素、"扩展"为 0%、"大小"为 4 像素。设置完成后，❷ 单击"确定"按钮，如图 11-26 所示。

图 11-26

效果如图 11-27 所示。

图 11-27

第 11 步　添加文字

❶ 选择工具箱中的"横排文字工具"，❷ 输入文字，移动到红色矩形上。❸ 选中文字，在选项栏中设置合适的颜色、字体与字号，如图 11-28 所示。

图 11-28

选中文字，执行"窗口" > "字符"命令，在打开的"字符"面板中 ❶ 单击"仿粗体"按钮，❷ 即可将文字加粗，如图 11-29 所示。

图 11-29

第 12 步 添加其他文字

继续使用同样的方法在画面中的合适位置添加文字。效果如图 11-30 所示。

图 11-30

11.5.3 添加图片与图形元素

第 1 步 绘制箭头

新建图层，❶ 设置前景色为白色，❷ 选择工具箱中的"画笔工具"，❸ 设置笔尖"大小"为 3 像素。❹ 在画面中按住鼠标左键拖动，绘制具有手绘感的箭头，如图 11-31 所示。

图 11-31

继续在其他位置绘制箭头，如图 11-32 所示。

图 11-32

第 2 步 绘制圆形边框

❶ 选择工具箱中的"椭圆工具"，❷ 在选项栏中设置"绘制模式"为"形状"，"填充"为无，"描边"为白色、3 点，"描边类型"为虚线。设置完成后，❸ 在画面左侧位置按住 Shift 键的同时按下鼠标左键拖动，绘制一个虚线正圆形，如图 11-33 所示。

图 11-33

继续使用同样的方法在画面中绘制另外一个正圆形。效果如图 11-34 所示。

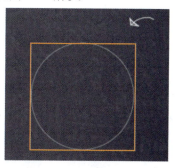

图 11-34

第 3 步 添加食物元素并抠图

执行"文件">"置入嵌入对象"命令，置入食物素材图片，并将其栅格化。效果如图 11-35 所示。

图 11-35

❶ 选择工具箱中的"魔棒工具",❷ 在选项栏中设置"容差"为 5,勾选"消除锯齿"与"连续"复选框。设置完成后,❸ 在画面中的白色区域上单击,得到白色背景选区,如图 11-36 所示。

图 11-36

得到背景选区后,按 Delete 键将白色区域删除,接着使用快捷键 Ctrl+D 取消选区,如图 11-37 所示。

图 11-37

选中食物图片,使用快捷键 Ctrl+T 调出定界框,按住鼠标左键由外向内拖动控制点,调整食物的大小。选择工具箱中的"移动工具",将食物移动到合适的位置。效果如图 11-38 所示。

图 11-38

继续使用同样的方法向画面中添加其他食物元素,并摆放至合适的位置。效果如图 11-39 所示。

图 11-39

第 4 步 为食物元素添加阴影效果

食物元素添加完成后,可以加选食物图层,使用快捷键 Ctrl+G 将图层编组并命名为"食物",以便于管理,如图 11-40 所示。

图 11-40

选中"食物"图层组,执行"图层">"图层样式">"投影"命令,在打开的"图层样式"对话框中设置"混合模式"为"正片叠底"、"颜色"为黑色、"不透明度"为70%、"角度"为70度，勾选"使用全局光"复选框，设置"距离"为5像素、"扩展"为0%、"大小"为30像素。设置完成后，单击"确定"按钮，如图11-41所示。

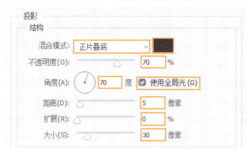

图 11-41

至此，本案例制作完成，效果如图11-42所示。

图 11-42

扫一扫，看视频

海报设计：
购物狂欢节海报

Chapter
12

第12章

核心技能

- 使用"画笔工具"与"画笔设置"面板制作背景中的碎片
- 使用"钢笔工具""椭圆工具"与"自由变换"功能制作装饰图形
- 使用"快速选择工具"与"选择与遮住"功能抠取人像
- 使用"横排文字工具""变形文字"与"图层样式"制作艺术字

12.1 设计思路

本案例为商场购物节宣传海报，主要起到扩大商场影响，促进消费的作用。由于本次活动定位为"狂欢节"，为了突出"狂"与"欢"，本案例需要运用色彩及图像营造出一种节日般的热闹、欢快、火爆、精彩纷呈之感，案例效果如图 12-1 所示。

图 12-1

12.2 配色方案

蓝色与红色是一种非常刺激的色彩搭配方式，本案例将其作为背景色，可以让人感受到热情、刺激、活力，使画面更具视觉冲击力。画面中还使用了高纯度的黄色点缀画面，给人一种活泼、欢悦、醒目的视觉感受，可以使画面更有活力，如图 12-2 所示。

图 12-2

12.3 版面构图

本案例采用重心型的版式构图，利用圆形将整个画面的主要元素集中在画面中心，极具视觉凝聚力，如图 12-3 所示。

本案例使用了大量艳丽的色彩，力求给人一种愉悦、欢乐、刺激的视觉感受。同时将大笑的女性作为画面的视觉中心，给人以欢快的心理暗示的感染力，并利用发光文字传递狂欢节信息，营造出一种欢乐、炫彩的节日氛围。

图 12-3

12.4 制作流程

首先利用"矩形工具"制作渐变背景。接着添加素材并使用"画笔工具"与"混合模式"制作丰富的背景纹理效果。使用"钢笔工具""自由变换"与"椭圆工具"制作主体图形。随后添加人物并使用"快速选择工具""选择与遮住"抠出人像，使用"椭圆工具"与"图层样式"制作出文字的底部图形，使用"横排文字工具"与"图层样式"制作带有特殊效果的文字，如图 12-4 所示。

图 12-4

12.5 操作步骤

本案例的制作主要分为海报背景、主体图形和海报文字三大部分。下面开始操作步骤的讲解。

12.5.1 制作海报背景

第1步 新建文档

执行"文件">"新建"命令,新建一个大小合适的竖向空白文档,如图12-5所示。

图12-5

第2步 制作渐变背景

❶选择工具箱中的"矩形工具",❷在选项栏中设置"绘制模式"为"形状"、"描边"为无,单击"填充"按钮,打开下拉面板。❸单击"渐变"按钮,❹编辑一个蓝色到红色的渐变,设置"渐变类型"为线性渐变,"角度"为90度,如图12-6所示。

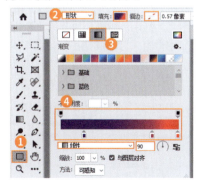

图12-6

设置完成后,绘制一个和画面等大的矩形。效果如图12-7所示。

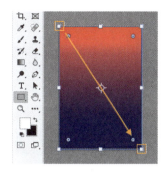

图12-7

第3步 添加纹理素材

执行"文件">"置入嵌入对象"命令,置入一个纹理素材,并将其调整为合适的大小,如图12-8所示。

图12-8

选中素材图层,设置图层的"混合模式"为"颜色加深"。效果如图12-9所示。

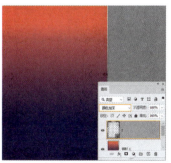

图12-9

继续使用同样的方法置入另一个纹理素材,摆放在顶部,如图12-10所示。

图 12-10

❶ 选中素材图层，❷ 设置图层的"混合模式"为"正片叠底"，如图 12-11 所示。

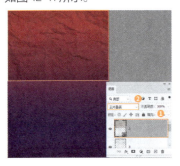

图 12-11

第 4 步 绘制方形碎片

首先载入方形笔刷，将笔刷文件 4.abr 拖动到 Photoshop 选项栏的位置即可完成载入，如图 12-12 所示。

图 12-12

选择工具箱中的"画笔工具"，执行"窗口">"画笔设置"命令，打开"画笔设置"面板。❶ 单击"画笔笔尖形状"按钮，❷ 选择新载入的方形画笔，设置 ❸ "大小"为 100 像素，❹ "间距"为 80%，如图 12-13 所示。

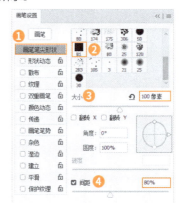

图 12-13

❶ 勾选"散布"复选框，❷ 在右侧列表中勾选"两轴"复选框，设置"散布"为 500%、❸ "数量"为 1，如图 12-14 所示。

图 12-14

❶ 继续勾选"颜色动态"复选框，❷ 在工具箱中设置前景色为红色、背景色为蓝色，❸ 在右侧列表中勾选"应用每笔尖"复选框，❹ 设置"前景/背景抖动"为 30%、"色相抖动"为 10%、"饱和度抖动"为 16%、"亮度抖动"为 6%，如图 12-15 所示。

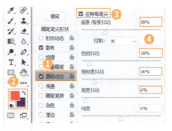

图 12-15

❶勾选"传递"复选框,❷设置"不透明度抖动"为 99%、❸"最小"为 50%,如图 12-16 所示。

图 12-16

❶单击"图层"面板中的"创建新图层"按钮,新建一个空白图层,❷按住鼠标左键在画面左侧拖动绘制图形。❸选中该图层,❹设置图层的"混合模式"为"变亮",如图 12-17 所示。

图 12-17

继续绘制其他的光斑。设置图层的❶"混合模式"为"颜色减淡"、❷"不透明度"为 70%,如图 12-18 所示。

图 12-18

效果如图 12-19 所示。

图 12-19

12.5.2 制作主体图形

第1步 绘制圆环花纹中的一个元素

❶选择工具箱中的"钢笔工具",❷在选项栏中设置"绘制模式"为"形状","填充"为无,"描边"黄色、11 像素。设置完成后,❸在画面中绘制一个开放式的曲线,如图 12-20 所示。

图 12-20

第2步 制作圆环花纹

选中该曲线,使用快捷键 Alt+Ctrl+T 调出定界框,❶向右下移动中心点,❷在自由变换定界框外部按住鼠标左键拖动,即可得到一个旋转一定角度的复制图形,如图 12-21 所示。变换完成后,按 Enter 键提交变换操作。

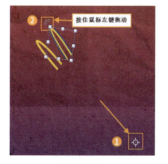

图 12-21

接着多次使用快捷键 Alt+ Shift+Ctrl+T 重复上一次操作，得到环绕一周的图形，如图 12-22 所示。

图 12-22

第 3 步　复制圆环

加选所有组成正圆的图形，使用快捷键 Ctrl+G 进行编组。接着使用快捷键 Ctrl+J 复制一个新的图层组，使用快捷键 Ctrl+T 调出定界框，按住鼠标左键拖动控制点，将其旋转到合适的角度，如图 12-23 所示。

图 12-23

选中复制得到的图层组，执行"图层">"图层样式">"颜色叠加"命令，在打开的"图层样式"对话框中设置"混合模式"为"正常"、"颜色"为洋红色，如图 12-24 所示。

图 12-24

效果如图 12-25 所示。

图 12-25

第 4 步　绘制正圆

❶ 选择工具箱中的"椭圆工具"，❷ 在选项栏中设置"绘制模式"为"形状"、"填充"为洋红色、"描边"为无。在圆环花纹中，❸ 按住 Shift 键的同时按住鼠标左键拖动绘制一个正圆形，如图 12-26 所示。

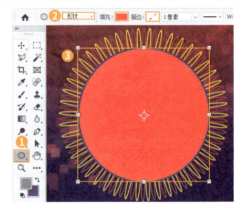

图 12-26

小技巧

在为新绘制的矢量图形设置选项栏中的参数时，一定要注意不要选择其他任何的矢量图层对象，否则会对已有的图形属性进行更改。

第 5 步　制作虚线圆

❶ 继续绘制一个稍小的正圆，❷ 选中该正圆，❸ 在选项栏中设置"绘图模式"为"形状"，"填充"为无，"描边"为黄色、9 像素，并选择一种合适的虚线样式，如图 12-27 所示。

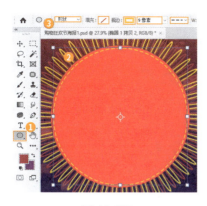

图 12-27

第 6 步　制作渐变色正圆

继续使用同样的方法制作另外一个正圆，接着选中该正圆，❶ 选择工具箱中的"椭圆工具"，❷ 在选项栏中设置"描边"为无，单击"填充"按钮，在打开的下拉面板中 ❸ 单击"渐变"按钮，❹ 编辑一个黄色系的渐变，设置"渐变类型"为线性渐变、"角度"为 -40，如图 12-28 所示。

图 12-28

此时可以看到正圆被填充了渐变颜色，效果如图 12-29 所示。

图 12-29

第 7 步　制作黄色圆环

❶ 继续使用"椭圆工具"，❷ 在选项栏中设置"绘制模式"为"形状"，"填充"为无，"描边"为黄色、45 像素。设置完成后，❸ 在圆环花纹上方按 Shift 键的同时按住鼠标左键拖动绘制一个正圆环，如图 12-30 所示。

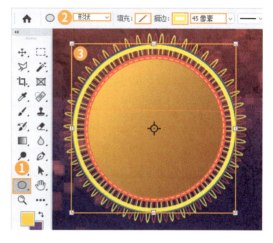

图 12-30

继续使用"椭圆工具"，在画面中绘制一个稍小一些的正圆，在选项栏中设置"描边"为蓝色、12 像素，在"描边选项"面板中选择合适的虚线样式，如图 12-31 所示。

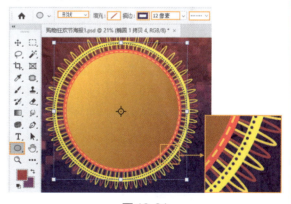

图 12-31

第 8 步　添加人物素材

执行"文件">"置入嵌入对象"命令，置入人物素材。选中图层，右击，在弹出的快捷菜单中执行"栅格化"命令。效果如图 12-32 所示。

图 12-32

❶ 选择工具箱中的"快速选择工具",❷ 在选项栏中设置"画笔大小"为 30 像素。设置完成后,❸ 在人物位置按住鼠标左键拖动得到人物的选区,如图 12-33 所示。

图 12-33

由于人物头戴花环部分比较复杂,此处得到的选区不够精确,需要进一步处理。单击选项栏中的"选择并遮住"按钮,进入"选择并遮住"工作区。❶ 在左侧工具箱中选择"调整边缘画笔工具",❷ 在选项栏中单击"扩展检测区域"按钮,设置"笔尖大小"为 60 像素。❸ 在右侧的"属性"面板中设置"视图"为"闪烁虚线",❹ 展开"边缘检测"选项,设置"半径"为 5 像素,勾选"智能半径"复选框。设置完成后,❺ 在花朵的位置按住鼠标左键拖动,精确调整选区范围,❻ 单击"确定"按钮,如图 12-34 所示。

图 12-34

在当前选区状态下,单击"图层"面板底部的"添加图层蒙版"按钮,为图层添加蒙版,将背景隐藏。效果如图 12-35 所示。

图 12-35

按住 Ctrl 键单击橙色正圆图层的缩览图,载入选区,如图 12-36 所示。

图 12-36

在选项栏中单击"添加到选区"按钮,然后在人物头顶区域绘制选区,如图 12-37 所示。

图 12-37

使用选择反选快捷键 Ctrl+Shift+I,得到反向的选区,删除底部多余部分。接着使用快捷键 Ctrl+D 取消对选区的选择。效果如图 12-38 所示。

图 12-38

第 9 步 制作弧线装饰

❶ 选择工具箱中的"椭圆工具",❷ 在选项栏中设置"绘制模式"为"形状"、"填充"为无,单击"描边"按钮,在下拉面板中单击"渐变"按钮,编辑一个橙色系的渐变,并设置"渐变类型"为"径向渐变"、"角度"为 –40、"缩放"为 90%,接着设置"描边宽度"为 370 像素,如图 12-39 所示。

图 12-39

设置完成后,在画面中按住鼠标左键拖动绘制一个较大的椭圆形边框,如图 12-40 所示。

图 12-40

选中该椭圆边框,执行"图层">"图层样式">"投影"命令,在打开的"投影"对话框中设置"混合模式"为"正片叠底"、"颜色"为黑色、"不透明度"为 60%、"角度"为 100 度、"距离"为 70 像素、"扩展"为 15%、"大小"为 115 像素。设置"品质"选项组中的"杂色"为 5%,如图 12-41 所示。

图 12-41

设置完成后,单击"确定"按钮。效果如图 12-42 所示。

图 12-42

❶ 使用"矩形选框工具"在画面上半部分绘制矩形选区,❷ 选中椭圆形图层,单击"图层"面板底部的"添加图层蒙版"按钮,基于选区为该图层添加图层蒙版,将选区以外的部分隐藏,如图 12-43 所示。

图 12-43

12.5.3 在海报中添加文字

第1步 添加文字

选择工具箱中的"横排文字工具",在 12.5.2 节中制作的大圆环上单击插入光标,接着删除占位符,输入文字。选中文字图层,打开"字符"面板,设置合适的字体、字号,设置"字间距"为 –50、"垂直缩放"为 145%,单击"全部大写字母"按钮,颜色设为黄色,如图 12-44 所示。

图 12-44

选中文字图层,❶ 单击"横排文字工具"选项栏中的"创建文字变形"按钮,❷ 在打开的"变形文字"对话框中设置"样式"为"扇形",选中"水平"单选按钮,设置"弯曲"为 60%,如图 12-45 所示。

图 12-45

设置完成后,单击"确定"按钮,将变形文字移动到合适位置,如图 12-46 所示。

图 12-46

第2步 为文字添加特殊效果

选中该文字,执行"图层">"图层样式">"内发光"命令,❶ 在打开的"内发光"对话框中设置"混合模式"为"正常"、"不透明度"为 80%、"颜色"为黄色,❷ 设置"方法"为"柔和"、"源"为"居中"、"阻塞"为 60%、"大小"为 14 像素,❸ 设置合适的"等高线",并将"范围"设为 75%,如图 12-47 所示。

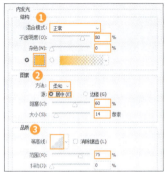

图 12-47

在"图层样式"对话框中左侧单击启用"渐变叠加"功能,然后设置"混合模式"为"叠加"、"渐变"为橙色系渐变、"样式"为"线性"、"角度"为 15 度、"缩放"为 125%,如图 12-48 所示。

图 12-48

在"图层样式"对话框左侧单击"投影"按钮,然后在右侧设置"混合模式"为"正片叠底"、"颜色"为黄色、"角度"为 100 度、"距离"为 32 像素、"扩展"为 51%、"大小"为 39 像素,如图 12-49 所示。

图 12-49

设置完成后，单击"确定"按钮。效果如图 12-50 所示。

图 12-50

第3步 添加弧形文字

继续使用"横排文字工具"添加文字，在"字符"面板中进行相应的设置，如图 12-51 所示。

图 12-51

选中文字，打开"变形文字"对话框，设置"样式"为"扇形"，选中"水平"单选按钮，设置"弯曲"为 32%，如图 12-52 所示。

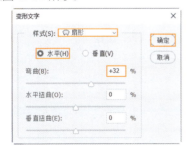

图 12-52

设置完成后，单击"确定"按钮。文字效果如图 12-53 所示。

图 12-53

第4步 制作发光文字

选中该文字，执行"图层">"图层样式">"外发光"命令。在打开的"外发光"对话框中 ❶ 设置"混合模式"为"滤色"、"不透明度"为 67%、"杂色"为 10%、"颜色"为紫色，❷ 设置"方法"为"柔和"、"扩展"为 7%、"大小"为 37 像素，❸ 设置合适的"等高线"。设置完成后，单击"确定"按钮，即可让文字产生发光的效果，如图 12-54 所示。

图 12-54

继续使用同样的方法在主标题下方添加文字。效果如图 12-55 所示。

图 12-55

第5步 绘制正圆

❶ 选择工具箱中的"椭圆工具"，❷ 在选项栏中设置"绘制模式"为"形状"、"填充"为白色、"描边"为无，并将描边宽度设为 1 像素。设置完成后，❸ 在画面左下角按住 Shift 键的同时按下鼠标左键拖动绘制正圆，如图 12-56 所示。

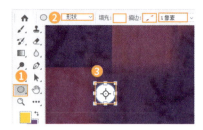

图 12-56

第6步 添加少量辅助文字

❶ 选择工具箱中的"横排文字工具",❷ 在画面的左下侧单击输入文字,❸ 设置合适的字体与字号,如图 12-57 所示。

图 12-57

选中文字,使用快捷键 Ctrl+T 调出定界框,❶ 调整中心点,❷ 按住鼠标左键拖动控制点,将其旋转到合适的角度,如图 12-58 所示。变换完成后,按 Enter 键提交变换操作。

图 12-58

继续使用同样的方法制作另外两组文字。效果如图 12-59 所示。

图 12-59

继续在画面右下方添加文字。最终效果如图 12-60 所示。

图 12-60

✏️ 读书笔记

扫一扫，看视频

UI 设计：
App 登录界面

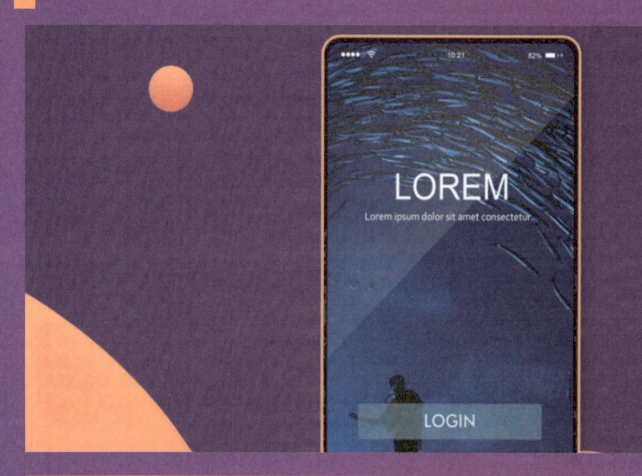

Chapter
13

第13章

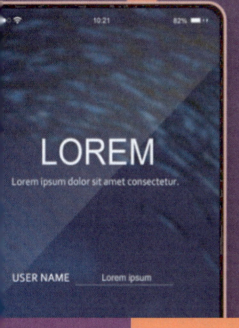

核心技能

- 使用多种形状工具与"钢笔工具"制作状态栏图标
- 使用"横排文字工具"与"矩形工具"制作按钮
- 使用"椭圆工具"与"矩形工具"制作界面展示效果

13.1 设计思路

本案例是一款水下运动 App 的登录界面设计作品，其中包括两个界面：首页及登录界面。两个界面的构成方式基本相同。为了突出该 App 的主要功能与特色，可以将潜水图片作为背景图，以增强用户的参与感与体验感。界面风格追求简洁感与现代感。没有过多的装饰元素，扁平化的按钮设计也较为符合近年来的流行趋势，案例效果如图 13-1 所示。

图 13-1

13.2 配色方案

提到水下运动，自然令人想起深蓝色的大海、游动的鱼群及奇妙的海洋生物等。本案例首先选定了以图像作为界面的背景，如果背景内容过于丰富，颜色过于杂乱，则会影响识别文字信息和按钮等主要内容。因此，本案例选择了一张深海图像，该图像为深蓝色调，且色彩非常统一，内容也与 App 主题相关，如图 13-2 所示。

图 13-2

画面以蓝色为主，而画面中其他元素的色彩就需要进行选择了。

青绿色与洋红色原本是对比十分鲜明的色彩，本案例将低饱和度的青绿色与洋红色按钮作为画面的点缀，增强了画面的活力。白色的文字既有利于信息的传播，又能够起到提亮画面的作用，如图 13-3 所示。

图 13-3

13.3 版面构图

本案例的版面整体是比较简洁的，背景图像以满版的形式填充整个画面。版面中的其他元素则是采用了中轴型的版式，将标志、文字与按钮垂直排列在画面中，给观众提供了简单直接的操作体验，如图 13-4 所示。

图 13-4

13.4 制作流程

首先置入潜水图片制作页面背景。使用多种绘图工具与"文字工具"制作状态栏。使用"文字工具"与"矩形工具"为页面添加文字与按钮。复制首页全部内容，并利用"高斯模糊"调整背景图制作登录界面的背景，然后更改页面中的其他内容。使用"椭圆工具"与"矩形工具"制作展示效果背景。最后使用"矩形工具"与"投影"样式制作手机模型，并将制作好的界面摆放在其中，展示效果如图13-5所示。

图 13-5

13.5 操作步骤

本案例的制作主要分为App首页界面、App登录界面和UI展示效果三大部分。下面开始操作步骤的讲解。

13.5.1 制作App首页界面

第1步 新建文档

执行"文件">"新建"命令，在打开的"新建文档"对话框中❶单击"移动设备"按钮，❷单击选择"iPhone X"选项，❸在对话框右侧勾选"画板"复选框，❹单击"创建"按钮，即可完成新建，如图13-6所示。

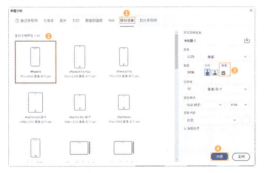

图 13-6

第2步 置入风景图片

执行"文件">"置入嵌入对象"命令，置入风景图片。选中该图层，右击，在弹出的快捷菜单中执行"栅格化"命令。效果如图13-7所示。

图 13-7

第3步 制作信号图标

❶选择工具箱中的"椭圆工具"，❷在选项栏中设置"绘制模式"为"形状"、"填充"为白色、"描边"为无。在画面左上角位置，❸按住Shift键的同时按下鼠标左键拖动绘制一个小正圆，如图13-8所示。

图 13-8

选中该正圆，按住Shift键和Alt键的同时按住鼠标左键向右拖动，释放鼠标按键即可得到一个相同的正圆，如图13-9所示。

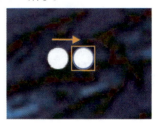

图 13-9

继续使用同样的方法制作另外几个正圆形。效果如图13-10所示。

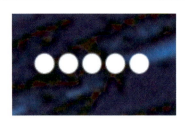

图 13-10

小技巧

加选 5 个正圆图层，进行"顶对齐"和"水平居中分布"操作，以保证正圆对齐且间距相等，如图 13-11 所示。

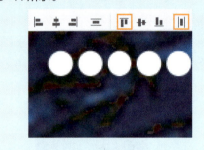

图 13-11

❶ 选中最右侧的正圆，❷ 选择"椭圆工具"，❸ 在选项栏中设置"填充"为无，"描边"为白色、1 像素，单击"描边"选项按钮，❹ 在打开的下拉面板中设置"对齐"为"内部"，如图 13-12 所示。

图 13-12

第 4 步 制作 Wi-Fi 图标

执行"窗口" > "形状"命令，在打开的"形状"面板中，❶ 单击面板菜单按钮，❷ 执行"旧版形状及其他"命令，❸ 将旧版形状导入"形状"面板中，如图 13-13 所示。

图 13-13

❶ 选择工具箱中的"自定形状工具"，❷ 在选项栏中设置"绘制模式"为"形状"、"填充"为白色、"描边"为无、"路径操作"为"减去顶层形状"，单击"形状"按钮，在"形状"下拉面板中找到"旧版图形及其他 - 所有旧版默认形状 .csh - 符号"组中的"靶心"图形。设置完成后，❸ 在画面中绘制形状，如图 13-14 所示。

图 13-14

选中"靶心"图层，❶ 选择工具箱中的"钢笔工具"，❷ 在选项栏中设置"绘制模式"为"路径"，❸ 在"靶心"形状上绘制下半部分的路径，即可得到一个 Wi-Fi 信号标志的图形，如图 13-15 所示。

图 13-15

第5步 添加文字

❶ 选择工具箱中的"横排文字工具",❷ 在上一步制作的图标右侧输入文字,❸ 在选项栏中设置合适的颜色、字体与字号,如图 13-16 所示。

图 13-16

在保持设置不变的情况下,❶ 继续使用"横排文字工具"❷ 在画面右上角位置添加文字,❸ 在选项栏中设置合适的字号,如图 13-17 所示。

图 13-17

第6步 制作电池图标

❶ 选择工具箱中的"矩形工具",❷ 在选项栏中设置"绘制模式"为"形状"、"填充"为无、"描边"为白色、0.3 像素。设置完成后,❸ 在画面中按住鼠标左键拖动绘制一个矩形,如图 13-18 所示。

图 13-18

❶ 继续选择工具箱中的"矩形工具",❷ 在选项栏中设置"绘制模式"为"形状"、"填充"为白色、"描边"为无。❸ 在矩形框内绘制一个稍小一些的圆角矩形,如图 13-19 所示。

图 13-19

选中该圆角矩形,❶ 在"属性"面板中单击"取消链接"按钮,❷ 设置左上角与左下角的圆角半径为 2 像素,右上角与右下角半径保持为 0 像素,如图 13-20 所示。

图 13-20

继续使用同样的方法在画面中添加另一个稍小一些的圆角矩形。此时电池图形制作完成,如图 13-21 所示。

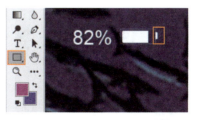

图 13-21

❶ 选择工具箱中的"钢笔工具",❷ 在选项栏中设置"绘制模式"为"路径",❸ 在电池的右侧绘制一个闪电图形,如图 13-22 所示。

图 13-22

第 7 步 制作文字

❶选择工具箱中的"横排文字工具",❷在画面区域中单击,删除占位符,接着输入文字。❸在选项栏中设置合适的颜色、字体与字号,如图 13-23 所示。

图 13-23

选中该文字,执行"窗口">"字符"命令,打开"字符"面板。设置❶"字间距"为 5,❷"垂直缩放"为 130%、"水平缩放"为 120%,❸单击"全部大写字母"按钮,将英文文字转换为大写形式,如图 13-24 所示。

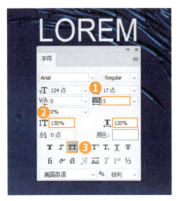

图 13-24

继续使用同样的方法在画面中添加其他文字。效果如图 13-25 所示。

图 13-25

第 8 步 制作按钮图形

❶选择工具箱中的"矩形工具",❷在选项栏中设置"绘制模式"为"形状"、"填充"为青色、"描边"为无。设置完成后,❸按住鼠标左键拖动绘制一个矩形,如图 13-26 所示。

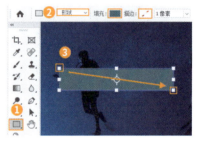

图 13-26

选中该矩形,在"图层"面板中设置"不透明度"为 70%,如图 13-27 所示。

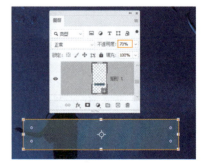

图 13-27

继续使用同样的方法制作另外一个洋红色矩形。效果如图 13-28 所示。

图 13-28

第 9 步 添加按钮上的文字

继续使用"横排文字工具"添加两组文字，分别放在两个矩形上，首页部分制作完成，如图 13-29 所示。

图 13-29

第 10 步 复制并合并图层

加选"画板 1"中的所有图层，使用快捷键 Ctrl+J 进行复制，使用快捷键 Ctrl+E 进行合并，即可将"画板 1"中的所有图层合并到一个新的图层中，并更改图层名称为"首页"。效果如图 13-30 所示。

图 13-30

13.5.2 制作 App 登录界面

第 1 步 复制已有的界面

在"图层"面板中选中"画板 1"选项，使用快捷键 Ctrl+J 进行复制，复制一个相同的画板，自动列在已有画板的附近。接着将画板名称更改为"画板 2"。效果如图 13-31 所示。

图 13-31

小技巧

首页与登录界面是非常相似的，只需在首页内容的基础上添加文字和更改部分内容，所以将"画板 1"复制即可。

第 2 步 制作模糊背景

选中海洋背景图层，使用"自由变换"快捷键 Ctrl+T 调出定界框，按住鼠标左键拖动控制点，将其放大一些，如图 13-32 所示。

图 13-32

执行"滤镜">"模糊">"高斯模糊"命令，在打开的"高斯模糊"对话框中 ❶ 设置"半径"为 9 像素。设置完成后，❷ 单击"确定"按钮。此时可以看到海洋图片产生了模糊的效果，如图 13-33 所示。

图 13-33

第 3 步　更改画面内容

将绿色按钮与其上方的文字图层选中，如图 13-34 所示。然后按 Delete 键将其删除。

图 13-34

选中洋红色的矩形与上面的文字，使用快捷键 Ctrl+T 调出定界框，按住鼠标左键由外向内拖动控制点，将其缩小至合适的大小，并向上移动。效果如图 13-35 所示。

图 13-35

第 4 步　添加其他文字

❶ 选择工具箱中的"横排文字工具"，❷ 在画面中输入文字，❸ 在选项栏中设置合适的颜色、字体与字号，如图 13-36 所示。

图 13-36

选中该文字，执行"窗口">"字符"命令，打开"字符"面板，设置"字间距"为 5、"垂直缩放"为 130%、"水平缩放"为 120%，单击"全部大写字母"按钮，将英文文字转换为大写形式，如图 13-37 所示。

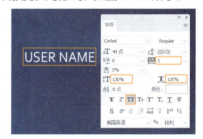

图 13-37

继续使用同样的方法在画面中输入文字。效果如图 13-38 所示。

图 13-38

第 5 步　绘制直线

❶ 选择工具箱中的"钢笔工具"，❷ 在选项栏中设置"绘制模式"为"形状"，"填充"为无，"描边"

为白色、2像素。❸ 在画面中的合适位置按住 Shift 键的同时按下鼠标左键拖动，绘制一条直线，如图 13-39 所示。

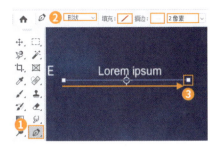

图 13-39

在保持相同设置的状态下，使用移动复制的方法向下复制得到另外一条直线。效果如图 13-40 所示。

图 13-40

第6步　复制并合并图层

加选"画板 2"中的所有图层，使用快捷键 Ctrl+J 进行复制，使用快捷键 Ctrl+E 进行合并，即可将"画板 2"中的所有图层合并到一个新的图层中，并更改图层名称为"登录界面"。效果如图 13-41 所示。

图 13-41

13.5.3　制作 UI 展示效果

第1步　新建画板

选择工具箱中的"画板工具"，在画面中按住鼠标左键拖动，绘制一个大小合适的横向矩形画板。效果如图 13-42 所示。

图 13-42

第2步　制作紫色背景

❶ 单击"图层"面板底部的"创建新图层"按钮，新建一个空白图层。❷ 设置前景色为紫色，❸ 使用快捷键 Alt+Delete 进行填充，如图 13-43 所示。

图 13-43

第3步　绘制渐变正圆

❶ 选择工具箱中的"椭圆工具"，❷ 在选项栏中设置"绘制模式"为"形状"、"描边"为无，单击"填充"按钮，打开下拉面板，❸ 单击"渐变"按钮，❹ 编辑一个粉色系的渐变，设置"渐变类型"为"线性"、"角度"为 90 度。设置完成后，❺ 在画面中按住 Shift 键的同时按下鼠标左键拖动，绘制出一个正圆，如图 13-44 所示。

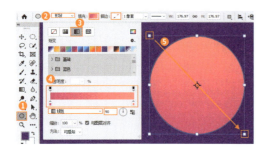

图 13-44

复制该正圆,并使用"自由变换"对各个圆形进行大小调整,得到如图 13-45 所示的效果。

图 13-45

第 4 步 绘制圆角矩形

❶ 选择工具箱中的"矩形工具",❷ 在选项栏中设置"绘制模式"为"形状","填充"为黑色,"描边"为粉色、4 像素,"圆角半径"为 5 像素。设置完成后,❸ 在画面中按住鼠标左键拖动,绘制一个圆角矩形,此时手机图形制作完成,如图 13-46 所示。

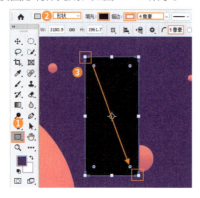

图 13-46

第 5 步 添加投影效果

使用"移动工具"选中该圆角矩形,执行"图层"> "图层样式"> "投影"命令,在打开的"投影"对话框中设置"混合模式"为"正片叠底"、"颜色"为黑色、"不透明度"为 30%、"角度"为 133 度,"距离"为 16 像素、"扩展"为 0%、"大小"为 20 像素,如图 13-47 所示。

图 13-47

此时可以看到手机具有了一定的立体感。效果如图 13-48 所示。

图 13-48

第 6 步 添加 UI 界面

选择之前制作好的首页图层,将其移动到"画板 3"中,使用快捷键 Ctrl+T 调出定界框,将其缩小至合适的大小,并移动到手机上,如图 13-49 所示。

图 13-49

❶ 按住 Ctrl 键的同时单击手机图层缩览图,载入

圆角矩形选区。接着执行"选择">"修改">"收缩选区"命令,在打开的"收缩选区"对话框中 ❷ 设置"收缩量"为 6 像素。设置完成后,❸ 单击"确定"按钮,如图 13-50 所示。

图 13-50

选中首页图层,❶ 单击"图层"面板底部的"添加图层蒙版"按钮,❷ 创建图层蒙版并将首页中多余的部分进行隐藏,如图 13-51 所示。

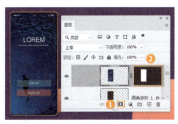

图 13-51

第 7 步 制作屏幕反光效果

❶ 选择工具箱中的"多边形套索工具",❷ 在画面中绘制一个三角形选区,如图 13-52 所示。

设置前景色为白色,❶ 选择工具箱中的"渐变工具",❷ 在选项栏中单击渐变色条右侧的下拉按钮,❸ 在打开的下拉面板中选择"基础"组中的"前景色到透明的渐变",❹ 再单击"线性渐变"按钮,如图 13-53 所示。

图 13-52   图 13-53

新建一个图层,在选区中按住鼠标左键拖动,填充渐变颜色,接着使用快捷键 Ctrl+D 取消对选区的选择,如图 13-54 所示。

选中该图层,执行"图层">"创建剪切蒙版"命令,将其作用于首页中。效果如图 13-55 所示。

图 13-54   图 13-55

在"图层"面板中设置图层的"不透明度"为 20%,增加画面的视觉效果。效果如图 13-56 所示。

图 13-56

继续使用同样的方法制作登录界面的展示效果。到此,本案例制作完成,最终效果如图 13-57 所示。

图 13-57

扫一扫，看视频

包装设计：
休闲食品包装袋

Chapter 14

第14章

核心技能

- 使用"波浪"滤镜制作不规则边缘图形
- 使用"混合模式"与"黑白"命令制作线稿画效果
- 使用"画笔工具"绘制不规则的纹理笔触
- 使用"钢笔工具"与"文字工具"制作标志

14.1 设计思路

本案例是系列休闲食品的包装袋设计作品，包括榛子和开心果两个品种，如图14-1所示。

图 14-1

画面以干果图像与具有绘画感的庄园元素作为主要元素，直观明了地展示食品。本案例为了宣传品牌，采用金属、文字与城堡作为标志主体。同时采用了坚果本色作为画面的主色调，给人一种清新、新鲜、舒适之感，案例效果如图14-2所示。

图 14-2

14.2 配色方案

采用产品本身的颜色作为主色是非常常见的方式。本案例将从榛子外皮中提取的褐色明度提高，得到浅褐色。将从开心果仁中得到的黄绿色饱和度降低，得到与浅褐色饱和度接近的浅黄绿色。将这两种颜色与深棕色搭配，在大面积白色的调和下，可以得到非常协调的效果，如图14-3和图14-4所示。

图 14-3　　　　　图 14-4

14.3 版面构图

本案例整体采用分割的版式，以不规则的波纹边缘将画面分割成上下两个版面，如图14-5所示。

本案例将干果放置在浅棕色与黄绿色的色块上，传递一种直观、新鲜、美味的视觉感受。将标志元素置于白色背景区域，简洁明了地传递了品牌信息。

图 14-5

14.4 制作流程

首先利用"波浪"滤镜制作边缘不规则的图形，使用"文字工具"制作文字底纹，使用"黑白""混合模式"命令和"画笔工具"制作线稿画。接着使用"钢笔工具""文字工具"制作标志，使用"文字工具""矩形工具"添加文字信息。最后将制作好的平面图添加到展示效果文档中，得到立体效果，如图14-6所示。

图 14-6

14.5 操作步骤

本案例的制作主要分为平面图和立体展示效果两大部分，而平面图的绘制大体可分为平面图背景、产品标志、添加素材及文字这几个部分。下面开始操作步骤的讲解。

14.5.1 制作背景

第1步 新建文档

执行"文件">"新建"命令或使用快捷键Ctrl+N，新建一个长、宽均为15厘米的空白文档。效果如图14-7所示。

图 14-7

第2步 绘制矩形

❶选择工具箱中的"矩形选框工具"，❷在画面下方绘制矩形选区，如图14-8所示。

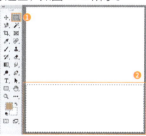

图 14-8

设置前景色为浅黄褐色，新建图层，使用快捷键Alt+Delete填充。使用快捷键Ctrl+D取消选区，如图14-9所示。

图 14-9

第3步 制作波纹效果

选择该矩形图层，执行"滤镜">"扭曲">"波浪"命令，在弹出的提示框中单击"转为智能对象"按钮。接着打开"波浪"对话框，❶设置"生成器数"为5，❷"波长"的"最小"为5、"最大"为140，❸"波幅"的"最小"为5、"最大"为15，❹"比例"中的"垂直"为70%。设置完成后，单击"确定"按钮。❺此时可以看到矩形顶部变成了不规则的波纹形，如图14-10所示。

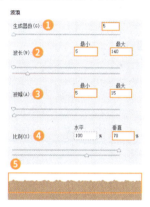

图 14-10

第4步 添加文字

❶选择工具箱中的"横排文字工具"，在矩形上单击插入光标，接着输入合适的文字内容。选中文字图层，执行"窗口">"字符"命令，❷在打开的"字符"面板中设置合适的字体、字号，"字间距"为100，"垂直缩放"为110%，颜色为黄褐色。❸文字效果会在画布上展现出来，如图14-11所示。

图 14-11

第5步 制作文字底纹

选择工具箱中的"移动工具"，选中该文字图层，按住Alt键的同时按下鼠标左键向右拖动，即可复制出一份相同的文字。效果如图14-12所示。

图 14-12

继续使用同样的方法制作其他文字,并适当调整文字大小。此时可以看到文字底纹已经制作完成。效果如图 14-13 所示。

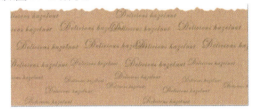

图 14-13

选中所有文字,使用快捷键 Ctrl+G 进行编组,设置图层组的"不透明度"为 35%,如图 14-14 所示。

图 14-14

第6步 划分版面

使用快捷键 Ctrl+R 调出标尺,按住鼠标左键从画面左侧拖出两根参考线,将整个版面分割成三部分,如图 14-15 所示。

图 14-15

第7步 置入素材图片

执行"文件">"置入嵌入对象",置入素材图片 1,按住鼠标左键拖动调整素材图片的大小与位置。然后在"图层"面板中该图层上右击,在弹出的快捷菜单中执行"栅格化图层"命令,将素材图片 1 进行栅格化。效果如图 14-16 所示。

图 14-16

选中该素材图层,在"图层"面板中设置"混合模式"为"线性光",如图 14-17 所示。

图 14-17

第8步 隐藏多余部分

选中素材图片 1 图层,❶ 选择工具箱中的"矩形选框工具",❷ 在画面中按住鼠标左键拖动,绘制一个矩形选区,❸ 单击"图层"面板底部的"创建图层蒙版"按钮,为图层添加蒙版,如图 14-18 所示。

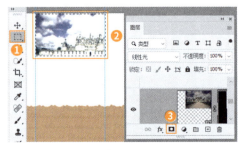

图 14-18

❶将前景色设置为黑色，❷选择工具箱中的"画笔工具"，❸在选项栏中设置笔尖"大小"为80像素，选择一种柔边圆画笔，设置"不透明度"为60%。设置完成后，❹单击图层蒙版进入蒙版编辑状态，❺在天空位置按住鼠标左键拖动，将部分天空和云朵进行隐藏，如图14-19所示。

图14-19

第9步 制作黑白线稿图

选中素材图片1图层，执行"图层">"新建调整图层">"黑白"命令，在打开的"新建图层"对话框中单击"确定"按钮。在"属性"面板中，参数使用默认数值，然后单击面板底部的 按钮，创建剪切蒙版，使调色效果只针对下方图层，如图14-20所示。

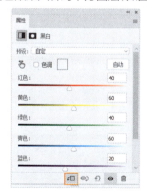

图14-20

效果如图14-21所示。

图14-21

第10步 更改线稿图颜色

❶选择工具箱中的"矩形工具"，❷在选项栏中设置"绘制模式"为"形状"、"填充"为土黄色、"描边"为无。设置完成后，❸在画面中按住鼠标左键拖动，绘制一个矩形。❹在"图层"面板中设置"混合模式"为"滤色"，如图14-22所示。

图14-22

第11步 绘制纹理

选择工具箱中的"画笔工具"，执行"窗口">"画笔预设"命令，打开"画笔设置"面板。❶单击"画笔笔尖形状"按钮，❷选择一种合适的画笔，❸设置"大小"为60像素，❹"间距"为100%，如图14-23所示。

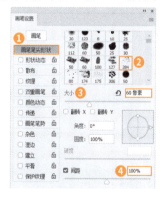

图14-23

❶勾选"形状动态"复选框，❷设置"大小抖动"为75%，如图14-24所示。

图14-24

❶ 勾选"散布"复选框，❷ 在右侧列表中勾选"两轴"复选框，❸ 设置"散布"为 340%、❹"数量"为 2，如图 14-25 所示。

图 14-25

在使用画笔绘制纹理之前，可以 ❶ 选择工具箱中的"矩形选框工具"，❷ 在线稿图的位置按住鼠标左键拖动绘制矩形选区，这样可以保证绘制的范围，如图 14-26 所示。

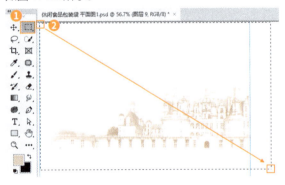

图 14-26

新建一个空白图层，❶ 选择工具箱中的"画笔工具"，❷ 设置前景色为浅土黄色，❸ 在画面中按住鼠标左键拖动进行绘制，如图 14-27 所示。

图 14-27

接着可以更改前景色，使用相同的方法进行绘制，增加图案的层次感。效果如图 14-28 所示。绘制完成后可以使用快捷键 Ctrl+D 取消对选区的选择。

图 14-28

14.5.2 制作产品标志

第1步 绘制标志底部图形

❶ 选择工具箱中的"钢笔工具"，❷ 在选项栏中设置"绘制模式"为"形状"。单击"填充"按钮，❸ 在下拉面板中单击"渐变"按钮，❹ 编辑一种棕色系的渐变，❺ 设置"渐变类型"为"线性"，如图 14-29 所示。

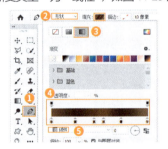

图 14-29

❶ 单击选项栏中的"描边"按钮，❷ 在打开的下拉面板中，单击"渐变"按钮，❸ 编辑一种金色系的渐变，❹ 设置"渐变类型"为"线性"、"角度"为 90 度。❺ 继续在选项栏中设置"描边宽度"为 10 像素，如图 14-30 所示。

图 14-30

设置完成后，在画面中绘制一个图形，此时可以看到该图形带有一定的光泽。效果如图 14-31 所示。

图 14-31

第2步 为标志添加文字

❶ 选择工具箱中的"横排文字工具"，❷ 在画面中单击插入光标，接着输入文字。然后将文字移动到图形上。选中文字图层，执行"窗口" > "字符"命令，在打开的"字符"面板中设置合适的字体、字号，设置"垂直缩放"为 130%、文字颜色为白色。❸ 文字效果随着设置完成发生改变，如图 14-32 所示。

图 14-32

选中文字图层，单击"横排文字工具"选项栏中的"创建变形文字"按钮。❶ 在打开的"变形文字"对话框中设置"样式"为"下弧"，选中"水平"单选按钮，"弯曲"设为 −9%。设置完成后，单击"确定"按钮。❷ 文字效果随设置完成发生改变，如图 14-33 所示。

图 14-33

选中该文字图层，执行"图层" > "图层样式" > "描边"命令。在打开的"图层样式"对话框中，设置 ❶ "大小"为 2 像素、❷ "位置"为"外部"、❸ "颜色"为白色。设置完成后，单击"确定"按钮，如图 14-34 所示。

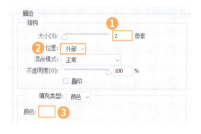

图 14-34

文字效果如图 14-35 所示。

图 14-35

第3步 制作高光区域

❶ 选择工具箱中的"钢笔工具"，❷ 在选项栏中设置"绘制模式"为"形状"、"填充"为金色系的渐变、"描边"为无。设置完成后，❸ 在文字下方绘制一个月牙形的图形，作为标志的高光区域，如图 14-36 所示。

图 14-36

第4步 置入素材图片

置入素材图片 2，调整其位置与大小，并将其进行"栅格化"操作，此时标志制作完成。选择构成标志的所有图层，使用快捷键 Ctrl+G 进行编组，并命名为"标志"。效果如图 14-37 所示。

图 14-37

14.5.3 添加素材与文字

第1步 置入素材图片

执行"文件">"置入嵌入对象"命令，置入素材图片3与素材图片4，调整它们的大小与位置，并将其进行栅格化操作。效果如图14-38所示。

图 14-38

继续使用同样的方法在画面中添加其他榛子素材图片。效果如图14-39所示。

图 14-39

第2步 添加少量文字

❶选择工具箱中的"横排文字工具"，在画面中单击插入光标，接着输入文字。选中文字图层，执行"窗口">"字符"命令，❷在打开的"字符"面板中设置合适的字体、字号，设置"垂直缩放"为110%、文字颜色为黄绿色，如图14-40所示。

图 14-40

继续使用同样的方法在画面中添加其他点文字。效果如图14-41所示。

图 14-41

第3步 添加段落文字

❶选择工具箱中的"横排文字工具"，❷在画面中按住鼠标左键拖动绘制一个文本框，删除占位符，输入文字，❸在选项栏中设置合适的颜色、字体与字号，如图14-42所示。

图 14-42

选中该文字图层，执行"窗口">"字符"命令。在打开的"字符"面板中，❶ 设置"垂直缩放"为 110%，❷ 单击"仿粗体"按钮，使文字在画面中变得更加清晰，如图 14-43 所示。

图 14-43

第 4 步　绘制矩形

❶ 选择工具箱中的"矩形工具"，❷ 在选项栏中设置"绘制模式"为"形状"，"填充"为无，"描边"为黑色、2 像素。设置完成后，❸ 在画面中绘制一个矩形，如图 14-44 所示。

图 14-44

选中该矩形，使用快捷键 Ctrl+J 复制一份相同的图层。选中刚刚复制的图层，使用快捷键 Ctrl+T 调出定界框，按住鼠标左键向上拖动控制点，调整矩形的大小。效果如图 14-45 所示。变形完成后，按 Enter 键提交变换操作。

图 14-45

第 5 步　添加其他文字

❶ 选择工具箱中的"横排文字工具"，❷ 在矩形上方单击，删除占位符，输入文字。❸ 在选项栏中设置合适的颜色、字体与字号，如图 14-46 所示。

图 14-46

继续使用同样的方法在画面中添加其他点文字。效果如图 14-47 所示。

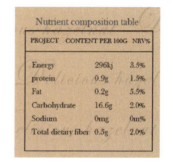

图 14-47

之后，❶ 选择工具箱中的"横排文字工具"，❷ 在画面中按住鼠标左键拖动，绘制一个文本框，接着输入文字，❸ 在选项栏中设置合适的颜色、字体与字号，如图 14-48 所示。

图 14-48

第 6 步　合并图层

选中所有图层，使用快捷键 Ctrl+G 进行编组，命名为"榛子包装袋平面图"。接着使用快捷键

Shift+Ctrl+Alt+E 进行盖印，将图层组中的所有图层合并到一个新的图层中，效果如图 14-49 所示。

图 14-49

14.5.4 制作同系列产品的平面图

第 1 步 更改包装内容

选中"榛子包装袋平面图"，使用快捷键 Ctrl+J 进行复制，并将复制的图层组名称更改为"开心果包装袋平面图"。

将"开心果包装袋平面图"图层组中的榛子选中后删除，然后置入开心果素材图片 5 和 6，并调整到合适位置，如图 14-50 所示。

图 14-50

第 2 步 更改线稿图颜色

选中下方的浅褐色图层，如图 14-51 所示。

图 14-51

执行"图层">"图层样式">"颜色叠加"命令，在打开的"颜色叠加"对话框中设置"混合模式"为"正常"，设置"颜色"为黄绿色，如图 14-52 所示。

图 14-52

设置完成后，单击"确定"按钮提交操作。效果如图 14-53 所示。

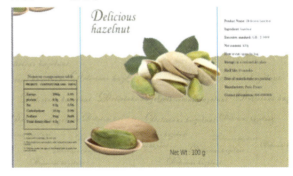

图 14-53

找到浅褐色图层。❶ 双击图层缩览图，❷ 在打开的"拾色器"对话框中设置颜色为黄绿色，❸ 单击"确定"按钮，如图 14-54 所示。

图 14-54

此时线稿图的颜色发生了改变。效果如图 14-55 所示。

图 14-55

接着选中线稿图上方的纹理图层,如图 14-56 所示。

图 14-56

执行"图层">"图层样式">"颜色叠加"命令,在打开的对话框中设置"颜色"为黄绿色,如图 14-57 所示。

图 14-57

设置完成后,单击"确定"按钮提交操作,此时可以看到图案的颜色发生了改变,如图 14-58 所示。

图 14-58

第3步 合并图层

合并开心果包装图层,为制作展示图做准备。选中"开心果包装袋平面图"图层组,使用快捷键 Shift+Ctrl+Alt+E 进行盖印,将图层组中的所有图层合并到一个新的图层中。效果如图 14-59 所示。

图 14-59

14.5.5 制作展示效果图

第1步 打开素材图片

执行"文件">"打开"命令，打开素材图片7，效果如图14-60所示。

图 14-60

第2步 置入平面图

在平面图文档中将制作好的平面图图层移动到当前文档中。效果如图14-61所示。

图 14-61

第3步 调整图层顺序

选中该图层，❶按住鼠标左键向下拖动，将其移动到"组1"中的"光泽1"图层的下方。❷使用快捷键Ctrl+T调出定界框，按住鼠标左键拖动控制点，调整其大小，如图14-62所示。

图 14-62

第4步 创建剪贴蒙版

执行"图层">"创建剪贴蒙版"命令，将其作用于下一图层，如图14-63所示。

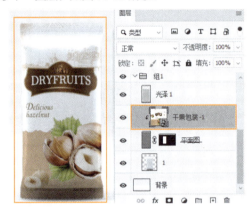

图 14-63

第5步 最终展示效果

继续使用同样的方法制作开心果包装袋的展示效果。至此，本案例制作完成，最终效果如图14-64所示。

图 14-64

✎ 读书笔记

扫一扫,看视频

VI 设计:
艺术馆视觉形象

PROMOTE THE DEVELOPMENT OF CONTEMPORARY ART

PROVIDE SPACE FOR CREATIVE ARTISTS TO SHOW

Chapter 15

第 15 章

ART & PAINTING EXHIBITION

SEAGULL ART MUSEUM

核心技能

- 使用"矩形工具""横排文字工具"制作标志
- 使用"查找边缘""黑白"与"曲线"功能制作素描效果

15.1 设计思路

本案例是海鸥艺术馆的视觉形象设计项目，整体风格简洁且具有现代感。

本案例从海鸥的英文 seagull 中提取出首字母 S 作为标志主体，几何感的图形搭配深蓝色、红色、黄色三种颜色，营造出艺术、高端的视觉氛围，如图 15-1 所示。

图 15-1

除此之外，本案例还使用了素描绘画元素作为辅助图形，展现了艺术创作的无限可能，如图 15-2 所示。

图 15-2

15.2 配色方案

本案例使用三原色进行搭配。纯粹的红、黄、蓝三色搭配在一起画面难免过于喧闹，但如果适当调整三原色的明度、纯度，并且以不同的比例使用，则可以产生丰富且协调的视觉感受。例如，本案例的蓝色使用了低明度的、暗沉的深蓝；红色则微微倾向于玫瑰红；黄色的饱和度与明度也较低，与红色接近。红色奔放，深蓝色沉稳，姜黄色包容，如图 15-3 所示。

图 15-3

标志中的红色图形面积较大，深蓝色图形次之，黄色图形面积最小，以此实现了以红色成分为主导，蓝色为辅助，黄色为点缀的稳定关系。因为标志中的图形色彩已经很丰富了，所以标志中的文字使用了深灰色，如图 15-4 所示。

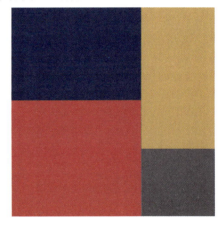

图 15-4

15.3 版面构图

整套视觉识别系统采用简洁的版面构成方式，画面以色块和素描图案构成。各个部分构成方式较为相似，以画册封面为例，以色块分割的版面将素描图以较大面积呈现在画面中，与大面积色块相结合。文字与标志采用右对齐的方式摆放在画面右侧，简洁明了，如图 15-5 所示。

图 15-5

15.4 制作流程

首先利用圆角矩形与文字组合标志,使用"查找边缘""黑白""曲线"制作素描效果图案,以备后面使用。接着使用"矩形工具""直线段工具"与"横排文字工具"分别制作名片、信封、信纸、画册、笔记本和便签,制作方法大体相同,如图 15-6~ 图 15-12 所示。

图 15-6

图 15-7

图 15-8

图 15-9

图 15-10

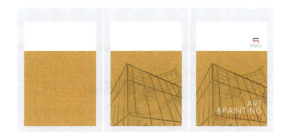

图 15-11

图 15-12

15.5 操作步骤

本案例的制作主要分为标志的制作、名片的制作、信封的制作、信纸的制作、画册的制作、笔记本的制作及便签的制作这几个部分。下面开始对操作步骤进行讲解。

15.5.1 制作标志

第1步 制作深蓝色图形

执行"文件">"新建"命令,新建一个大小合适的空白文档。❶选择工具箱中的"矩形工具"。❷在选项栏中设置"绘制模式"为"形状","填充"

为深蓝色,"描边"为无,"圆角半径"为 32 像素。
❸ 按住鼠标左键拖动,绘制一个圆角矩形,如图 15-13 所示。

图 15-13

然后,❶ 选择工具箱中的"矩形工具";❷ 在选项栏中单击"路径操作"按钮,在下拉面板中选择"合并形状"选项;❸ 按住鼠标左键在圆角矩形的左侧拖动,绘制一个圆角矩形,如图 15-14 所示。

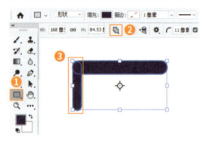

图 15-14

接着,❶ 选择形状图层,❷ 选择工具箱中的"矩形工具",❸ 在选项栏中设置路径运算模式为"减去顶层形状",❹ 在图形上按住鼠标左键拖动,绘制一个图形,这部分图形被减去。此时蓝色的图形部分已经制作完成,如图 15-15 所示。

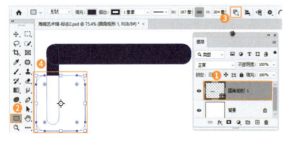

图 15-15

第 2 步 制作红色图形

❶ 在不选择任何矢量图层的情况下,选择工具箱中的"矩形工具",❷ 在选项栏中设置"绘制模式"为"形状"、"填充"为红色、"描边"为无、"圆角半径"为 32 像素,❸ 绘制一个与之前图形等宽的圆角矩形,如图 15-16 所示。

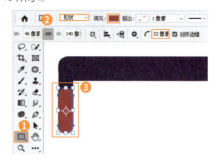

图 15-16

选中红色矩形,❶ 在"属性"面板中单击"链接"按钮,取消 4 个圆角设置的锁定状态。❷ 设置"左上角半径""右上角半径""右下角半径"均为 0 像素,"左下角半径"为 32 像素,如图 15-17 所示。

图 15-17

选中该红色圆角矩形,❶ 选择工具箱中的"矩形工具",❷ 在选项栏中设置路径运算模式为"合并形状",设置"圆角半径"为 32 像素。❸ 继续绘制两个矩形,如图 15-18 所示。

图 15-18

第3步 绘制黄色图形

❶ 选择工具箱中的"矩形工具"，❷ 在选项栏中设置"绘制模式"为"形状"、"填充"为黄色、"描边"为无、"圆角半径"为 32 像素。❸ 在下方绘制一个圆角矩形，此时标志的图形部分就制作完成了，如图 15-19 所示。

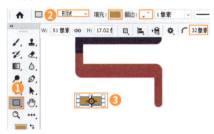

图 15-19

第4步 添加文字

选择工具箱中的"横排文字工具"，在画面中添加文字。上面的文字可以稍大、稍粗一些，下面的文字可以稍小一点。效果如图 15-20 所示。

图 15-20

隐藏背景图层，只显示标志和文字部分，如图 15-21 所示。

图 15-21

执行"文件">"存储副本"命令，设置存储格式为 PNG，以便后期调用，如图 15-22 所示。

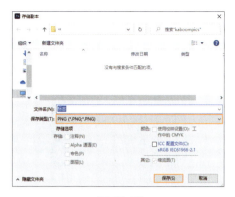

图 15-22

15.5.2 制作名片

第1步 新建文档

执行"文件">"新建"命令或使用快捷键 Ctrl+N，新建一个大小合适的空白文档，并设置前景色为浅灰色，使用快捷键 Alt+Delete 进行填充，如图 15-23 所示。

图 15-23

第2步 绘制矩形

❶ 选择工具箱中的"矩形工具"，❷ 在选项栏中设置"绘制模式"为"形状"、"填充"为深蓝色、"描边"为无。设置完成后，❸ 在画面中按住鼠标左键拖动绘制一个矩形，如图 15-24 所示。

图 15-24

第 3 步　添加建筑素材图片

执行"文件">"置入嵌入对象"命令，置入建筑素材图片，按住鼠标左键拖动控制点，调整图片的大小，使之与深蓝色矩形大小接近。效果如图 15-25 所示。

图 15-25

此时图片大小大于矩形，需要将超出矩形的内容隐藏。按住 Ctrl 键单击矩形图层缩览图，得到矩形的选区，如图 15-26 所示。

图 15-26

❶ 选中该素材图层，单击"图层"面板底部的"创建图层蒙版"按钮，❷ 为图层添加蒙版，将多余的部分隐藏，如图 15-27 所示。

图 15-27

第 4 步　制作素描效果

选中素材图层，执行"滤镜">"风格化">"查找边缘"命令。效果如图 15-28 所示。

图 15-28

执行"图层">"新建调整图层">"黑白"命令，在打开的"新建图层"对话框中单击"确定"按钮。

在"属性"面板中使用默认的参数，单击面板底部的"创建剪切蒙版"按钮，如图 15-29 所示。

图 15-29

此时画面变为黑白的。效果如图 15-30 所示。

图 15-30

继续执行"图层">"新建调整图层">"曲线"命令，在打开的"新建图层"对话框中单击"确定"按钮。
❶ 在"属性"面板中曲线中间点的位置单击，添加控制点并向上拖动，可以提高画面整体的亮度，❷ 单击面板底部的"创建剪切蒙版"按钮，如图 15-31 所示。

图 15-31

此时画面效果如图 15-32 所示。

图 15-32

在该图层上右击，在弹出的快捷菜单中执行"导出为"命令，如图 15-33 所示。

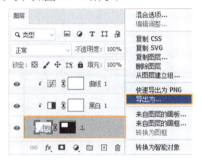

图 15-33

然后，❶ 在"导出为"对话框中设置文件格式为 JPG，❷ 单击"导出"按钮，如图 15-34 所示。

图 15-34

在打开的对话框中设置文件名并单击"保存"按钮。此时素描图像被导出为独立的图片文件，以方便后期调用，如图 15-35 所示。

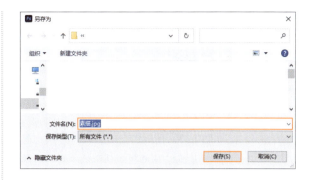

图 15-35

选中该素材图层，在"图层"面板中设置"混合模式"为"正片叠底"，如图 15-36 所示。

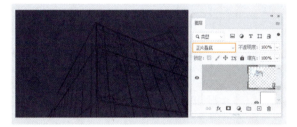

图 15-36

第 5 步 添加主文字

选择工具箱中的"横排文字工具"，在深蓝色矩形上添加 3 行文字。效果如图 15-37 所示。

图 15-37

选中所有图层，使用快捷键 Ctrl+G 进行编组，并更改图层组名称为"蓝色"，如图 15-38 所示。

图 15-38

继续使用同样的方法在画面中制作红色与黄色两种颜色的名片。效果如图 15-39 所示。

图 15-39

第 6 步　绘制矩形

❶ 选择工具箱中的"矩形工具"，❷ 在选项栏中设置"绘制模式"为"形状"、"填充"为白色、"描边"为无。❸ 在画面中绘制一个与深蓝色矩形等大的矩形，如图 15-40 所示。

图 15-40

第 7 步　添加标志

置入制作好的标志，将其调整至合适的大小与位置，效果如图 15-41 所示。

图 15-41

第 8 步　添加文字

选择工具箱中的"横排文字工具"，在名片正面添加多组文字。效果如图 15-42 所示。

图 15-42

此时名片制作完成。效果如图 15-43 所示。

图 15-43

15.5.3　制作信封

第 1 步　新建文档

执行"文件">"新建"命令或使用快捷键 Ctrl+N，新建一个大小合适的空白文档，并设置前景色为浅灰色，使用快捷键 Alt+Delete 进行背景填充，如图 15-44 所示。

图 15-44

第 2 步　绘制信封底色

❶ 选择工具箱中的"矩形工具"，❷ 在选项栏中设置"绘制模式"为"形状"、"填充"为白色、"描边"

为无。设置完成后，❸ 在画面中绘制一个矩形，如图 15-45 所示。

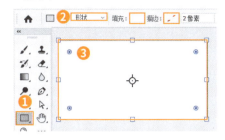

图 15-45

然后，❶ 选择工具箱中的"矩形工具"，❷ 在选项栏中设置"绘制模式"为"形状"、"填充"为白色、"描边"为无。设置完成后，❸ 在画面中绘制一个矩形，如图 15-46 所示。

图 15-46

接下来将矩形右侧的直角更改为圆角。选中矩形，❶ 单击"链接"按钮，取消链接；❷ 设置右上角与右下角的圆角半径为 130 像素，如图 15-47 所示。

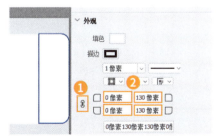

图 15-47

第 3 步　添加素描图像

将制作好的素描图像添加到当前的文件中，调整到合适位置，如图 15-48 所示。

图 15-48

设置"混合模式"为"正片叠底"，如图 15-49 所示。

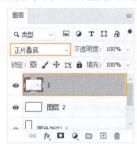

图 15-49

此时效果如图 15-50 所示。

图 15-50

按住 Ctrl 键单击矩形图层缩览图，得到矩形选区，如图 15-51 所示。

图 15-51

选中素材图层，❶ 单击"图层"面板底部的"添加图层蒙版"按钮，❷ 基于选区为该图层添加图层蒙版，将选区以外的内容隐藏，如图 15-52 所示。

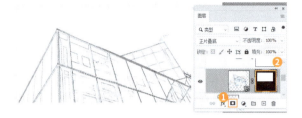

图 15-52

第 4 步 制作邮编填写处

❶ 选择工具箱中的"矩形工具"，❷ 在选项栏中设置"绘制模式"为"形状"，"填充"为无，"描边"为黑色、2 像素。设置完成后，❸ 在信封右上角位置按住 Shift 键的同时按下鼠标左键拖动，绘制一个正方形，如图 15-53 所示。

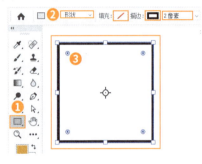

图 15-53

选择工具箱中的"移动工具"，按住 Alt 键的同时按下鼠标左键向右移动，复制几个相同的正方形，如图 15-54 所示。

图 15-54

选择工具箱中的"移动工具"，加选 6 个矩形图层，单击选项栏中的"顶对齐"按钮和"垂直分布"按钮，如图 15-55 所示。

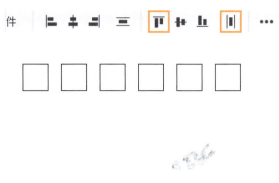

图 15-55

第 5 步 添加标志

将制作好的标志添加到当前画面中，置于左上角。效果如图 15-56 所示。

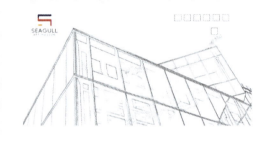

图 15-56

第 6 步 制作色块

❶ 选择工具箱中的"矩形工具"，❷ 在选项栏中设置"绘制模式"为"形状"、"填充"为黄色、"描边"为无。❸ 设置完成后，在底部绘制一个矩形，如图 15-57 所示。

图 15-57

继续使用同样的方法在矩形底部添加其他颜色的矩形色块。选中所有图层，使用快捷键 Ctrl+G 进行编组。效果如图 15-58 所示。

图 15-58

第 7 步 制作信封背面

选中底部的白色矩形，使用快捷键 Ctrl+J 将其复制一份，并移动到画面下方，效果如图 15-59 所示。

图 15-59

❶ 选择工具箱中的"钢笔工具"，❷ 在选项栏中设置"绘制模式"为"形状"，"填充"为无，"描边"为灰色、1像素，❸ 在按住 Shift 键的同时按住鼠标左键拖动，绘制一条直线，如图 15-60 所示。

图 15-60

此时信封制作完成。效果如图 15-61 所示。

图 15-61

15.5.4 制作信纸

第 1 步 新建文档

使用快捷键 Ctrl+N，新建一个大小合适的竖版空白文档，并设置前景色为浅灰色，使用快捷键 Alt+Delete 进行填充，如图 15-62 所示。

图 15-62

第 2 步 绘制底色

❶ 选择工具箱中的"矩形工具"，❷ 在选项栏中设置"绘制模式"为"形状"、"填充"为白色、"描边"为无。设置完成后，❸ 在画面中绘制一个矩形，如图 15-63 所示。

图 15-63

第 3 步 添加标志与素描图像

将制作好的标志与素描图像添加到当前画面中，

调整到合适位置，效果如图 15-64 所示。

图 15-64

第 4 步　添加文字

❶ 选择工具箱中的"横排文字工具"，❷ 在选项栏中设置合适的字体及字号，❸ 在画面中绘制一个段落文本框，如图 15-65 所示。

图 15-65

在文本框中输入文字，如图 15-66 所示。

图 15-66

继续添加合适的文字。效果如图 15-67 所示。

图 15-67

第 5 步　绘制正方形

❶ 选择工具箱中的"矩形工具"，❷ 在选项栏中设置"绘制模式"为"形状"、"填充"为红色、"描边"为无。设置完成后，❸ 在按住 Shift 键的同时按下鼠标左键拖动，绘制一个较小的正方形，如图 15-68 所示。

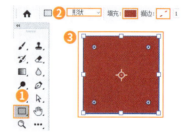

图 15-68

将正方形摆放在右上角的文字附近。效果如图 15-69 所示。

图 15-69

此时信纸制作完成。效果如图 15-70 所示。

图 15-70

15.5.5 制作画册

第1步 新建文档

使用快捷键 Ctrl+N 新建一个大小合适的空白文档，并设置前景色为浅灰色，使用快捷键 Alt+Delete 进行填充，效果如图 15-71 所示。

图 15-71

第2步 绘制矩形

❶ 选择工具箱中的"矩形工具"，❷ 在选项栏中设置"绘制模式"为"形状"、"填充"为白色、"描边"为无。设置完成后，❸ 按住鼠标左键拖动，在画面中绘制一个矩形，如图 15-72 所示。

图 15-72

第3步 制作红色色块

继续使用"矩形工具"在白色矩形下半部绘制红色矩形，如图 15-73 所示。

图 15-73

选中红色矩形，❶ 单击"图层"面板底部的"添加图层蒙版"按钮，❷ 为矩形图层添加图层蒙版。❸ 选择工具箱中的"矩形选框工具"，❹ 在红色矩形的左上角绘制矩形选区，❺ 将前景色设置为黑色。选择图层蒙版，使用快捷键 Alt+Delete 为选区填充黑色，即可隐藏红色矩形的左上角，如图 15-74 所示。最后使用快捷键 Ctrl+D 取消对选区的选择。

图 15-74

第4步 添加素描元素

将制作好的素描元素添加到当前画面中，调整到合适位置。设置该图层的"混合模式"为"正片叠底"，如图 15-75 所示。

图 15-75

效果如图 15-76 所示。

图 15-76

第 5 步　绘制蓝色矩形

❶ 选择工具箱中的"矩形工具"，❷ 在选项栏中设置"绘制模式"为"形状"、"填充"为深蓝色、"描边"为无。设置完成后，❸ 按住鼠标左键拖动，在画面中绘制一个矩形，❹ 在"图层"面板中设置"混合模式"为"正片叠底"，如图 15-77 所示。

图 15-77

第 6 步　制作黄色矩形

继续使用同样的方法在画面中绘制黄色矩形。效果如图 15-78 所示。

图 15-78

接着从名片文档中将标志与主文案复制到当前操作的文档中，并适当调整其位置与大小。效果如图 15-79 所示。

图 15-79

第 7 步　绘制画册背面

❶ 选择工具箱中的"矩形工具"，❷ 在选项栏中设置"绘制模式"为"形状"、"填充"为白色、"描边"为无。❸ 绘制与封面等大的矩形，如图 15-80 所示。

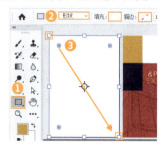

图 15-80

继续使用同样的方法在画面中添加其他颜色的矩形。效果如图 15-81 所示。

图 15-81

第 8 步　添加文字

选择工具箱中的"横排文字工具",在画面中添加合适的文字,设置对齐方式为"右对齐"。效果如图 15-82 所示。

图 15-82

此时画册制作完成。效果如图 15-83 所示。

图 15-83

15.5.6　制作笔记本

第 1 步　新建文档

使用快捷键 Ctrl+N 新建一个大小合适的空白文档,并设置前景色为浅灰色,使用快捷键 Alt+Delete

进行填充,效果如图 15-84 所示。

图 15-84

第 2 步　绘制矩形

❶ 选择工具箱中的"矩形工具",❷ 在选项栏中设置"绘制模式"为"形状"、"填充"为白色、"描边"为无。设置完成后,❸ 按住鼠标左键拖动,在画面中绘制一个矩形,如图 15-85 所示。

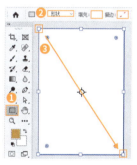

图 15-85

第 3 步　制作黄色矩形

继续使用同样的方法在白色矩形上绘制一个稍小一些的黄色矩形。效果如图 15-86 所示。

图 15-86

第4步 添加素描图像、标志与主文案

将素描图像、标志添加到当前操作的文档中，并设置素描图像的"混合模式"为"正片叠底"。效果如图15-87所示。

图 15-87

❶ 选择工具箱中的"矩形选框工具"，❷ 在画面中绘制一个与黄色矩形等大的选框，❸ 单击"创建图层蒙版"按钮，为图层添加蒙版，❹ 将多余部分隐藏，如图15-88所示。

图 15-88

此时笔记本制作完成。效果如图15-89所示。

图 15-89

15.5.7 制作便签

第1步 新建文档

使用快捷键Ctrl+N新建一个大小合适的空白文档，并设置前景色为浅灰色，使用快捷键Alt+Delete进行填充，效果如图15-90所示。

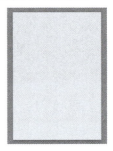

图 15-90

第2步 绘制矩形

❶ 选择工具箱中的"矩形工具"，❷ 在选项栏中设置"绘制模式"为"形状"、"填充"为白色、"描边"为无。设置完成后，❸ 按住鼠标左键拖动，在画面中绘制一个矩形，如图15-91所示。

图 15-91

第3步 添加素描图像与标志

将制作好的标志与素描图像添加到当前画面中，调整到合适位置，效果如图15-92所示。

图 15-92

载入白色矩形的选区，如图 15-93 所示。

图 15-93

为素描图像添加图层蒙版，使多余部分隐藏，如图 15-94 所示。

图 15-94

此时便签制作完成。效果如图 15-95 所示。

图 15-95

📝 读书笔记